普通高等教育农业部"十三五"规划教材
全国高等农林院校"十三五"规划教材

高尔夫球场草坪

GAOERFU QIUCHANG CAOPING

第 二 版

韩烈保　常智慧　主编

中国农业出版社

图书在版编目（CIP）数据

高尔夫球场草坪／韩烈保，常智慧主编．—2版．
—北京：中国农业出版社，2017.12（2024.1重印）
普通高等教育农业部"十三五"规划教材　全国高等
农林院校"十三五"规划教材
ISBN 978-7-109-23832-9

Ⅰ.①高…　Ⅱ.①韩…②常…　Ⅲ.①高尔夫球运动
-体育场-草坪-高等学校-教材　Ⅳ.①S688.4

中国版本图书馆 CIP 数据核字（2018）第 006645 号

中国农业出版社出版
（北京市朝阳区麦子店街 18 号楼）
（邮政编码 100125）
责任编辑　戴碧霞
文字编辑　田彬彬

北京中兴印刷有限公司印刷　新华书店北京发行所发行
2004 年 7 月第 1 版　2017 年 12 月第 2 版
2024 年 1 月第 2 版北京第 2 次印刷

开本：787mm×1092mm　1/16　印张：14.5
字数：350 千字
定价：36.00 元
（凡本版图书出现印刷、装订错误，请向出版社发行部调换）

第二版编审人员

主　编　韩烈保　常智慧

副主编　边秀举　尹淑霞　杨志民　马晖玲

编　委（按姓氏笔画排序）

马晖玲（甘肃农业大学）

尹少华（华中农业大学）

尹淑霞（北京林业大学）

边秀举（河北农业大学）

苏德荣（北京林业大学）

李会彬（河北农业大学）

杨志民（南京农业大学）

张志翔（北京林业大学）

金　洪（内蒙古农业大学）

赵春旭（甘肃农业大学）

常智慧（北京林业大学）

韩烈保（北京林业大学）

审　稿　孙吉雄（甘肃农业大学）

第一版编写人员

主　编　韩烈保

副主编　苏德荣　张志翔　杨志民

编　委（按姓氏笔画排序）

马晖玲　尹淑霞　边秀举　赵炳祥

第二版前言

《高尔夫球场草坪》作为全国高等农业院校教材于 2004 年出版，至今已有 13 年了。尽管过去十多年我国高尔夫运动由于种种原因发展十分艰难，但是高尔夫运动却在世界范围内得到了广泛的发展和普及，国内开设高尔夫球场草坪相关课程的高等院校也不断增多，这本教材也得到了相关院校的广泛采用。

高尔夫球场草坪作为草坪学的重要分支，其知识体系、养护理念等与其他运动场草坪存在较大差异。高尔夫球场草坪的规划设计、建造和养护管理专业性强，代表了球场草坪养护的最高水平，因而对从事高尔夫球场草坪科学研究的科技人员以及草坪养护管理人员要求更高。随着我国经济的发展以及全民健身计划战略的实施，高尔夫运动在不久的将来又将步入发展的快车道。培养专业化、适应我国高尔夫运动发展的高尔夫球场草坪综合性管理人才，提高我国高尔夫球场设计、建造和管理水平，是推动我国高尔夫运动向前发展的基石。

本版教材在继承第一版知识体系和主要内容的基础上，力求理论与实践并重，对第一版相关章节进行了修订和完善，同时也补充了过去十多年来高尔夫球场草坪的最新知识和技术，例如果岭坪床建造的粒径要求、果岭平板排水建造技术以及沙坑重建等内容。修订了包括果岭建造，果岭、发球台、球道草坪草种选择，沙坑重建等内容，同时完善了高尔夫球场草坪管理的相关案例，着重解决高尔夫球场草坪管理的实际技术。

参加本教材编写、审稿的人员不仅具有深厚的理论知识，而且具有丰富的高尔夫球场草坪管理实践经验，全部是从事高尔夫球场草坪科研和教学的一线教师，在此对他们付出的辛勤劳动和给予的真诚合作深表感谢。对第一版的所有作者表示感谢，是他们的辛勤劳动为我们打下了坚实的基础。此外，在此次修订编写过程中，还得到了甘肃农业大学孙吉雄教授的大力支持和帮助，在此一并表示感谢。

韩烈保

2017 年 8 月于北京

第一版前言

自从1984年中华人民共和国第一座高尔夫球场建成营运以来，高尔夫这项古老的体育运动在我国显示出勃勃生机，尤其是近十年来，各地高尔夫球场如雨后春笋般纷纷建成并投入运营。据不完全统计，目前我国内地共建成高尔夫球场近200座，还有相当一部分球场在筹划和建设中。

随着社会的发展和经济水平的逐渐提高，人们的消费观念也在悄然发生着变化，越来越多的中国人开始涉足于高尔夫——这项集运动、休闲、健身、娱乐和社交于一体的高雅文明的阳光运动，并为其独特的运动魅力所吸引，陶醉其中，乐此不疲。

但是，与我国迅速发展的高尔夫运动相比，中国高尔夫球场的设计、建造、草坪的建植和管理等各项产业还显得相对滞后，特别是草坪建植与管理水平低下，这在很大程度上制约了这项运动的发展。因为在一个占地近 $80hm^2$ 的标准18洞高尔夫球场上，草坪的面积占了其中的70%以上。而且高尔夫球场草坪管理技术不同于其他草坪，它需要特别的草坪管理知识、技术和经验，而专业人才的匮乏、草坪管理技术和观念的落后，使得众多高尔夫球场质量不高，难以使球手尽情享受挥杆的乐趣。而由于高尔夫运动在我国起步较晚，国内有关高尔夫球场设计、建造与草坪建植和管理等方面的资料很少，因此，借鉴国外成熟的管理技术结合中国国情，尽快培养专业人才，提高球场草坪质量已成为当务之急，这也正是编写本书的原因。

本教材是由5个院校的8名同志集体完成的，他们分别是韩烈保教授（北京林业大学，编写第1、5、6、7章）、苏德荣教授

（北京林业大学，编写第2章）、张志翔教授（北京林业大学，编写第9章）、杨志民博士（南京农业大学，编写第3章）、边秀举教授（河北农业大学，编写第4章）、马晖玲副教授（甘肃农业大学，编写第8章）、尹淑霞博士（北京林业大学，参编第1、5、6、7章）、赵炳祥博士（中国农业大学，参编第4章）。

参加本教材编写工作的同志多年来从事高尔夫球场草坪方面的教学、科研和实践工作，不仅具有渊博的学识和深厚的理论基础，而且具有丰富的实践经验。同时在本教材编写过程中，编者还参阅了大量国际上最新的文献资料，从而使本教材具有先进性、科学性和实用性的特点。对参加编写工作的同志们所付出的辛勤劳动和所给予的真诚合作表示衷心的感谢。

愿本教材的出版问世，有助于加强我国高尔夫专业人才的培养，提高球场管理水平，促进我国高尔夫运动的健康发展。

由于时间仓促，水平有限，书中错漏缺点在所难免，敬请读者批评指正。

韩烈保

2004年5月于北京

目 录

第一章 概　　论

第一节　高尔夫运动的起源与发展

高尔夫运动是指球手站在平坦宽阔、绿茵如织的草坪上，利用长短不一的球杆，从一系列发球台上把一个个小球依次击打入洞的一种富有挑战性的户外运动。高尔夫是英文"golf"一词的音译，人们将之解释为由 green、oxygen、light 和 friendship 四个英文单词的第一个字母组成，即绿地、空气、阳光和友谊，意思是踏着青葱翠绿的草坪，呼吸着清新沁人的空气，沐浴着和煦温暖的阳光，与同伴们共同竞技。由此可见，高尔夫运动是一项非常悠闲、高雅、有益身心的运动，为越来越多的人所喜爱并乐此不疲。这也使得高尔夫运动成为一项极富魅力、当今世界最受欢迎、发展最快的运动项目之一。

一、高尔夫运动的起源

高尔夫运动是一项古老的运动，迄今已有 500 多年的历史。由于高尔夫运动的起源没有准确的时间，围绕高尔夫的起源产生了许多古老而神秘的传说。为了证明是高尔夫的发源国，各国高尔夫学者都纷纷拿出各自的历史证据。有关高尔夫的起源，众说纷纭，莫衷一是。根据历史记载和资料，概括起来大致有以下五种说法，分别渊源于五个国家。

荷兰人认为，高尔夫运动起源于荷兰，后来由荷兰商人将此项运动传到苏格兰，在苏格兰得到进一步完善和发展，才演变成为现代高尔夫运动。荷兰学者和历史学家称，在 14 世纪中叶到 16 世纪，荷兰流行一种称为"考尔文"（Kolven）的冰面上打球游戏，球杆及球的形状、击球方法以及用语等都与高尔夫非常相似。但由于该项游戏不是以击球入洞，而是以是否击中立柱来决定胜负，因此很多学者认为荷兰不是高尔夫的发源地。

据历史记载，中国早在唐代就出现了一种称为"捶丸"的游戏。顾名思义，捶者击也，丸者球也，并且还是击球入穴。宋元之际，"捶丸"游戏流行于我国北方民间。元代宁志老人于 1282 年撰写了《丸经》一书，书中详细记述了"捶丸"的场地选择、运动器具、游戏规则、策略以及运动礼仪等。中国史学家因此推断高尔夫运动起源于中国，由元代蒙古人带入欧洲而流行开来。但有人研究有关"捶丸"的绘画发现这种游戏打球者均单手击球，这与现代高尔夫双手握杆有较大区别，因而不能断定中国就是高尔夫运动的发源地。

也有人认为高尔夫运动发源于古罗马的一种叫"帕哥尼卡"（Paganica）的游戏，这种游戏以弯曲的球杆击打小球，与高尔夫运动有一些相似之处。有些学者据此认为此游戏是高尔夫运动的雏形。

日本人根据挖掘出的飞鸟时代壁画中飞鸟人手持球杆的画面以及宫廷中进行的球戏，也声称日本是高尔夫运动的发源地。

但到目前为止，大多数人认为苏格兰是高尔夫运动的发源地，而且英国人已把这一观点写入了《大不列颠百科全书》。一种说法是高尔夫运动起源于苏格兰牧童中的一种游戏，牧童在放牧时，手持弯曲的木棍用以驱赶羊群，闲暇时便用木棍击打脚下的石头或用石头来驱赶渐渐远离羊群的羊只，久而久之成为牧童的一种游戏。还有一种说法认为，苏格兰东海岸的渔民发明了这项运动，他们在下船回家的路上打球消遣。年轻的渔民在有沙坑的起伏的草地上行走，捡起一根弯曲的木棍，对着小圆石一击，这是很自然的行为。如果向前击石，人的竞争本能会令其再击一次，看能否击得更远。如果小圆石滚入绵羊御寒避风的沙坑，他就会从这个沙坑击打。这样从下船开始击打直到进入村子，每次都在同一地方结束。

尽管大家对高尔夫运动的起源各持己见，但是现代高尔夫运动的确具有浓浓的苏格兰味。首先，从历史文献看，最早有关高尔夫的记载出现在 1457 年。由于士兵狂热地迷恋高尔夫运动而影响训练，当时苏格兰国王詹姆斯二世便让议会颁布法令严禁高尔夫运动。其次，高尔夫运动的名称也是来源于苏格兰的方言 Gouf，为"击、打"之意。再次，现今建造高尔夫球场的坪床结构也仿照苏格兰特有的海滨沙地，既要求排水良好、能生长优质的草坪，又要求有一定的起伏造型。此外，最早的高尔夫运动规则也是由世界最早成立的高尔夫俱乐部——1744 年在苏格兰成立的"绅士高尔夫球社"（现名爱丁堡高尔夫俱乐部）制定的。

由此可见，虽然有关高尔夫运动的起源说法各异，但综合来看，基本上可认为高尔夫运动起源于苏格兰，而后在世界各地流传开来。

二、国外高尔夫运动的发展

高尔夫运动 500 多年前在苏格兰风行之后，15～16 世纪仍然持续不断地发展，并最终在英国广泛传播。在 18 世纪中期到 19 世纪中期这 100 多年的时间中，高尔夫运动的发展非常迅速，成立了许多至今仍非常著名的高尔夫俱乐部，涌现了一批著名的高尔夫先驱球手，出现了许多高尔夫球杆和高尔夫球制造者，为高尔夫运动更为广泛地传播提供了可能。

1754 年，苏格兰圣·安德鲁斯球社成立，并遵照"绅士高尔夫球社"制定的规则举行了高尔夫比赛。圣·安德鲁斯成为高尔夫运动的传播中心。

18 世纪 70 年代的英国工业革命使得英国的中产阶级有了更多的闲暇时间和收入，于是他们效仿皇家贵族到苏格兰度假。在那里他们有机会参与高尔夫运动并沉溺其中，度假结束后便把高尔夫运动带回了英格兰。

最初高尔夫运动使用的高尔夫球只是一种非常粗糙的圆形木球。18 世纪，用羽毛作芯、皮革作外壳缝制的羽毛高尔夫球代替了早期的圆形木球，这种羽毛制球飞行距离远，一些指标甚至可以与现今高尔夫球相媲美。但是这种球在使用一段时间后飞行能力降低，遇水后容易开裂，球常常在飞行中破裂，而且主要靠手工制作，工艺难度大，价格昂贵。1848 年，第一只用马来树胶制作的高尔夫球推向了市场。这种球耐磨性好，比羽毛制球便宜，外壳利用模具加工制造，飞行特性更好。它的出现极大地推动了高尔夫运动在英国的普及，在推向市场后不到两年的时间里就全部取代了羽毛制球，占领了高尔夫球市场。与此同时，高尔夫运动开始在世界各地传播开来，其中在美国发展最为迅速。据史料记载，19 世纪 60 年代，历史上出现了第一个兴建高尔夫球场的繁荣时代。

最早在美国发展高尔夫运动的是约翰·里德（John Reid）和罗伯特·洛克哈特（Robert Lockhart）。罗伯特常到苏格兰做亚麻生意，并从苏格兰带回许多体育运动器材，包括高尔夫球杆和古塔波胶球。里德被认为是美国高尔夫之父，他于 1888 年在纽约建造了美国第一个高尔夫球场，并以高尔夫的故乡圣·安德鲁斯命名，也就是现在的纽约圣·安德鲁斯高尔夫俱乐部。从此在美国兴起了高尔夫运动的发展热潮，到 1900 年短短的 12 年间，美国已有 1 000 余个高尔夫俱乐部。1894 年美国高尔夫球协会成立，它与圣·安德鲁斯高尔夫俱乐部一道成为现代高尔夫运动发展的领导者。

加拿大也受到了苏格兰高尔夫运动的熏陶。1873 年加拿大第一个高尔夫俱乐部在蒙特利尔成立，后来改名为皇家蒙特利尔高尔夫俱乐部。新西兰最早的高尔夫俱乐部是 1867 年成立的皇家克赖斯特彻奇俱乐部。产生了多位高尔夫巨星的南非，其高尔夫运动始于 1885 年，皇家好望角俱乐部被认为是南非最早的俱乐部。1844 年毛里求斯也成立了毛里求斯俱乐部。从此高尔夫运动在世界各地传播开来。

在欧洲大陆，19 世纪晚期高尔夫运动也得到了较快的发展。1856 年英国旅游者在法国西南部成立的德波伍（De Pau）俱乐部是欧洲大陆最早的高尔夫俱乐部。比利时最早的皇家安特卫普俱乐部成立于 1888 年。

19 世纪高尔夫运动的发展与草坪养护技术的提高密切相关。1830 年英格兰人爱德文·布丁发明了第一台剪草机，结束了高尔夫球场靠绵羊放牧剪草的历史，开创了草坪管理的新纪元，但其推广使用非常缓慢，直到 20 世纪初期美国才结束用绵羊控制草坪高度的历史。

20 世纪高尔夫运动的发展迎来了新纪元，新的高尔夫球杆和高尔夫球的不断涌现、比赛规则以及比赛制度的建立与完善、各种国际大赛的开展和高尔夫球场草坪养护水平的提高都极大地推动了高尔夫运动的发展，为高尔夫运动的职业化和现代高尔夫的诞生奠定了基础。

1898 年哈斯克尔（Haskell）球问世，这是一种在胶芯上缠绕拉伸的橡胶丝，外面再用巴拉塔树胶覆盖的高尔夫球，这种球的回弹率和初速度大大提高。1902 年槽面铁杆的发明、1905 年凹型花纹球的出现也大大推动了高尔夫运动的发展。

直到 19 世纪末期，高尔夫运动一直是一种业余运动，所有高尔夫比赛均是业余比赛。19 世纪 90 年代职业高尔夫球手的出现，开创了高尔夫运动职业化的先河。

英国职业高尔夫球手哈利·瓦登（Harry Wardon）、约翰·泰勒（John Taylor）和詹姆士·布瑞德（James Braid）在 20 世纪的前 20 年统治了高尔夫球场，被称为"高尔夫三巨头"。他们包揽了 1894—1914 年间的 16 次英国公开赛冠军，成为高尔夫运动发展史上的超级巨星。他们培养了大批高尔夫球迷，设计并兴建了大量球场，为高尔夫运动的发展做出了不可磨灭的贡献。

20 世纪高尔夫运动职业化的进程离不开草坪研究和草坪管理所取得的长足进步。1904 年美国人福瑞德·泰勒（Fred Taylor）经过多年的研究推出了第一个推杆果岭的建造方法，还发表了大量有关草坪建植和管理的文章，其中一篇于 1914 年第一次提出了有关草坪褐斑病的问题。1920 年 11 月，第一个草坪管理顾问机构——美国高尔夫球协会果岭部成立。该机构将美国各个高尔夫球场草坪管理先进经验进行汇总、发布，并资助草坪管理的相关研究，大大增进了球场间的交流与合作，使高尔夫球场管理水平得到迅速提高。

高尔夫职业化的另一明显特征是产生了史无前例的著名女子职业高尔夫球手。英国女子职业高尔夫球手乔艾思·威瑟蕊（Joyce Wethered）和美国格伦纳·科利特（Glenna Collett）是其中的佼佼者。

1939 年第二次世界大战爆发，各参战国把所有橡胶和金属资源都用于战争，并且把大量适龄人员招入军队参战，更严重的是战争破坏了大量的高尔夫球场。世界高尔夫运动发展陷入了低谷。

第二次世界大战后，世界各国经济、科技的快速发展在很大程度上推动了高尔夫运动的快速发展。战后高尔夫运动流行于美国、欧洲、南非及日本，并迅速向全世界蔓延。1970年，美国高尔夫球场从1950年的6 000个猛增到12 000个，迄今，美国已有高尔夫球场20 000多个，打球人数也由1975年的1 600万上升到如今的3 000多万。同时美国也是最早实现高尔夫运动平民化的国家，美国每年要承办世界高尔夫球坛四大赛中的三大项，是举办高尔夫比赛最多的国家。作为高尔夫运动的发源地，英国目前有高尔夫球场2 000多个；寸土寸金的岛国日本有2 000多个球场，打球人数突破1 000万，平均每12个人中就有1人打高尔夫球；澳大利亚仅有1 500万人口，却拥有1 400多个球场；人口近800万的瑞典也有500多个球场；人口仅500万的丹麦，球场却有300多个；泰国有上百个球场；2015年，韩国打高尔夫球人数达470万人，约占其总人口的10%。高尔夫运动在这些国家已经非常普及，在公共球场打球的费用也很低廉。

20世纪50年代，新型高尔夫球和球杆、新型草坪管理机械不断推向市场，新型杀虫剂、杀菌剂、除草剂也逐渐面市，高尔夫球场草坪管理水平和质量越来越高，而高尔夫运动成功的商业运作使高尔夫运动进入了前所未有的发展阶段。

20世纪60年代和80年代，世界上出现了两次新建高尔夫球场的繁荣时期。新的高尔夫球场主要集中在美国、日本、德国等经济发展较快的国家。美国成为第二次世界大战后职业高尔夫运动恢复和发展最快的国家之一。1945—1970年短短25年间不仅高尔夫球场数目翻了一番，其职业高尔夫比赛的奖金也急剧增加。2014年美国高尔夫经济产值近700亿美元。

第二次世界大战后高尔夫运动的发展与高尔夫技术的改进、高尔夫器材制造业的进步以及各种传媒的发展息息相关。电视的出现不仅造就了一批国际高尔夫巨星，而且全方位地改变了职业高尔夫运动，使职业高尔夫赛事实现了商业化运作。此外，各种高尔夫专业杂志以及互联网的出现也为高尔夫职业化和高尔夫文化的发展做出了贡献。

除了高尔夫球的演变以外，20世纪后期球杆的材料、质地、型号等方面的推陈出新有效地促进了高尔夫技术改革和高尔夫用具的发展。现代高尔夫球杆都以提高高尔夫技艺为主，再加上钛金属的运用，使球杆的质量合理分布，并为不同球手量身订制不同的球杆。

高尔夫运动的发展是不会停滞的，随着科技的发展和新材料的不断涌现，以及人类思维的进步，高尔夫运动的发展会越来越快，高尔夫球场上的竞争也会越来越精彩激烈。

三、我国高尔夫运动的发展

尽管我国在古代有过类似高尔夫运动的"捶丸"游戏，但现代高尔夫运动在我国的发展与世界相比，则显得相对缓慢和滞后。1896年，上海高尔夫俱乐部成立。1930年前后，高尔夫运动一度在上海流行，并在中国一定范围内得到传播。中华人民共和国成立后，高尔夫运动作为"腐朽的资产阶级生活方式"而遭遇停滞。

20世纪80年代，我国的改革开放和经济的快速发展在一定程度上带动了高尔夫运动的发展。1984年，由霍英东先生投资兴建的中华人民共和国第一家高尔夫俱乐部——广东中山温泉高尔夫俱乐部建成营业，标志着高尔夫这项风靡世界的古老的运动重新步入中国。次年，中国高尔夫球协会在北京成立。

随着改革开放的不断深入，古老的高尔夫运动在中国迈开了发展的新步伐。一些经济发展较快的地区如广东、福建、海南、北京、上海、山东等地成为兴建高尔夫球场的热点地区。到 2012 年底，全国 20 多个省（自治区、直辖市）建立了规模不同、风格各异的各类高尔夫球场 500 余座。据统计，目前我国打高尔夫球人数达到 100 万人。高尔夫运动也随着我国经济、社会和科技的快速发展而稳步发展。

随着社会的发展、人们生活水平的提高和消费观念的转变，高尔夫运动逐渐被越来越多的中国人所接受，参加这项运动的人也将会大幅度地提高技术水平。我国高尔夫运动呈现出业余、职业共同发展的良好局面。1994 年在第十二届亚洲运动会上我国高尔夫球手取得男子个人银牌、女子团体铜牌的好成绩。1996 年，中国选手张连伟和程军代表中国队打进高尔夫世界杯总决赛前 20 名，直接获得下一届世界杯的总决赛资格，被认为是起步仅十几年的中国高尔夫取得的巨大突破。1998 年 1 月，职业选手张连伟获得"亚洲最佳高尔夫球手"称号。2003 年 2 月，张连伟在新加坡大师赛上战胜众多世界高手获得冠军，这是我国球手第一次在国际赛事上获得冠军。2005 年欧洲高尔夫巡回赛落户中国，表明中国高尔夫的发展取得举世瞩目的好成绩。此后，一批中国高尔夫球员如梁文冲、吴阿顺等相继在国内国际赛事上获得良好战绩。2007 年梁文冲先是赢下新加坡名人赛，再拿下亚洲巡回赛年度奖金王，这是中国球手第一次获此殊荣；2012 年，冯珊珊夺得文曼斯女子职业高尔夫（LPGA）锦标赛冠军，这是中国大陆选手参加世界女子职业高尔夫球四大满贯赛首次获得冠军；2013 年，中国小将关天朗不仅刷新了美国名人赛最年轻参赛选手纪录，并且在本届大师赛上创造了"最年轻晋级选手""首位实现晋级的中国选手"等多项纪录。2016 年，中国选手冯珊珊在巴西里约第三十一届奥林匹克运动会女子高尔夫球比赛中获得铜牌，实现了中国高尔夫奥运奖牌零的突破。

为了普及高尔夫运动，使其由"贵族运动"转向平民化，使更多的人能够认识并积极参与这项集休闲、健身、娱乐及商业活动于一体的古老、高雅的阳光运动，北京成立了北京高尔夫运动学校，深圳大学成立了高尔夫学院，北京林业大学开设了高尔夫球场草坪管理专业，为我国高尔夫运动的发展和高尔夫球场草坪的管理培养后备力量。

纵观我国高尔夫运动 30 多年的发展历程，可以分为三个阶段：1984—1994 年为发展的第一阶段，这期间我国只建造了 10 个球场，球员也以外籍人士为主，球场多集中在沿海地区；1995—2003 年为发展的第二阶段，在这短短不足 10 年的时间，我国的高尔夫球场已经发展到了 180 多个；2003 年至今为发展的第三阶段，国家相关部门出台政策限制建造高尔夫球场，但高尔夫运动在中国的发展仍然呈现朝气蓬勃的景象，至今 10 余年时间，新建球场近 400 座，打球人口也日益增多。可见中国高尔夫运动的发展潜力巨大。

与快速发展的高尔夫运动不相协调的是，目前我国在高尔夫球场设计和建造方面的专业人员奇缺，大多数知名的球场都是由外国人设计和建造的。而在球场管理方面也存在着诸多问题，如专业管理人员缺乏、管理人员素质不高、经验不足，管理资料缺乏，管理资金投入不足等。大部分球场处于较低的管理水平，更缺少具有打球经验、熟悉草坪专业、热心致力于高尔夫运动的专业管理人员。

但是，高尔夫运动毕竟是一项非常好的体育运动，对中国而言尤为重要，它所带动的经济效益是庞大的。此外，高尔夫运动除了健身、竞技、休闲和娱乐外，也是一项社交、公益事业、增进友谊的高雅活动；不仅是改善环境、招商引资的重要条件，更是社会进步的标志。随着高尔夫运动在我国的不断发展、大批后备力量的崛起和新鲜血液的注入，高尔夫这项古老的运动必将在中国这块古老的土地上焕发更加靓丽的青春。

第二节　高尔夫运动器材

进行高尔夫运动或比赛，除了必需的高尔夫球场场地设施外，还需要配备球具、运动服装等基本器材。最基本的运动器材有球、球杆、球车、球座及运动服装等。

一、高尔夫球

高尔夫球是一种质地坚硬、富有弹性的实心球。最初的高尔夫球是粗糙的木质圆球。现在的高尔夫球则是以橡胶材料为球心，经过多种工艺制成的弹性更好、飞行更远的球。球的表面布满小凹点，以利于稳定飞行和提高准确性。大多数球都有324 个或 326 个凹点，现已生产出 384 个凹点的球。高尔夫竞赛规则中对比赛用球的质量、直径、球体对称性、球的初速度、球飞行和滚动的总距离等都有具体的规定。对于其他指标如球体的圆度、球体表面凹点的深度和数量、球的颜色等均无限

图 1-1　高尔夫球

制。正规比赛用球的球体表面一般有厂家品牌和便于在比赛中识别的球的标志（图 1-1）。

依据高尔夫球的结构，可分为双层球（适于初学者）和三层球，而三层球又分为硬塑球（适于一般水平球手）和巴拉塔球（适于专业球手）。球手在打球时，应根据自身状况选择合适的高尔夫球，以获得最大的挥杆乐趣。

二、高尔夫球杆

高尔夫球杆由杆头、杆身和杆柄三部分组成。杆头是实际击球的部位（图 1-2）。

球杆分成不同的型号，号码越大，杆身越短，杆头倾斜角度越大，击球越高，打出的距离相对较短。

球杆有木杆和铁杆两类，每类又包括不同用途的各种型号的球杆。木杆主要用于开球，因传统木杆杆头为木质而得名，目前木杆的杆头多为金属材料（如碳铁、钛等）。木杆有 5 种，即 1~5 号，杆号越小，击球距离越远。

铁杆的击球部位用软铁制造，一般有 12 种，除1~9 号铁杆外，还有 1 支用于近距离劈起击球的劈起杆（P）、1 支用于沙坑中击球的沙坑杆（S）和 1 支用于在果岭上推球入洞的推杆。铁杆的特点是易于保持击球的方向性和落点的准确性，其击球距离一般较木杆近，1~9 号铁杆击球距离渐近。

图 1-2　高尔夫球杆杆头部位

如上所述，全套球杆共有 17 支。在高尔夫球比赛中，允许每名球手最多带 14 支球杆上场，一般为 4 支木杆、7 支铁杆、劈起杆、沙坑杆和推杆。这些球杆各不相同，击球效果也不同，适合的高度和距离也不一样。打高尔夫球，主要靠使用长短不一的球杆控制击球的距离和方向。因此，球手应根据自身条件、技术水平和习惯挑选和使用球杆。

三、高尔夫球车及其他器材

高尔夫球车是球手在打球过程中使用的小型电瓶车，分为单座、双座、双排四座及大型车。使用高尔夫球车可以节省打球时间和体力，加快打球进度，尤其是在一些山地球场。有的球场规定球手打球时必须使用球车，但大多数球场，球手可自愿选择是否使用球车。

球座是球手在发球台开球时使用的木质或塑料的锥状支球架（图 1-3）。在发球台开球时，可以将球放在球座上，垫高后的球容易击打，减小了击

图 1-3　高尔夫球及球座

球阻力，容易将球击远，且可尽量减轻对草坪的损害。打一场高尔夫球需要准备几个球座。木质球座容易损坏，塑料球座则较结实。

球杆袋（球包）是装球杆的袋子，应装得下全套的球杆和其他必需装备，如衣服、球座、球、球鞋、毛巾等。球手可扛在肩上、放在手拉车或球车上。

手拉车是用于拉球杆袋的车子，一般比较坚固、轻盈且具备大轮轴，以适应球场内崎岖不平的道路。

此外，还有球位标、球叉、沙袋和沙子、杆头套等。球位标是当球打上果岭后，在拿起球进行擦拭前，在球的后面做上标记，以记住球的位置。球叉是修理果岭的工具，也可用于除去球杆击球面槽中的污物。打高尔夫球时，应备有沙袋和沙子，在球道或发球台上挥杆打起草皮后，将草皮捡回，放上一些沙子，用脚踏一踏，以利于草的再生。杆头套则是为保护木杆杆头而用毛线、皮革等制成的袋状物。

四、高尔夫运动服饰

作为一项高雅的社交运动，早期的高尔夫球手打球要穿燕尾服，着长统靴。现代高尔夫运动对服饰的规定已不那么严格，通常高尔夫服装分为上衣和裤子两部分，上衣一般是长袖或短袖的运动衫款式，裤子是纯棉或纯毛的西裤和便装裤。总之，穿着要舒适得体、整洁干净，衣服应宽松，同时，衣料要质地柔软、吸汗能力强。

打高尔夫球时，还应根据需要配备手套、高尔夫球鞋、帽子等。

手套为质地柔软、手感较好的皮或布料制成，可以使球手更牢固、舒适地握紧球杆，起到防滑防寒的作用。一般仅使用左手一只。

高尔夫球鞋用皮革制成，鞋底上带有鞋钉或小的橡胶头，可以增强击球站位的稳定性，有利于保持身体平衡，皮革面可以防雨和露水，在潮湿积水地面行走可以起到防潮的作用，同时在行走时也可以节省体力。

另外，还应根据天气条件配备太阳帽、防雨帽、高尔夫球伞、雨衣等。

第三节　高尔夫球场

高尔夫球场是由草地、湖泊、沙地和树木等自然景观，经球场设计者的精心设计创造展现在人们面前的艺术品，其占地广阔，风格各异，自然景观与现代化建筑融为一体。由于高尔夫球场是依据原场址地形、地貌而设计建造的，因此，世界上几乎不存在完全相同的高尔夫球场。

一、高尔夫球场组成

一个标准的 18 洞高尔夫球场占地面积一般为 $60\sim100~hm^2$。尽管各球场面积不同，风格各异，但按照其内部区域和功能的不同，可以划分为三个主要功能区域，即会馆区、球道区、草坪管理区。各功能区在管理上具有相对的独立性，并在功能上相辅相承。

1. 会馆区　会馆区是整个高尔夫球场的管理中枢，也是球场接待、办公、管理、后勤供应的场所，其大小不一，复杂多样。会馆区也是球手办理打球手续和在打球前后进行娱乐、休息与社交的场所，一般由主楼、停车场、网球场、游泳池、挥杆练习场、练习果岭、高尔夫球学校及其他附属设施组成，占地面积 $2\sim5~hm^2$。

现代的高尔夫球场会馆，作为一个纽带将商业建筑和民居的风格融为一体，既体现了与俱乐部相关的商业气息，也展现了家居的温馨与舒适。它不仅会强化球手对高尔夫球场的最初感觉，也会给球手留下深刻的印象。会馆还是高尔夫球场园林景观中体现最具体的一部分，蕴含着球场的风格和水平。

2. 球道区　球道区是球场的主体部分，面积占整个球场的 95% 以上。球道区是高尔夫球场最富有变化感的击球区，是设计人员施展艺术才能的最佳场所，也是表现高尔夫球场的档次和管理水平的最关键区域，其造型应能反映当地的自然景观。

球道区以球洞为单元构成，洞与洞之间一般相距 $90\sim540~m$ 不等。标准球场一般有 18 个洞，以 9 个洞为一个半场，分为上、下半场两部分，并以会馆为纽带连接。每个半场的开始与结束的一洞一般都设在会馆区附近。

球洞一般由果岭、发球台、球道、高草区等草坪区域和沙坑、水域、树木等障碍区域所组成（图 1-4）。其中果岭、发球台是每个球洞都必不可少的，其他区域可根据球洞的杆数和设计的需要确定其有无。

虽然标准球场都由 18 个球洞组成，但几乎所有球场都有匠心独运的地方，如球洞的设置、障碍的难度等，需要设计者对地势、地貌加以巧妙地利用，不仅要满足球手打球的要求，而且要充分体现高尔夫运动所蕴藏的丰富内涵和高尔夫运动规律，使球手在同样的条件、同样的机会下，面对同一片球场进行挑战，表现个人不同的水平。因此，高尔夫比赛是一名球手接受一个球场对自己挑战的比赛，是智力与运动相结合的比赛。这也正是高尔夫运动的魅力所在。

球道区的管理由设在草坪管理区内的草坪部或场务部完成，并由设在主楼内的管理机构来控制。

3. 草坪管理区　草坪管理区是球道区日常维护管理机械和物资等存放的区域，以及机械保养和维修的区域，也是进行草坪试验与其他管理活动的场所。它是对球道区进行管理的

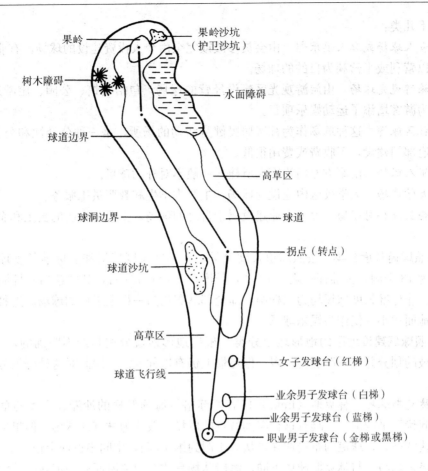

图 1-4 球洞组成图
(仿梁树友, 1999)

核心部位，内设场务部或草坪部。场务部或草坪部下设有机械操作组、果岭管理组、园林组、喷灌组和设备维修组等部门。这些部门在场务部经理或草坪总监及各组组长的安排下，按照每天或每周的具体管理计划对球道区进行管理和维护。

此外，为了方便球手打球，一般球场内还设有一些其他附属设施，如球场内的球车道路、中途休息亭、避雨亭、饮水站等。

二、高尔夫球场类型

高尔夫球场的类型很多，有多种分类方法，如按照球场所有者的性质分类、按照球道长度分类、按照球场建设地区的地形地貌分类、按照球场造型风格分类等。在球场规划中，了解球场类型有助于明确球场的定位，从而做好球场规划。

1. 按照球场所有者的性质分类 目前我国高尔夫球场的业主几乎都是各类企业，包括国外独资企业和合资企业，也包括国有企业和民营企业。由于企业的经营目标不同，使球场的经营模式也不同。有的企业以专门发展高尔夫球场作为主业，以球场及其相关设施的经营为目标，这类球场可称为运动娱乐型球场；有的球场不以球场经营为主业，而是将球场与房地产开发结合起来，以球场作环境，以房地产作经营，这类球场可称为环境娱乐型球场。

国外特别是高尔夫发源地的英国和高尔夫产业庞大的美国，以高尔夫球场所有者的性质可分为以下几类：

（1）私人球场或私人俱乐部　由会员参股或完全由个人投资建设的球场，有非营利的球场，也有以营利或半营利为目的的球场。

（2）旅游观光球场　由旅游观光区建设经营的球场，包括宾馆、公园、旅游风景区等。这种球场为游客增添了运动娱乐项目。

（3）社区球场　这种球场作为社区居民健身活动的场所，是一种公众性和公益性球场，可以由政府部门建设，不收费或费用很低。

（4）军人球场　由军方专门为军人所建、一般不对外的球场。

（5）大学球场　大学校区内建设的球场，主要为学生和教职员工服务。

（6）企业或公司球场　大型企业建设属于自己的球场，主要为自己的员工和企业的客户提供服务。

2. 按照球道长度分类　按照球道长度分类，有标准长度球场和非标准长度球场。标准长度球场为18个洞，标准杆一般为72杆，长度在6 400 m左右，其中包括三杆洞、四杆洞和五杆洞。非标准长度球场均为三杆洞，即全部球洞均为一杆上果岭的球场。这种球场球道较短，占地面积小，仅作为娱乐球场。

3. 按照球场建设地区的地形地貌分类　根据地形地貌分类是最不明确的，因为地形、地貌、植被的划分并没有明确的界限，但习惯上仍有这种说法，因此对这种分类方法也应该有所了解。

（1）林克斯球场　林克斯（links）代表着苏格兰海滨低矮的沙滩、广袤的草地、开阔的视野和起伏不平的地形。具有这种海滨特点的球场一般称为林克斯球场。但早期的林克斯球场除这些特征外，球道的布局往往是从第1洞到第18洞，中间不返回会馆。

（2）海岸球场　与林克斯球场不同，海岸球场是建在距离海面有一定高度的海岸，往往建在陡峭岸边山坡上。如山东威海国际高尔夫球场就属于海岸球场，其三面环海，海岸陡峭，球道位于陡峭的山坡上。而林克斯球场几乎与海水连成一片。

（3）森林球场　森林球场，顾名思义，就是建在森林中的球场，其特点是球道两旁都是高大的树木，球道与球道之间的隔离带也全是树木，从一个球道几乎看不到另一个球道。例如，沈阳盛京高尔夫球场就是典型的森林球场。

（4）公园球场或平地球场　地势平坦、开阔，树木稀少，在这种场地上建造的球场往往是一种平地球场，球道起伏相对较小。如北京的万柳高尔夫球场、北京国际高尔夫球场、天津华纳高尔夫球场等。

（5）沙漠球场　美国中西部有许多沙漠球场。沙漠球场以其独特的球道景观吸引着无数的高尔夫运动爱好者。

（6）山地球场　球场建造在山坡、沟谷，地形特点是山区或浅山丘陵地区。

4. 按照球道布局分类

（1）团块状球场　整个球道的布置形成一个组团，没有其他设施，其中每9洞为一个分组团，两个9洞相互配合形成一个整体。

（2）环状球场　从距离上拉开球道的布局，使球道布置向外延伸，以增加球道的景观空间。这种球场往往与房地产紧密配合，在球道周围可以布置更多的房屋。这种规划布局既可以单球道形成闭合的环路，又可以双球道形成闭合的环路。

（3）放射状球场 每3个洞就返回俱乐部会馆，这种球场要求在会馆周围能布置6个发球区和6个果岭区，需要的空间比较大，平面上球道呈放射状，以会馆为中心向外展开。

第四节 高尔夫球比赛

高尔夫球比赛是指球手之间从发球区击球开始，直到球在果岭被击入球洞为止的竞赛。

一、高尔夫球比赛类型

高尔夫球比赛有比洞赛和比杆赛两种最基本的形式。比洞赛是高尔夫运动古老的一种比赛方式，是以一轮比赛结束后，所胜洞数的多少来决定胜负。每个洞都要决出胜负，每个洞杆数最少者为该洞胜者，在指定洞数完成后，所胜洞最多者为最终胜者。如果双方都以相同的杆数打完一洞，则该洞数平分。打完规定洞数后，双方成绩相同时，竞赛委员会可以将规定的一轮延长数洞直至决出胜负为止。

比杆赛来源于英国旧式的一日制比赛，是以规定洞数的总杆数来决定胜负的。竞赛者在完成比赛后，统计所打球洞的总杆数，总杆数最少者为优胜者。在完成规定的一轮或几轮比赛后，如杆数相同，应再进行加洞比赛，直到一方赢了一洞为止。加洞比赛的做法不适用于比洞赛。国际职业高尔夫球赛和全国比赛通常采用比杆赛形式，比赛一般在标准的18洞球场进行四轮比赛，以四轮比赛的累计杆数判定名次。

还有一种计分赛，即在每洞比赛中，杆数为标准杆时得1分，低于标准杆1杆（小鸟球）得2分，低于标准杆2杆（老鹰球）得3分，超出标准杆得分为0。

高尔夫运动在20世纪末已经发展成为一项全球性的体育运动，目前世界上有许多职业和业余、个人和团体的高尔夫球赛。其中最著名的个人比赛有英国高尔夫公开赛、美国高尔夫公开赛、美国高尔夫名人赛、美国职业高尔夫球协会（Professional Golf Association，PGA）锦标赛等，团体比赛有世界杯赛、莱德杯欧美对抗赛和沃克杯美英爱尔兰系列赛等，女子比赛有索尔海姆杯巡回赛及各种杯赛。其中，英国公开赛、美国公开赛、美国名人赛、美国PGA锦标赛最为重要，被称为世界高尔夫四大赛事，在一年中连续赢得此四项比赛在高尔夫球界称为"大满贯"。

二、高尔夫球著名球手

老汤姆·墨利斯（Old Tom Morris，1821—1908）：英国高尔夫球手。他是皇家古老高尔夫俱乐部荣誉职业球员和最知名的19世纪高尔夫球元老。拥有4次英国公开赛冠军头衔。

小汤姆·墨利斯（Young Tom Morris，1851—1875）：英国高尔夫球手。他是老汤姆·墨利斯之子，4次夺得英国公开赛冠军。1975年入选世界高尔夫球名人堂。

哈利·瓦登（Harry Vardon，1870—1937）：英国职业高尔夫球手。他荣获6次英国公开赛冠军和1次美国公开赛冠军。以他的名字命名的瓦登杯每年奖给平均进球数最多的职业高尔夫球手。1974年入选世界高尔夫球名人堂。

约翰·亨利·泰勒（J. H. Tayler，1871—1963）：英国职业高尔夫球手。夺得5次英国公开赛冠军，6次亚军，2次法国公开赛冠军，1次德国公开赛冠军。1975年入选世界高尔夫球名人堂。被视为职业高尔夫球赛的先驱者之一，也是英国高尔夫球协会的创始人之一。

华特·哈根（Walter Hagen，1892—1969）：美国高尔夫球王之一。他夺得 4 次英国公开赛冠军和 2 次美国公开赛冠军，在高尔夫球场上引领风骚，并彻底改变了高尔夫球手的社会地位。1940 年入选美国 PGA 名人堂，1974 年入选世界高尔夫球名人堂。

巴比·琼斯（Bobby Johns，1902—1971）：美国高尔夫球手。1923 年获得美国公开赛冠军，1930 年夺得大满贯，成为美国的英雄和美国历史上最受欢迎的运动家。设计建造了美国国家奥古斯塔高尔夫球场，该球场自 1934 年以来即成为美国名人赛永久性的比赛场地。

巴比·洛克（Bobby Locke，1917—1987）：南非高尔夫球手。曾获得 4 次英国公开赛冠军、3 次瓦登杯冠军、多次加拿大公开赛冠军。1977 年入选世界高尔夫球名人堂。

杰克·尼克劳斯（Jack Nicklaus，1940—　　）：美国职业高尔夫球手。获得 3 次美国公开赛冠军、3 次英国公开赛冠军和 5 次美国 PGA 锦标赛冠军。1974 年入选世界高尔夫球名人堂。1988 年当选"世纪高尔夫球手"。另外，与其辉煌职业生涯相媲美的是他在球场设计方面的杰出表现。

葛瑞格·诺曼（Greg Norman，1955—　　）：澳大利亚职业高尔夫球手。拥有 2 次英国公开赛冠军、2 次世界杯冠军、6 次澳大利亚名人赛冠军和 3 次世界比洞赛冠军。17 岁开始打球，2 年便成为世界级球手。

尼克·佛度（Nick Faldo，1957—　　）：英国职业高尔夫球手。获得 4 次英国 PGA 冠军、3 次世界冠军杯赛冠军。在高尔夫球场设计方面也有杰出表现。

青木功（Isao Aoki，1942—　　）：日本职业高尔夫球手。年少时曾担任球童，1964 年转为职业高尔夫球手。20 世纪 70 年代成为亚洲第一位国际运动巨星。他是唯一在美国、欧洲和澳大利亚均有胜绩的亚洲球手，是美国常青赛史上 4 位"最年轻的常青赛冠军"之一。

泰格·伍兹（Tiger Woods，1976—　　）：美国职业高尔夫球手。当今世界最著名的高尔夫球手之一。他是美国历史上最年轻的业余锦标赛冠军，创造了多项高尔夫记录。2001 年赢得美国大师赛后，成为最年轻的同时拥有四项大满贯冠军头衔的球员，打破了白人对高尔夫的统治。

第二章 高尔夫球场规划设计与建造

第一节 球场规划

一、规划球场的缘由

高尔夫是一项从 3 岁的孩童到 80 岁的老人都可以参加的户外运动和娱乐项目，正是这个原因，高尔夫被称为终生的运动。目前还没有其他体育运动项目可以与高尔夫相提并论。因此，规划、建造高尔夫球场就是为了向人们提供这项服务，使人们在工作之余，生活闲暇时，走出繁忙、喧嚣、处处钢筋混凝土林立的城市，去享受绿色的空间，呼吸清新的空气，沐浴明媚的阳光，行走在高尔夫球场的茵茵绿草上强身健体、感受人生。

高尔夫球场可以改善生态环境，绿草、树木、水面以及连绵起伏的球道草坪使人赏心悦目，高尔夫球手可以在这种优美宜人的环境中放松身心，球场周边的居民社区尤其是高层住宅的居民也可以领略球场的美景。建在山谷、丘陵、海滨、河畔的高尔夫球场给周边居民以及过路行人提供了极佳的视野空间。

据研究，一个 18 洞高尔夫球场一天的光合作用就可以产生足够 10 万人呼吸一年的氧气。球场上的草、树实际就是一个天然的空气调节器，它吸收热量，散发水分，产生氧气。草坪本身就是一种最好的水源过滤器和净化器。在城市近郊，特别是那些绿地空间少而混凝土和建筑材料热辐射强烈的大中城市，草坪净化空气、清洁水源的作用更加显著。

建在城市绿带中的高尔夫球场，其中的人工湖、水塘等水域可以拦蓄大量的暴雨洪水，分散了城市排洪的压力。通过球场草坪喷灌，部分水分下渗补充地下水源，有利于地下水位的稳定，有利于生态环境的改善和恢复。

高尔夫球场的山峦、沙坑、水域、绿地以及广阔的空间也吸引了大量的野生动物，增加了生物多样性。

高尔夫球场不仅对生态环境有积极的影响，而且对带动当地社会经济发展具有明显的作用。建成一座高尔夫球场可以为当地创造一定的就业机会，同时带动相关产业的发展，例如，除直接为高尔夫球场从事管理、服务的人员提供就业外，还可以促进当地商业、服务业的发展。高尔夫球场可以吸引境内外投资商来当地发展工商企业，同时还可以提高球场周围地区房地产的价值。

总之，无论亲身体验高尔夫这一终身运动的真谛，还是与高尔夫球场为邻，都是一种最佳的选择。

二、球场规划程序和内容

(一) 规划设计准备

高尔夫球场在规划以前，无论是球场的建设方（业主），还是球场的规划设计方都需要掌握一些基本资料，这些资料中许多是建设方在提出球场建设项目后收集的，当建设方与规划设计方达成规划或设计协议后，提交给规划设计方进行工作。也有些资料如地形、地质资料等，是建设方另外部分或全部委托给规划设计方来完成。这些准备工作主要有以下几方面：

1. 掌握自然条件、环境状况及历史沿革

① 作为球场规划设计任务的承担者，应了解业主立项建设高尔夫球场的目的、建设要求、为此所做的准备工作以及业主立项前后的历史沿革。

② 了解地方政府部门对建设区域的总体规划，以及对本项目规划设计的要求，明确本项目与地区总体规划的关系，特别是城市绿地总体规划与本项目的关系。

③ 了解规划设计区域的环境关系、环境特点、未来发展状况、有无名胜古迹、人文景观、自然景观等资料。

④ 了解项目区及其周围的城市景观、建筑形式、色彩特点，了解规划区域与周围地区的交通联系、社会结构、居民类型。

⑤ 了解规划区域的水源情况，包括水系、水量、水质以及污染情况，排水流向及排水区，同时了解电力供应情况。

⑥ 收集规划区域的气象、水文、地质、土壤、地形、地貌等方面的资料，了解地下水位、年和月平均降水量及最大降水量和降水强度、年最高和最低气温及其时间分布、主要风向及其风力、最大冻土层深度等信息。

⑦ 了解规划区域植物的种类、分布、生态群落组成以及有可能成为球道景观树木的树龄、景观特点、定植位置等。

⑧ 了解规划区域内主要建筑材料的来源情况，如有机肥、泥炭、沙、石、种植土、苗木等，了解周围地区人力资源、施工机构及其机械设备情况等。

⑨ 了解业主对规划设计的要求、项目建设的时间安排以及计划投资额度等。

2. 掌握基本资料及图纸

(1) 地形图　根据规划区域面积大小，一般应由业主提供场区地形图，包括1：10 000规划区域及其周围地区地形图、1：2 000或1：1 000规划区域地形图以及1：500球场俱乐部会馆区地形图。提供的地形图应明确显示以下内容：

① 规划用地范围或经批准的规划红线图，包括红线图的坐标值，地形图的坐标系、高程系，等高线间距不超过5 m。

② 规划区域内的地形、标高、地貌特征，现有地面建筑物、构筑物、山体、水系、植物、道路、水井，还有水系的进出口位置、电源位置等。

③ 现状物中，要求保留利用、改造和拆迁等情况要分别注明。

④ 四周环境情况、进出场地的交通联系道路名称、宽度、标高点数值以及走向和道路排水方向；周围机关、单位、居住区的名称、范围，以及今后发展状况。

(2) 地下管线图　图内要包括场地内通过的所有永久性保留的管线，如通信光缆，电力电缆，天然气管线，煤气、热水管线，供水、排水管线，雨水、污水管线，以及检查井、闸阀井的位置等，并要求说明管线的走向、管径大小、埋深情况、压力、坡度，以及管底、管顶标高等。

(3) 土壤肥料分析报告　要求具备土壤理化分析资质的机构采集场地表土、深层土、准备采用的有机肥、河沙、泥炭等样品，进行分析后出具的理化分析报告，包括土壤质地、土壤 pH、土壤肥力、肥料养分、沙石颗粒级配等资料。

（4）环境影响评价报告　这个报告是由业主委托环境评价机构完成的，其中包括球场建设的环境评价项目和评估结论。例如，用水量、历史古迹遗址、湿地、水质以及与开发高尔夫球场有关的潜在的环境问题等。这些结果可作为规划设计的参考。

3. 编制规划任务书　在全面分析上述资料的基础上，确定球场规划的总体原则和目标，编写球场球道规划设计要求和说明。规划任务书的作用就是使规划设计人员充分了解规划任务委托方的具体要求和愿望，对项目建设规模、标准、投资和时间期限的要求，以及其他特殊要求等。这些内容是整个规划设计的主要依据，从中可以确定哪些值得深入调查研究和分析，哪些只做一般性了解。

（二）现场踏勘

掌握了球场规划的基本任务以后，就应着手收集与场地有关的规划设计资料，在了解现有资料的基础上必须对球场场址进行现场踏勘。一方面，核对、补充所收集到的图纸资料，如地形图与现状地形不符合，需要补充并更正地形图；现状的建筑物、道路、较大的树木在地形图上未标注，需要填图补充这些设施及地物的大致位置；有些地下构筑物，如管线、电缆等需要在熟悉情况的人员参与下标注在地形图上；有的场地还存在地面及地下历史古迹，也需要在地形图上注明其范围；场地中的坟墓也要注明其位置，调查其数量。另一方面，规划设计者现场踏勘可以发现能为球场所用的地貌、风景、岩石、树木、溪流等景物，根据周围环境条件，使规划设计者进入球场规划的行动与艺术构思阶段。发现能利用的地景、地物都应当做出标记或记录。在规划中能直接利用的则利用，能借景的则借景，无景无物的则造景。现场踏勘有时需要拍摄现状环境照片或录像，以帮助规划者室内工作时参考。

由于高尔夫球场一般占地面积较大，一次现场踏勘不一定能完全了解场地的实际情况，对于场地情况比较复杂，如山高沟深、丛林密布、地形复杂等情况，需要进行第二次、第三次乃至多次的现场踏勘。现场踏勘的次数越多，对现场的了解就越深，做出的规划就越接近现场的环境。

现场踏勘不一定在很短的时间内完成，可以在规划过程中进行第二次、第三次现场踏勘，而且这更有利于规划工作的进行。一般第一次现场踏勘后即开始进行球场打球线路的初步规划，也就是球道布局规划，这项工作完成后，再深入现场沿规划的线路进行踏勘，发现问题及时修改或重新规划。

球场规划就是规划设计师在一定的规划设计理念的基础上，不断研究地形、环境，在反复踏勘现场的过程中趋于完美的。

（三）球场规划报告

高尔夫球场规划报告或规划说明书是球场总体规划的总成果，其中包括文字说明和总平面规划图以及必要的规划效果图等。球场规划报告主要包括以下几部分内容：

1. 项目概况　论述项目区所在的地理位置、气候特点、经济社会发展概况，项目主要内容，规划设计的主要目标及任务等。

2. 规划设计依据　论述球场规划设计主要遵循的原则及依据，包括经业主认可并经政府管理部门批准的规划设计任务书中的主要原则，规划设计合同书规定的规划设计要求，国家有关法律、法规、技术规范、标准，以及其他需要遵守的规划设计依据。

3. 场地分析 通过对场地内地形、地貌、土壤、地质、水文、气象、植被等自然因素的分析，掌握哪些因素对建造高尔夫球场是有利的，如何利用这些有利因素；哪些是不利因素，在规划设计时如何避免和减少不利因素等。分析球场与周边的交通、通信、电力、水源、人力资源、建筑材料、种植材料等，说明哪些是规划设计中的限制因素以及主要因素。

4. 总体规划 描述高尔夫球场主要功能区的选址、平面布局及其合理性分析，主要包括俱乐部会馆的选址及其理由陈述，球道的总体布局、线路走向，以及特征地物、地貌的利用分析等。从球场的布局平衡性，与环境的协调性，球道安排的节奏性、趣味性，球场整体的可打性，以及从便于球场草坪管理维护的角度论述总体的规划理念与规划方法。总体规划应结合球场总平面规划图进行说明，必要时应采用球场总体规划鸟瞰图和局部效果图加以说明。

5. 球道规划 从每个球道的可打性、美学设计、可维护性方面全面论述球道的布局、方向、打球难易程度、环境协调、地面特征利用、草坪维护管理、自然排水流向以及可能存在的问题及处理措施等。

6. 主要工程项目 根据总体规划以及球道规划，列出规划中可能面临的主要建设工程项目、建设规模及估算的工程量。例如，场地原有建筑物搬迁、居民搬迁；原有公路、道路改线；地面整治及土石方工程，包括表土堆积、场地清理、沙石等建筑材料的开采与加工等；水道整治，包括河道、排水沟道的改造、新建及处理工程等；球场地面造型工程；排水工程、喷灌工程、球场细造型工程；草坪建植及景观工程；俱乐部会馆及场地管理部建筑工程，包括输电线路、市政供水、污水处理、通信以及场地保安措施等；场地内外联系道路工程等。

7. 投资估算 根据以上各个建设工程的规模及估算工程量，分类估算建设工程投资，汇总得到球场建设工程投资和俱乐部等房屋建设工程投资以及球场道路、水、电、通信等配套工程投资，最后得出球场建设项目总投资（其中不包括土地征用费及其他费用）。

8. 结论与建议 论述本规划的主要特点、建设标准与规模；提出项目建设中建设阶段的划分、主要建设内容应达到的建设标准，以及相关的技术要求等建议。

三、球场规划

高尔夫球场规划设计的三个基本理念，即可打性、艺术性和实用性，自始至终贯穿在球场规划的思路中。但是，一个特定的高尔夫球场处在特定的环境之中，这些环境包括自然环境、人文社会环境和经济环境。因此，在规划设计时如何贯彻这些指导思想，将取决于设计师对球场环境和规划设计理念的理解。不同文化背景的设计师也许对球场环境有不同的认识，尤其是在球场规划的美学方面。但是，尽管存在认识上的差别，进行规划的基本程序和球场规划的国际惯例及通行做法还是比较一致的，即首先从球场选址开始，再选定俱乐部会馆区的位置，然后进行球道布局等规划工作。

（一）球场选址

高尔夫球场设计师对于球场选址起着重要作用。对于高尔夫球场发展商来说，如果在球场选址阶段能得到球场设计师的建议，将会影响业主对球场项目的决策。球场设计师可以就地理位置、地形地貌、社会经济等方面提出球场选址的可行性以及存在的主要问题等。因为高尔夫球场是一块占地面积较大的场地，而且球场建设往往与房地产的开发联系在一起，是一个投资较大的发展项目，因此在选址阶段就应充分发挥专业人士的作用。

一般情况下，球场选址时应考虑以下因素：

① 球场建成后的消费人群将是首先要考虑的问题。球场应距大城市比较近，交通比较便利。当然也有的球场设计定位在高档球场，也可以距离人口密集区远一些，只为那些追求乡村观光型球场的顾客提供高档的服务。

② 高尔夫球场最佳的地形条件应当是高低起伏、坡度比较平缓。虽然利用现代土石方工程设备、灌溉设备以及草坪建植技术，在任何条件下建造球道和建植草坪都是可行的，但这样就会增加工程投资，而丘陵缓坡地带可以大大降低建设投资，并且球场可打性、景观性、可维护性都比较理想。

③ 一个标准的 18 洞高尔夫球场，包括 18 个球道、俱乐部会馆区、场地维护管理区、练习场以及其他设施，一般占地面积 60～100 hm²。如果场地内有较大的水面、高山、深沟、受保护的森林和湿地等，应扣除这些面积。

④ 球场选址中尽可能避免东西向狭窄的土地，在这种地形上布置的球道无法避免上、下午太阳光对球员的耀眼刺激。因此，尽量选择南北长、东西短的地块。当然，适宜建球场的地块并不一定要规则整齐、方方正正，那些尖角、狭窄的地带，只要有适当的宽度，反而能为球场所利用，更容易安排球道。

⑤ 高尔夫球场大面积的草坪需要有足够的水源为之提供灌溉，因此球场选址时有足够的、允许球场使用的水源是至关重要的。水源包括河流、天然湖泊、水库、池塘、地下水甚至城市再生水等。许多情况下水资源对于球场选址具有一票否决的意义。

⑥ 场地土壤方面，最好是沙壤土或沙土，具有较厚的表土层。

⑦ 在场地周围最好具备供电设施。

(二) 俱乐部会馆选址

高尔夫球场的俱乐部会馆是整个球场的核心，在球场选址结束以后就需要研究场址地形特点，选择会馆的位置。选址的原则是地形比较开阔，便于各功能区的布置；地势较高，视野开阔，能环顾周围的球场，风景优美；方便对外交通，便于电力、水源供应和污水排放。

俱乐部会馆的功能是一个球场进出的总接待中心，会馆区包括以下部分：

1. 会馆　其中有接待区，包括休息区、球具室、小卖店、更衣室、餐饮区、娱乐区，以及办公等功能区，有些会馆甚至包括宾馆住宿区。

2. 停车区　高尔夫球场一般远离市区，因此在会馆区提供足够的停车场是必需的。一般应有 2～3 块停车场，停车位依球场的地理位置以及球场档次而不同，但一般应有 200～300 个停车位。此外，还应包括球场员工的停车场。

3. 球车存放区　高尔夫球车存放应在会馆区周围，以方便客人使用。

4. 练习果岭　在会馆周围应安排 1～3 块练习果岭，分别是推杆果岭、劈杆果岭、沙坑杆果岭等，以方便客人练习。

5. 挥杆练习场　一般球场都设有挥杆练习场，供初学者练习和球员上场前的热身。

6. 至少两个发球区和两个果岭区　一般要在会馆区周围布置第 1 洞和第 10 洞的发球区以及第 9 洞和第 18 洞的果岭区。

7. 球童值班室　会馆区周围应有球童值班室，以便为球员提供方便、及时的服务。

8. 进场道路　道路系统包括会馆区与外界的总出入道路、从会馆区到发球区以及从球道区到会馆区之间的联系道路或球车道路。与外界的联系道路应有足够的宽度，进出通畅，方便停车。进场的球车道应能延伸到各个球洞的发球区和球道区。

(三) 球道布局

1. 球道布置原则　球道布置，从景观美学的角度，应当是球道布局和谐统一、比例得当、整体平衡、富有节奏、重点突出、特色明显。但从球场的运动功能出发，对这些原则有一定的限制，具体表现在：

(1) **球道配置**　18 洞球场中，无论前 9 洞还是后 9 洞，开始的前 3 洞一般不布置三杆洞，这样可以减轻在第 1 洞和第 2 洞以及第 10 洞和第 11 洞发球台上的拥挤。一般情况下，最后一洞也不布置三杆洞。每 9 洞中有 2 个三杆洞和 2 个五杆洞，在布置时不宜将 2 个三杆洞或 2 个五杆洞连续布置在一起。除这些球道配置时需注意的问题外，掌握球道配置节奏的要点是，使球员在球场上经历了精神高度集中和胆战心惊的一洞后能有一个喘息的机会。

(2) **球道方向**　一般来说，从发球台到果岭由东向西或由西向东的球道尽可能减少，以避免日出日落时段光线对击球的影响。同时，开始的球道，即第 1 洞和第 10 洞，不能布置成面向太阳升起的方向；结束的球道，即第 9 洞和第 18 洞，不能布置成面向太阳落山的方向。球道规划中最好的方向是南北向。

(3) **球道距离**　在球道布置时，从上一个球道的果岭到下一个球道的发球台之间的距离不应过长，一般为 70～100 m。两个相邻球道中线到中线之间的最小距离为 70～80m。

(4) **球道视线**　在球道平面布置的同时还应考虑球道的立面布置效果。通常情况下都不应布置盲洞，即要使球员站在发球台能看见果岭，或者至少能看见一半果岭。如果果岭面一点都看不见，则称为盲洞。同时，尽量避免球道落球区因规划布置不当产生盲点或盲区，即第一落球点和第二落球点也应当在球员正常的视线范围内，否则就是盲点或盲区。

(5) **球道安全**　打球安全是高尔夫球场规划设计中考虑的重要因素。应通过各种措施来避免球场上球员、管理人员、车辆等被球击中的可能性。球道布置中安全性只有通过击球的角度和落点区的距离来控制，其他措施有球道造型、球道树木以及球场严格的管理措施等。但是，球场上有各种技术水平的球手，即使保证了击球角度和安全距离也只能减少危险，而不能保证绝对安全。

2. 球道布置长度

(1) **球杆与距离**　一个高尔夫球场的设计建造目的就是为了更多地接待和容纳高尔夫运动爱好者。而不同的球员球技差异很大，有球技超凡的高手，也有初学入门的爱好者。如何在同一个球场中为不同的球员提供均觉得满意的设计，的确是比较困难的。每个球道都是一个相对独立的整体，设计师不可能破坏球道的整体性而照顾不同的人群。一般设计师在规划中首先鼓励球员提高球技，比如设计冒险性球道，如果冒险成功，就会得到缩短距离或好击球点的奖励。表 2-1 显示各种高尔夫球杆平均击球距离的调查估算结果，据此，设计师可以在球场规划中参照设定球道长度。

表 2-1　不同高尔夫球杆的平均击球距离

球　杆	长打手		短打手	
	码*	m	码	m
1#木杆	240	219.5	210	192.0
2#木杆	220	201.2	200	182.9
3#木杆	210	192.0	190	173.7
4#木杆	200	182.9	180	164.6
2#铁杆	190	173.7	170	155.4
3#铁杆	185	169.2	160	146.3
4#铁杆	180	164.6	150	137.2
5#铁杆	170	155.4	140	128.0
6#铁杆	160	146.3	130	118.9
7#铁杆	150	137.2	120	109.7
8#铁杆	140	128.0	110	100.6
9#铁杆	125	114.3	100	91.4
劈起杆和沙坑杆	30～120	27.4～109.7	30～90	27.4～82.3

　　注：码为非国家法定计量单位，1码=0.914 4 m。余同。

　　（2）球道杆数与长度　一杆的击球距离确定后，需要几杆上果岭，美国高尔夫球协会对此作了规定，即标准杆的定义。标准杆是指一个优秀选手不出任何差错将球从发球台打上果岭，然后从果岭推球进洞的杆数。共有三种标准杆，即 3 杆、4 杆和 5 杆。在任何情况下均规定果岭上需要 2 杆，因此，3 杆就是从发球台 1 杆上果岭，4 杆就是从发球台 2 杆上果岭，5 杆就是从发球台 3 杆上果岭。由此表明，杆数代表了击球距离和球道长度。表 2-2 列出了标准杆的规则。

表 2-2　标准杆与球道长度

标准杆（par）	男子球道长度（码）	女子球道长度（码）
3	<250	<210
4	251～470	211～400
5	471 以上	401～575
6		576 以上

　　由表 2-2 可以看出，标准杆的距离变化很大，这为设计师在不同地形环境条件下设计高尔夫球场提供了更大的选择。比如，上坡球道和下坡球道其长度是不同的，顺风球道和逆风球道以及侧风球道的长度也是不同的。难度系数大的球道和难度系数小的球道，其区分标准之一就是球道长度。

　　表 2-2 中球道长度的概念是指从后发球台中心到果岭中心的水平距离。如果球道转弯，即"狗腿球道"，是从后发球台中心沿球道中心线到第一落点，再从第一落点到果岭，或到第二落点再到果岭的水平距离。例如，4 杆球道长 440 码，如果第一杆设计长度为 240 码，则第二杆长度为 200 码；5 杆球道长 490 码，如果第一杆设计长度为 240 码，第二杆设计长

度为 200 码,则第三杆长度为 50 码。

(3) 应用举例 表 2-3 为一个 18 洞标准杆 72 杆高尔夫球场的球道配置和长度应用实例,设计师还根据不同击球杆数推荐了选用的球杆。每个高尔夫球场的规划都要给出球道杆数和球道长度码数表,这是球场规划的基本内容之一,也是球场运营过程中球场提供给球员的基本服务内容,球员通过球道长度码数表就可以初步了解球道的分布情况以及杆数配置,作为其上场打球的参考和指南。

表 2-3 球道标准杆与长度设计应用实例

球道序号	标准杆(par)	球道长度(码)	第一打		第二打		第三打	
			长度(码)	选用球杆	长度(码)	选用球杆	长度(码)	选用球杆
1	4	380	240	1# 木杆	140	8# 铁杆		
2	4	400	240	1# 木杆	160	6# 铁杆		
3	5	540	240	1# 木杆	210	3# 木杆	90	劈起杆
4	4	360	240	1# 木杆	120	9# 铁杆		
5	3	190	190	2# 铁杆				
6	4	430	240	1# 木杆	190	2# 铁杆		
7	5	500	240	1# 木杆	210	3# 木杆	50	劈起杆
8	3	150	150	7# 铁杆				
9	4	410	240	1# 木杆	170	5# 铁杆		
OUT	36	3 360						
10	4	370	240	1# 木杆	130	8# 铁杆		
11	5	520	240	1# 木杆	210	3# 木杆	70	劈起杆
12	4	405	240	1# 木杆	165	5# 铁杆		
13	3	215	215	4# 铁杆				
14	4	340	240	1# 木杆	100	劈起杆		
15	4	410	240	1# 木杆	170	5# 铁杆		
16	5	560	240	1# 木杆	210	3# 木杆	110	9# 铁杆
17	3	175	175	4# 铁杆				
18	4	420	240	1# 木杆	180	3# 铁杆		
IN	36	3 415						
合计	72	6 775						

3. 球道布置实践 高尔夫球场球道的布置,主要取决于地形条件、业主建造高尔夫球场的目的以及设计师对地形、地貌条件的理解和运用。下面举例说明。

① 如果场地形状比较方圆,土地面积比较小,球场内部没有发展房地产的要求,没有保留地,或球场内有无法利用的高山、峡谷,则这种地形的球道布置可以比较紧凑,完全从球道布局的要求出发考虑规划。图 2-1 就是这种地形条件的一个应用实例,其球道码数见表 2-4。

② 如果球场地形为山丘沟谷,则球道应沿山坡布置,或往返于山坡之间,或环绕山丘布置。

图 2-1 位于加拿大亚伯达的 Wolf Creek 高尔夫观光俱乐部球道布置图

(引自 John Gordon, 1991)

表 2-4 Wolf Creek 高尔夫球场球道码数

球道序号	球道长度（码）	标准杆（par）	球道序号	球道长度（码）	标准杆（par）
1	391	4	10	178	3
2	393	4	11	511	5
3	199	3	12	426	4
4	385	4	13	372	4
5	410	4	14	430	4
6	533	5	15	407	4
7	133	3	16	338	4
8	344	4	17	203	3
9	445	4	18	450	4
OUT	3 233	35	IN	3 315	35
			合计	6 548	70

③ 如果球场规划与房地产结合在一起，主要是以别墅住宅为主的房屋开发，则球场在很大程度上为这些房屋的主人提供了一个优美的环境和视野。因此，为了能在球场周围规划布置更多的房屋，要求球道向周围延伸，房屋沿球道两侧布置，使每个住户都可以领略到高

尔夫球场的美景。图 2-2 是美国北卡罗来纳州橡树林乡村俱乐部（Forest Oaks Country Club，North Carolina，USA）高尔夫球场的规划，在这个球场的内部预留了大量的空间，可以在球道两侧安排大量的别墅住宅。

从图 2-2 中可以看出，从第 1 洞到第 9 洞形成了一个球道首尾相接的环形布置，从第 10 洞到第 13 洞布置了一个较小的环形，从第 14 洞到第 18 洞又布置了一个中等的环形，使球道内外可以安排的房屋数量大增，同时从第 1 洞出发第 9 洞返回俱乐部会馆区，从第 10 洞出发到第 13 洞可以在会馆区中途休息，也可以打完 18 洞返回会馆区。这种规划不仅从球道布局上完全满足球场基本规则的要求，而且为球道内外布置的大量别墅提供了更多的临球场面，大大提高了房产的价值。

图 2-2 是单个球道环状布置的典型实例。这种布置的特点是球道布局开阔，占地范围大，各个球道所处的地形地貌、植被等景观环境有较大的差异，再加上球场设计师的艺术创作，使每个球道具有不同的景观，球员在这里可以领略到一个高尔夫球场就是 18 个大地艺术长廊的真正意义。

④ 与单个球道环状布置不同的是两个球道相互连接并排布置，不仅可以规划成大的环形球道布局，而且还可以呈手指状向外延伸，两个并排的球道两侧可以安排较多的别墅住宅，使这些房屋面向更加开阔的球场环境。

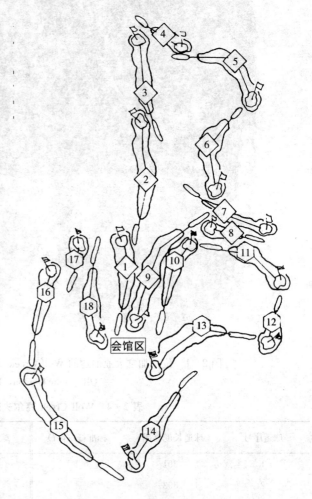

图 2-2　单个球道环形布置示意图

（引自 Robert M Graves, et al, 1998）

图 2-3 就是这种两个球道首尾相接并排布置的典型实例。可以看出 3、4 洞作为一个手指向外延伸，7、8、9 洞作为一个手指，12 洞到 16 洞又组成一个较长的手指向外延伸，每 9 洞返回俱乐部会馆区。这种球道布局的特点是地域要相对开阔，地处丘陵山区，球道两侧自然风景比较好，并且景观在球场区域内有一定的变化。比如在山区丘陵中，两排球道沿沟谷低洼地带布置，半坡上布置别墅住宅。这样不仅在球道设计中可以充分利用山间溪流、沟谷洼地作为水域，而且居高临下的房屋可以将球场景色尽收眼底。

⑤ 放射状球道布置。这种球道布局是很有特色的，即每 3 个球道为一组形成一个三角形。从俱乐部会馆区由一边的球道出发，从第三边的球道再返回会馆区（图 2-4）。这种布置非常有利于球场营运与管理。

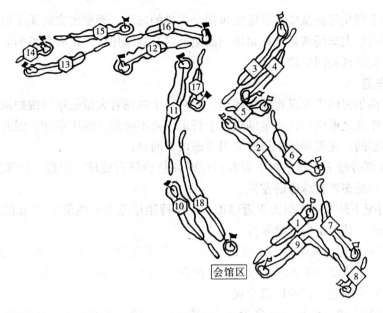

图 2-3　两个球道环形布置示意图

（引自 Robert M Graves, et al, 1998）

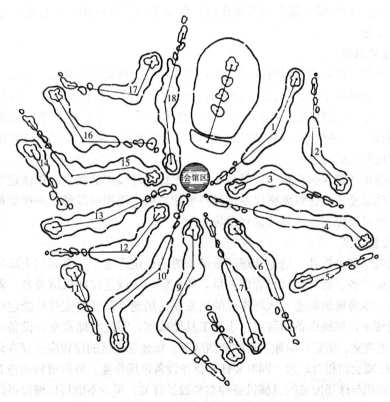

图 2-4　放射状球道布置示意图

（引自 Robert M Graves, et al, 1998）

⑥ 条带状球道布置。沿城市绿化带，如高速公路绿化带、河岸绿化带等，其地形特点是宽度很窄但长度很长，因此沿这些绿化带规划的高尔夫球场具有条带状的球道布局。这种

球道布置中要求绿化带的宽度至少能安排两个并排的球道，否则出去就无法回来。例如，北京的鸿禧长新高尔夫球场就是建在京津塘高速公路旁的绿化带上，而北京的温榆河高尔夫球场就建在河道蓄洪区的河岸边。

（四）球车道

现在许多高尔夫球手都喜欢使用球车，同时一个球场有大量的草坪维护机械，这些机械进入球道进行作业之前应当在指定的道路上行走，而不能随意碾压草坪。因此，全天候的球车道是十分必要的。在规划球车道时应当考虑以下问题：

① 由于大部分球手尤其是初学者在打球时往往会打右旋球，因此，球车道不宜布置在球道的右侧，而是布置在球道的左侧。

② 一般情况下球车道不应太靠近球道，应保持距球道中心线至少 30m 的距离，但是在发球区和果岭区，球车道应尽量靠近。

③ 球车道不应规划成像公路一样的直线，而是有起伏、有曲线，蜿蜒流畅，使球车道作为球场环境的组成部分融入球场景观中。但起伏的坡度不能过大，曲线的转弯不能过急，否则可能带来安全问题并影响球道景观。

④ 球车道的宽度一般较小，多为 2.5m 左右。因此，在发球台、果岭附近的球车道应规划停车区。在比较长的球车道中间也应留几个停车区，以便会车。

⑤ 一般情况下每个球道都应配有球车道，但如果两个球道距离比较近，也可以两个球道共用一段球车道。

（五）中途休息亭

中途休息亭是在球场内部设置的建筑物，其作用是为球员提供休息、避雨、避雷、乘凉的场所。内部应包括洗手间、小卖部（售卖饮料、点心等）、休息室、停车区等，球车道应通向休息亭。一个 18 洞球场至少应设置两个中途休息亭，一个放置在第 5 洞附近，一个放置在第 14 洞附近。具体位置应结合球场规划，但应选择在景观比较好、位置比较高、距离发球台和果岭比较近的位置。

中途休息亭虽然建筑面积很小，但是一个位于绿色环境中的孤立的单体建筑，其建筑风格和造型应与球场整体的建筑风格以及球场环境相协调，周围可以种植一些景观树木、灌木以及花卉等，也可以配置一些其他景观设施。

（六）场地管理区

球场中除俱乐部会馆外，场地管理区是最重要的建筑设施。一个高尔夫球场的正常运行需要大量的机械设备、器材材料和管理人员，场地管理区就是这些机械设备、器材材料的集中仓储、堆放、维修场地和进入球场作业的出发地。场地管理区的主要功能包括肥料、种子和化学药剂储藏室，机械设备储藏室，小型工具储藏室，零配件储藏室，设备维修间，工作人员办公室、更衣室、浴室，油库，机械清洁区等。场地管理区的位置应选择在球场比较偏僻的边角地带，距离会馆相对较远，同时要便于机械设备进场作业、外购材料运进管理区。场地管理区的建筑面积与球场配置的机械设备种类和数量有关，至少不能将机械设备露天堆放。

（七）草圃和苗圃

一个高尔夫球场要时刻维护发球台、球道和果岭草坪的完整，虽然有专门生产草皮的供应商，但球场内能留出适当的面积培育果岭、发球台、球道的草坪以及一些球场所用的乔灌木也是十分必要的。因此，在球场规划时，应当在空闲土地上规划一些草圃和苗圃，以方便球场草坪、树木的更新与维护。

第二节　球场设计

从体育运动专业的角度，高尔夫球场是一个体育运动场所，但高尔夫球场又与其他体育运动场所不同，没有一个统一的规划设计标准。从园林景观专业的角度，高尔夫球场规划设计是一个大地景观艺术设计。从高尔夫球场管理专业的角度，高尔夫球场就是一块高水准的草坪绿地，它需要精心培育和养护管理，需要修剪、施肥、灌溉、防治病虫害等。因此，高尔夫球场的设计不能从某一个专业的认识出发，而是要综合各个专业的特点并与高尔夫运动相结合。所以，高尔夫球场是一个集运动、艺术与科学于一体的综合性规划设计，高尔夫球场的规划设计师应当具备高尔夫运动、景观艺术设计以及与球场有关的土壤、地质、水文、气象、环境、地貌、草种、树木、灌溉、排水、土工、水工、机械以及施工组织等方面的科学素质。

一、设计理念

（一）高尔夫球场设计原则

尽管高尔夫球场在几百年前就在苏格兰诞生了，但真正对高尔夫球场规划设计有重要影响的时期是在20世纪70年代以后。这期间人们对于环境问题的重视直接对高尔夫球场产生了深远影响。人们从球场规划理念上开始追求一种天然的、壮观的、有趣的和令人激动的场面，这种理念如果全面被球场规划设计者和建设者所效仿，可能会使球场的设计艺术与建造成本以及环境保护相脱节，可能使人们在球场造型上花过多的工夫从而导致建造成本的增加。

20世纪90年代以后，设计理念产生了一定的变化，这就是崇尚高尔夫球场的本来面目，回归自然，尽量利用原有地形，减少地面造型以及土方搬运量，重视球场生态环境建设，尽量修复球场建设过程中对自然生态系统带来的扰动和冲击。

虽然高尔夫球场的设计理念随着时代的前进在发展，但从高尔夫球场规划设计是运动、艺术与科学相结合的创作过程这一观点出发，球场设计的理念应包括以下三方面：

1. 可打性原则　高尔夫球场的基本功能是开展高尔夫运动。与其他体育运动设施不同，首先，高尔夫球场为人们提供了一个阳光明媚、空气新鲜、绿茵遍野的场地来进行运动健身与娱乐，没有其他任何运动场地可与之相媲美。其次，虽然打高尔夫球有规则，但高尔夫球场不像其他运动场地那样有严格的尺寸和设计建造标准，只有一些基本的范围尺寸和标准。再次，高尔夫球运动是一项适合不同年龄和性别的运动，同一个球场既能接待身手不凡的职业球手，又能为球技较差的业余爱好者提供娱乐的舞台。因此，在这种条件下球场的规划设计完全取决于设计师对球场地形条件的运用和自己的创作灵感。无论怎样理解地形和进行规划创作，高尔夫球场是为体育运动准备的这一点永远不会改变。因此，应将球场的可打性作为球场设计理念的第一考虑要素。

可打性的内容包括很多，其中球道的长度、宽度、方向，障碍设置，落球点或落点的选择，球道及果岭的起伏，球道景观树木的选择、栽植位置、光线与阴影的变化等都会影响球员技能的发挥。检验一个球场是否具有较好的可打性，就是看该球场能否令不同水平的球手都感到满意，既不能让高水平的球手轻而易举地达到自己的目标，也不能让球技较差的球手因难度过大而失望。当然专门为高尔夫球竞赛而设计的球场除外。

2. 美学原则 美国著名的高尔夫球场设计师 Robert T Jones 说过，高尔夫球场设计师就是用一块广阔而巨大的画布来创作一种艺术形式。这块画布由 18 个部分组成，其上描绘出 18 个球道。球场设计师在这一艺术形式的创作过程中，以天空、地平线为大背景，考虑日照与光线阴影的变化，运用土、沙子、水、草、树木来装点他的杰作。这说明高尔夫球场的设计在满足球场功能的条件下，追求球场的景观艺术美学也是其重要理念之一。高尔夫球场的美是一种大地视觉效果，有的人喜欢粗犷原始的自然之美，有的人注重精雕细刻的玲珑之美。总之，球场的美学没有绝对的评价标准，仁者见仁，智者见智。但是经验丰富、功底深厚的大师规划设计出杰出球场的可能性会大一些，当然也不乏名不见经传的新秀设计出一流的球场。但是，高尔夫球场的美学设计仅仅是一方面，而设计效果的最后体现还要有杰出的球场建设和管理专家的配合。

球场美学或艺术性设计的内容很多，包括球场与环境的和谐统一、球场各部分之间的平衡与比例、球道的近景与远景、球道的线条与构图、球道的色彩与画面等。

3. 实用性原则 虽然高尔夫球场的设计要考虑打球和美学两方面，但重要的是球场要实用，要便于维护管理，否则球场的可打性和艺术性只是纸上谈兵或昙花一现。只有便于维护管理的球场才能真正体现设计师的可打性和艺术性设计理念。

首先，球场的实用性设计体现在球场的内部。例如，球道造型要坡度适当，地面要顺畅光滑，以方便排水，不产生水土流失，便于草坪维护机械作业；景观树木要疏密适度，考虑未来的生长，以利透气透光，减少病虫害，减小树木根系对球道草坪的影响。其次，球场的实用性设计还体现在对球场生态环境的保护方面。不要因建造球场而导致土壤侵蚀、地下水位下降、生物多样性消失，不要轻易破坏自然水域或湿地，尽量减少土石方移动数量。

(二) 球道设计的理念

高尔夫球场的可打性体现在多方面，但具体每一球道的设计就要认真研究可打性的实现。在球道设计中有以下几种类型的球道设计理念。

1. 战略性球道 战略性球道是当代球道设计的主导趋势，因为这种设计理念需要球员站在发球台上观察球道后进行思考，然后做出适合自己的线路选择。这一过程实际上就是设计师与球员的交流过程，球员通过思考领会了设计的意图，他就可以根据自己的情况选择最佳的打球线路。图 2-5 就是一个战略性球道。图中如果选择 1 区为第一打的落球点，则击球线路不跨过水面，可能比较安全，但第二打距离较长，并且要越过一个沙坑。若选择 2 区为第一打的落球点，则要跨过水面，如果距离较短，则球道区宽阔，但第二打距离较长；如果第一打距离较长，虽然可以缩短第二打的距离，但 2 区附近有一个沙坑，击球前方还有两个沙坑障碍。

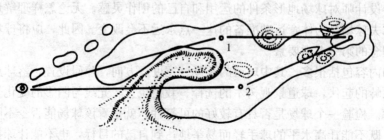

图 2-5 战略性球道

　　战略性球道的另一个特点是为不同技术水平的球员准备了多条击球线路，从而解决了同一个球场服务不同水平球员的问题。

　　2. 冒险性球道　冒险性球道体现了高尔夫运动的挑战精神。如图2-6所示，站在发球台上的球员根据球道的走向和特征，结合自己的实力做出落球点的判断。显然，若选择1区为落球点，则有可能要增加一杆，但比较安全，否则第二打前方沙坑密布；若选择2区为落球点，则第一打必须将球送到河对岸，这样第二打距离有所缩短，但前方仍有一个沙坑挡道；若选择3区为落球点，则第一打距离长，必须冒一定的风险，但球落入3区以后，前方一片坦途，果岭的大门已经为英雄敞开。冒险性球道的特点是只要有冒险，就会有奖赏；同时只要有冒险，也就有风险。从图2-6中可以看到，只要球落入水中，就会罚一杆。另外，冒险性球道中也有战略性的成分，也具备多个落点的选择。

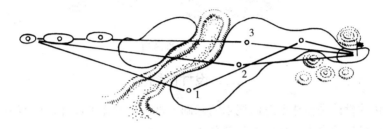

图2-6　冒险性球道

　　3. 惩罚性球道　惩罚性球道是一种比较过时的设计理念，球员只有一个选择，球员与设计师的关系是一种服从关系，球员只有将球打在设计师规定的落球区才是安全的，否则就会落入设计师设定的各种障碍之中。这种设计理念没有鼓励球员去思考、去冒险，选择自己成功的线路，而是被动地应付和遵循设计师规定的路线。图2-7就是一个典型的惩罚性球道，第一打的障碍区为水域，球员必须击球过水面才有可能达到一个标准杆，而水域横跨在球员面前，对于一般水平的球员总会产生较大的压力，一旦击球落入设计师设定的障碍中即罚一杆。而第二打仍旧是惩罚性的设计，果岭周围沙坑环绕，险情密布，使球员左右为难。

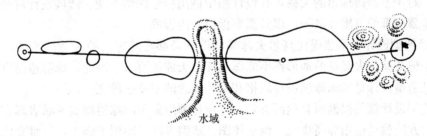

水域

图2-7　惩罚性球道

　　现代高尔夫球场尤其是有经验的设计师设计的球场不会以惩罚性球道作为其设计理念，但也不排除18个球道中设置2～3个惩罚性球道的考虑。这样可以增加打球的乐趣，丰富球道设计内涵，扩大球道设计的多样性。

　　4. 轻松性球道　球场设计中应当以战略性球道为主，配合一定的冒险性球道和惩罚性球道。但是，一个好的高尔夫球场不仅具备可打性，而且要求一定的节奏感，富有变化。这种变化不仅体现在球道长度、标准杆数上，而且反映在球道的打球选择上。也就是说，不能是千篇一律的战略性球道，也不能都是冒险性球道，或以一种为主，其他两种为辅，而是还应当配置 2~4 个轻松自由的球道，使球员打球的精神也随球道的布局富有节奏的变化，这样才能体现高尔夫球的运动、健身、休闲、娱乐的综合特征。图 2-8 就是一个轻松性球道，目标处在正前方，沿途无障碍，只有一些指示性沙坑和保护性沙坑，球道右侧的水域只有景观作用，不构成打球的障碍。在这种球道上打球可以使球员紧绷的精神得到放松，以便为下一个球道的挑战做好精神上和体力上的准备，或者以轻松自由的球道结束，留给球员一个满意的结局。

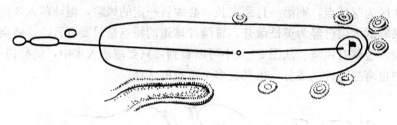

图 2-8　轻松性球道

二、设计内容

高尔夫球场的设计是在球场总体规划的基础上进一步的详细设计，以便为球场建造提供施工详图。球场设计的内容包括以下几部分。

（一）球道设计

球道设计是高尔夫球场设计最主要的部分，是在总体规划的基础上进一步细化和完善球道的各个组成部分，分区、分阶段进行设计，提出设计详图或施工图。具体包括：

1. 球道定位与清场设计　高尔夫球场占地面积较大，在施工建设前以及施工过程中准确地按照设计图定位是十分重要的。定位设计就是要确定球道主要特征点（如发球台中心点、球道飞行线落点、果岭中心点以及其他建筑物定位点等）的平面坐标点、设计标高和实际标高。清场设计就是根据场地现状，沿球道中心线向球道两侧分阶段清理地面设施、移栽乔灌木等，对于不妨碍球道的大树，在设计图中做出标记保留不动。清场设计就是给出球道分阶段分步骤清理的范围和区域，以及需要保留的内容等。

2. 球道造型设计　虽然现代高尔夫球场的设计师都在梦想一种天然的球场，但是现实中许多用来建造高尔夫球场的地形都不能满足浑似天成的要求。因此，球道造型设计就是必需的，而且造型设计是展示球场设计风格和设计理念的主要手段之一。

球道造型设计就是根据原有地面形状，将设计师想象中的球道地面形状表现在设计图纸上，表现的方法就是运用等高线或三维立体图。造型等高线图用于施工，三维立体图一般用来展示设计效果。

3. 球场土石方挖填平衡设计　造型设计是球场最重要的设计内容，这一过程就是将原地面改造成设计地面，由此形成了土方的挖填搬运，即球道的有些部位需要填高形成填方，有些部位需要降低就是挖方。在球场建设过程中为了尽量缩短挖方区到填方区的土方搬运距离，并尽可能使球场内部挖方与填方在数量上平衡，球场土石方平衡设计就是确定挖方区域和填方区域，统筹安排挖填土方搬运方向，确定区域挖方量和填方量以及球场挖填方总量。

4. 果岭细造型设计　果岭是球道上最精彩的部分，也是球道的目标所在，此处山峦起伏、峰峦叠嶂，沙坑衬托着的果岭格外醒目。因此，果岭设计要求更高，造型更细腻。一般果岭造型设计的等高线间距是球道造型等高线间距的 $1/10\sim1/4$，即如果球道造型等高线距离是 1 m，则果岭造型等高线距离为 $10\sim25$ cm。因此，果岭造型设计也称为细造型设计，它不仅反映果岭面的立体形状，也包括果岭周围地形以及果岭沙坑的细造型设计。每个果岭地形不同、形状各异，因此，果岭必须进行造型设计。

5. 沙坑细造型设计　果岭沙坑的立体形状在果岭细造型设计中已经完成，球道上的沙坑特别是比较大的沙坑需要给出确切的立体造型。因此，沙坑细造型设计就是在图纸上反映出沙坑的形状。

（二）水域设计

水域是球场上很重要的景观和球道障碍。一些著名的高尔夫球场设计师就是独具匠心地利用了水域，创造了世界上著名的球场或著名的球洞。因此，水域设计在球场规划设计中占有很重要的位置。但是，水域设计往往与球场规划以及球道设计紧密联系在一起，也就是在球场总平面规划以及球道设计图中已经反映了水域的设计。因此，一般不单独出水域设计图纸，但在球道设计图中应当反映水域的设计内容，包括：①水域的平面范围或边界；②正常水位边界及标高；③水底位置及标高；④水域边坡的类型、位置和坡度；⑤水域的进出口位置等。

（三）球道种植设计

1. 球道草坪种植设计　球道草坪种植设计就是以图纸和文件的形式给出果岭、发球台、球道、高草区草坪的平面形状；设计果岭、发球台、球道、高草区土壤处理措施；提出建植各区域草坪的草种、技术要求和注意事项。

2. 球道景观树木种植设计　球道景观树木种植设计包括球道树木的种类、树龄、树种配置、种植区域和位置，以及主要树木的种植方法等。

（四）喷灌系统设计

1. 喷灌管道系统　球场喷灌系统设计包括喷灌系统的选型、喷头选型与布置、管道选型与管网布置、管网水力计算等内容，设计成果包括喷灌系统平面布置图、主要连接部位的施工详图、管网辅助设备的选型以及设计技术参数等文件说明，也包括水泵选型。

2. 喷灌控制系统　如果喷灌系统采用自动控制系统，喷灌系统设计还应包括自控电气平面布置图、控制器、动力设备选型及接线详图等。

（五）排水系统设计

1. 球场地面雨水排水系统　地面雨水排水的设计任务主要是排除球场草坪及其他地面因暴雨产生的地表径流。要求以较短的流程、较小的汇水区域、较小的流量将雨水排入就近的人工湖、河流或排水沟。设计内容为依据球场造型图提出排水系统的平面布置，包括集水井的位置、排水管进出口标高、管道长度、管道直径及管道材料等。

2. 草坪地下排水系统　草坪地下排水设计的任务是在果岭、沙坑以及部分球道的低洼部位布置地下透水排水管道，排除草坪根系层土壤中多余的水分。这项设计一般与地面雨水排水系统结合进行。设计内容包括地下透水排水管道系统的布置、连接方式等。

（六）球车道、桥梁设计

1. 球车道路　球车道路设计主要是车道平面布置，包括车道宽度、停车区域布置等。

2. 球场桥梁　球场内有两类桥，一类是球车桥，即高尔夫球车以及草坪管理机械可以通过的桥；另一类是为球员跨过河沟溪流而建的步行桥。球场设计中桥梁设计的任务是确定道桥的类型、平面位置以及桥梁总跨度，桥梁的建筑与结构设计应由专业桥梁设计机构完成。

（七）其他专业设计

球场专业设计包括以下内容，这些设计一般应由专业机构完成。

1. 泵站设计　泵站设计主要是指泵站的建筑及结构设计，包括水泵在泵房中的布置、动力设备布置、进水设施布置与结构等。

2. 水工设计　高尔夫球场中有大量的水工设计问题，主要包括球道水域边坡处理设计、水域防渗处理设计、挡水建筑物、排水建筑物、溢流建筑物、水系瀑布、水景喷泉等。

此外，球场还有俱乐部会馆及其配套设施、场地管理部、中途休息亭等建筑设计以及与之配套的供水、排水及污水处理、供电、供气、通信、道路、景观等，这些内容一般不包括在球场设计中，需要建筑设计机构承担。

三、球场特征区域设计

高尔夫球场设计内容繁多，涉及面广，限于篇幅只简要介绍球道、果岭、沙坑、发球台的设计和与之相联系的水域设计。

（一）球道设计

球道设计的一些基本原则和理念已经在球场规划中得到了体现。在球场设计阶段，对于球道的总体布局、球道长度、球道排序、线路方向、基本形状以及沙坑障碍、水域障碍、果岭和发球台的位置等，基本遵守球场的总体规划或总平面规划，不做大的变动，只在局部进行修改和调整，包括距离、形状、大小、位置、方向等方面的调整，甚至包括增加或取消部分沙坑障碍，使之更加合理和完善，更加符合球场规划的可打性、艺术性以及实用性原则。

在球道设计中，依据球场的平面规划，主要是球道的平面和立面设计，或球道造型设计，这个阶段的设计水平反映了球场整体的可打性、艺术性以及实用性水平，这一设计阶段也是工作量最大、要求最多、涉及面最广的阶段。从一个球道的某个区域开始设计其平面形状，同时还要兼顾周围其他区域的立面形状，考虑原地面地形，考虑其他球道等。因此，球道设计并不是对一个球道进行孤立的设计，而是要考虑球道与球道、球道与地形错综复杂的关系。

在进行球道造型设计时，主要从以下几方面进行考虑：

① 充分利用地形、地物是球道设计的重要方面。如果对地形利用得好，不仅显示了球场与自然的融合，而且减小了工程量，减少了建造球场对自然地面的破坏，保持了水土和生态环境。如果在球道范围内有重要的地物，如古树或大树、孤石、溪流、水塘、沼泽等，都应当给予特别的重视，在球道造型中充分利用，完全保留或略加改造利用，尽量减小对重要地物人工影响的痕迹。

② 无论是山地球场还是平地球场，球道是相对比较平坦的区域。因此，球道造型主要是在球道的一侧或两侧进行造型，给球道留出足够的空间，特别是设计落球区应有足够的空间。如图 2-9 所示，落球区域不应当仅仅考虑一点，而是要考虑不同选手的击球距离，有一定的范围，例如 200～240 码的球道是主要落球区，应适当加宽，以便为球员准备一个较为宽阔的空间。果岭周围的造型山丘应紧密配合果岭形状和沙坑形状，使果岭形成三面环山一面向球员敞开的目标。

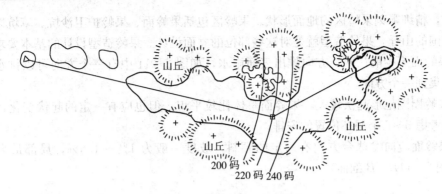

图 2-9　球道造型设计示意图

③ 球道造型是利用沙石土方堆积而成模仿自然的山丘起伏地形，是对地面进行雕塑的过程，使一块普通的地形能满足高尔夫球场打球的需要，并尽可能使地面景观更加美观，使球员在运动的过程中能够欣赏到美丽的景色。因此，对球道造型的基本要求应当是层次分明，错落有致，高低起伏，疏密有度，模仿自然，融于自然。

④ 球道造型是球场建造中工程量最大的部分之一，主要是土石方挖填搬运。一个标准 18 洞高尔夫球场一般都要挖填搬运 50 万～100 万 m³ 的土石方，有些甚至更多。因此，在球道造型设计阶段就应充分考虑，尽量减小土石方搬运工程量。这不仅仅意味着减小工程造价，而且可以缩短建设工期，减少对地面环境的破坏。

⑤ 球道造型是展示球场整体效果的主要手段。但是，造型设计还应考虑球场管理维护的要求。造型后的山丘起伏，坡度不宜过大、变化不宜过分剧烈，否则不仅不便于管理维护，而且要增加管理维护的成本。

（二）果岭设计

果岭是球员的目标，是一个球道的终点，也是重点。在球场设计或球道设计中，果岭的设计占有十分重要的地位。果岭设计的内容包括面积大小，果岭面平均坡度、坡向，果岭形状、果岭细造型等。

1. 果岭面积　果岭面积的大小直接关系到球场的可打性以及打球的难易程度，也关系到球场果岭建造成本和管理维护成本。随着高尔夫球场的发展，果岭面积的大小也随着球场的规划设计理念、球场服务对象以及球场管理维护要求等在变化。第二次世界大战以前比较流行面积小于 400 m² 的小果岭，之后一段时期又流行大果岭，面积在 950 m² 左右。现代高尔夫球场的果岭面积一般为 400～600 m²。果岭面积是一个比较粗略的设计指标，具体到每一个果岭的面积，完全依赖于球道的长度、杆数、球道的特征以及球场的使用强度，由设计师确定。总体上，果岭越大，目标就越大，击球上果岭就比较容易，但果岭建造成本和维护成本会增加。

2. 果岭形状　果岭形状取决于球道的类型。若临上果岭的一打距离较长，果岭应沿球道中心线顺长布置，称为长果岭；若临上果岭的一打距离较短，果岭应垂直于球道中心线横向布置，称为短果岭；若临上果岭的一打距离较适中，果岭应近似圆形布置，称为圆果岭。图 2-10 为不同击球距离时的果岭形状。不论果岭采取何种形状，果岭面上一般均应规划 5～6 个洞杯的位置。

3. 果岭造型　果岭造型是球道造型的延续和发展，是在球道造型的基础上对果岭区进一步细化，精细雕刻果岭区的地面形状。果岭区包括果岭面、果岭护卫沙坑、草坑以及果岭和沙坑周围的山丘，果岭造型就是对这些部位的立面设计。果岭造型设计的基本要求如下：

① 果岭面至少能从两个方向排出表面雨水，如图 2-11 中有三个方向可以排水，不能将雨水汇集到一个方向。

② 果岭周围地形起伏较大，果岭面整体比较平坦，但也应有一定的起伏变化，这种起伏变化应考虑 5~6 个洞杯位置的安排。

③ 果岭面应向发球台方向有一定的倾斜，坡度一般为 1%~1.5%，局部最大不超过 3.5%（图 2-11B—B 剖面）。

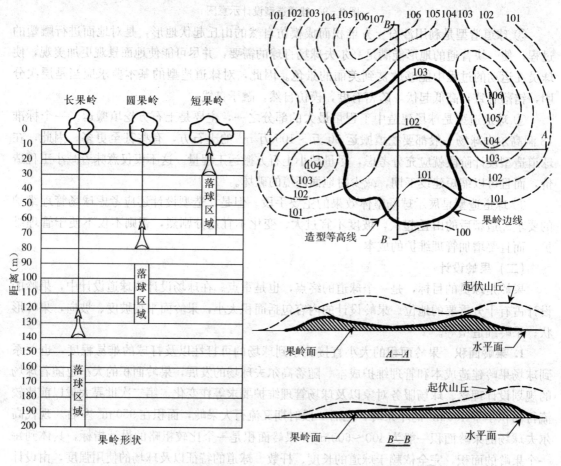

图 2-10　果岭形状与距离的关系　　　　图 2-11　果岭造型平面及横断面图

④ 果岭两侧面也可以有一定的坡度，一般为 1%~1.5%（图 2-11A—A 剖面）。

⑤ 现代高尔夫球场的果岭面低于周围起伏山丘，但高于果岭前区的球道。

⑥ 果岭面的起伏变化应保证果岭剪草机能从各个方向进行修剪。

⑦ 果岭周边的造型应给球员进出果岭和草坪维护机械进出果岭留出通道（图 2-12）。

⑧ 果岭周边造型时应考虑球车道的布置，并在果岭与下一个球道发球台之间的车道上布置停车区（图 2-12）。

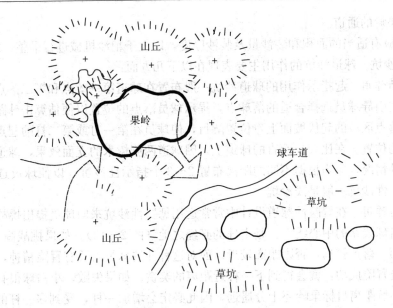

图 2-12　果岭进出通道及停车区示意图

（三）沙坑设计

沙坑分两类，即果岭沙坑（也称护卫沙坑）和球道沙坑。

1. 果岭沙坑　果岭沙坑的作用一是惩罚，二是保护，三是美观，因此也分别称为惩罚性沙坑、保护性沙坑和装饰性沙坑。不同特点的球道对沙坑的运用各有侧重。在同一个果岭上，沙坑的这三种作用也并不是截然分开的，一个果岭沙坑可以同时具有惩罚、保护和装饰的作用。沙坑的惩罚作用是指沙坑具有强烈的指示作用，提示球员选择击球战略和线路方向，即采取保守打法还是冒险打法，击球方向靠左还是靠右，若球员没有理解设计师的这种安排或意图，或球员做出的选择不适合自己的情况，则球很有可能掉进沙坑。沙坑的保护作用是将球拦截在沙坑中，避免球继续依靠惯性向前滚动。这种作用与果岭周边山丘的作用是相同的。在水域边缘的果岭沙坑常常具有这种作用。果岭是体现设计师景观美学设计思想的重要部位，因此装饰性的沙坑必不可少，有时这种装饰性沙坑的应用可以延伸到整个球道。

设计果岭沙坑时应注意以下几点：

①　为了打球的公平，果岭沙坑应当在一定的击球距离范围内露出果岭面，或部分露出果岭面，使每个球员都能看见果岭沙坑的确切位置。

②　一般来说，沙坑距果岭越近，沙坑的深度就越深，面向球员的沙坑面就越陡，果岭沙坑距果岭面的深度甚至可以超过人的身高，使站在沙坑中的球员完全看不见果岭面，只能看见果岭旗杆。

③　果岭沙坑的后坡，即球员面向果岭时其身后的边坡，不能过陡，否则当球员打后坡附近的沙坑球时，后坡就会阻碍球员向后甩杆。

④　果岭沙坑距果岭边缘的距离不宜太近，应在 3 m 以上，否则劈起沙坑球时容易将沙子带上果岭。另外，距离过近也不便于果岭机械维护作业。

⑤　边缘有水域、沼泽等的果岭，应在水域与果岭之间布置沙坑进行保护，防止球滚入水域而罚杆。

⑥　果岭沙坑在果岭周围的布置位置取决于设计师的设计理念，但应考虑球员和果岭维

护机械进出果岭的通道。

⑦ 沙坑应有适当的面积和装沙量及装沙厚度，以便于耙沙机械进行平整、清理作业。

2. 球道沙坑　球道沙坑的作用主要表现在以下几方面：

（1）指示作用　起指示作用的球道沙坑一般布置在球道第一落点和第二落点区域球道边线的两侧，它引导球员选择合适的落球点，提示球员落点的位置以便估算击球距离。这种沙坑应布置在落点区域的起伏坡面上，位置醒目，使球员在第一打或第二打的起点就能观察到指示性沙坑的位置。在比较长而直的球道上，因球道两侧树木的立面效果，球道显得比较纵深，对于这种情况，应当根据不同的距离布置2～3个指示性沙坑，以便球员选择适合的击球距离。指示性沙坑一般是浅沙坑。

（2）惩罚作用　在冒险性球道设计中常常运用惩罚性沙坑来向球员提出挑战。这种沙坑一般布置在击球线路的中心线上，是击球的必经之地（图2-13）。如果挑战高水平的球手，则沙坑距离第一落点较远，否则距离较近。面对这种沙坑球员需要有冒险精神，但更需要思考。如果球员冒险成功，就会得到下一杆近距离的奖赏；如果失败，小白球很有可能会掉进沙坑，球道沙坑距离目标果岭还十分遥远，因此必定会增加一杆，受到多一杆的惩罚。惩罚性沙坑的大小取决于设计师的设计理念，大沙坑惩罚范围大，小沙坑惩罚范围小。沙坑的大小并不仅指单个沙坑的大小，而是指沙坑群组成的区域的大小。惩罚性沙坑一般也是浅沙坑。

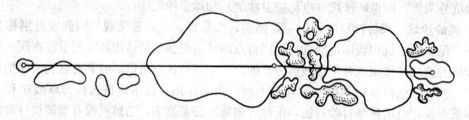

图2-13　惩罚性沙坑的布置

（3）战略作用　在战略性球道设计中常用沙坑障碍和水域障碍作为选择击球线路的分隔带。与水域障碍相比，沙坑障碍存在更多救球的机会。这种沙坑布置在球道中间，但与惩罚性沙坑不同，战略性沙坑并不是击球线路的必经之地，而是将击球线路分开形成两个击球方向，起击球线路选择的战备作用，不对球员构成惩罚。战略性沙坑一般是比较大而连片的沙坑或沙坑群，以便使击球线路有比较大的角度。

（4）隔离作用　如果两个球道平行布置，中间隔离带无树木、山丘，则常常布置沙坑作为两个球道的隔离带，起安全隔离作用。

（5）装饰作用　装饰性球道沙坑起装饰作用，以体现球道的美学设计。在宽阔、连绵、起伏的绿色草坪上，白色的沙坑形成强烈的对比，沙坑装点的球道显得更加美观，为人们提供了视觉享受。但有时白色沙坑过于刺眼，不利于打球。因此，从美学角度要求的装饰性沙坑，形式、深浅、大小都变化很大，如点状凹陷沙坑、海星状沙坑、草皮陡坡沙坑、浅沙坑、宽沙坑、窄沙坑等。

球道沙坑与果岭沙坑相比，深度很浅，这是设计球道沙坑的最主要特点。在球道沙坑中球员可能选用长铁杆甚至木杆将沙坑球打出较远的距离，若沙坑太深，则无法将沙坑球救出。当然，从高尔夫运动的本质来说，沙坑就是陷阱，陷阱就应有一定的深度，至少沙坑中的水不能自由向沙坑边缘的地面排出，必须使用地下排水管排水。

　　无论球道沙坑还是果岭沙坑，数量、大小或面积、深浅、样式等并没有严格的规定，完全依照所起的功能作用和设计师的美学思想设计。根据众多高尔夫球场的统计分析，果岭沙坑的面积为 $100\sim300$ m²，球道沙坑的面积为 $250\sim400$ m²。若单个沙坑面积过小，则必须人工耙沙，不能使用耙沙机，并有可能影响球员救起沙坑球；若单个沙坑面积过大，必须使用机械进行维护，但也可能带来特殊的景观效果。

（四）发球台设计

　　一个 18 洞标准高尔夫球场，每个球道一般准备 $4\sim5$ 个发球台，从距果岭最远到最近依次是职业选手发球台或后发球台、男子发球台和女子发球台，其中男子发球台由两块组成，并用不同颜色的标志物表示，分别用金、蓝、白、红 4 种颜色标志（图 2-14），有些球场也用黑色表示职业发球台。在高尔夫球场发展早期，发球台是一块长方形的台地。由于这种简单图形要出现 18 次，显得单调乏味。因此，各种形状和大小的发球台以及曲线流畅的发球台开始出现，并将长方形的台地中间用高草区分隔形成几块发球台，为球员准备了更多的选择，也为发球台的管理维护提供了方便，可以交替使用不同的发球台，例如两块男子发球台，使草坪有充裕的休养生息的时间，保证发球台草坪的高质量。

　　发球台一般要高出球道表面，高度取决于落球区的高低。若第一落球区与发球区在同一水平面上，或落球区高于发球区，则发球台必须加高，使落球区能完全进入球员的视线；若落球区低于发球区，则发球台不需要加高，只需修整成符合发球台形状和大小的平台即可。如果 4 个发球台位于一个中轴线上，如图 2-14 所示，为了使后发球台上的球员视线不被前面各个发球台遮挡，后面的发球台应高于前面的发球台，一般应高出 50 cm。无论发球台是否加高，都应与周围地形紧密结合，同时要有利于草坪的管理。

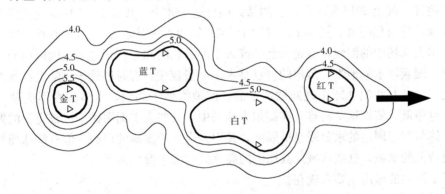

图 2-14　发球台设计示意图

　　发球台的面积取决于它的功能。一般业余男子发球台使用频率最高，因此其面积较大；职业发球台和女子发球台使用相对较少，面积也较小。美国高尔夫协会果岭专业委员会提供了一个发球台面积大小的指导性数据，即发球台的面积与每年打球的场次有关，一个年打 4 万场次的发球台，面积为 $370\sim750$ m²，取值范围与发球台草坪、建造成本以及管理维护有关；如果年打球 1 000 场次，则发球台面积为 $10\sim20$ m²。一般三杆球道的发球台要大于四杆和五杆球道，第 1 洞和第 10 洞的发球台要适当增大。

　　发球台与发球台之间的距离一般为 $25\sim35$ 码。

　　发球台表面一般是平面，但最好有 1% 的坡度，并且向后倾斜（即与打球方向相反）以便排水。如果落球区位置低于发球台，也可以向前倾斜。

（五）水域设计

1. 水域在高尔夫球场中的作用

（1）球场景观 一定面积比例的球场水面显示了球场的勃勃生机与活力。因此，水域在球场中的景观作用是独特的。无论是潺潺的小溪还是滚滚的大江，风平浪静的湖面还是波涛汹涌的大海，如果与高尔夫球场融为一体，就会显示出独特的景观效果。置身于蓝天、绿茵与波光粼粼的环境中，才会真正体验大自然的神奇与力量，才会崇尚自然、热爱自然和保护自然。

（2）球道障碍 水域在高尔夫球场中与沙坑相同，也是一种障碍或陷阱，而且是比沙坑更具有惩罚性的球道障碍。沙坑球还有救起的可能性，而球进入水域障碍只有等待罚杆。所以，球员面对水域障碍更需要思考，以做出冒险或稳妥的选择。

（3）蓄水滞洪 球场中的水域是地势相对较低的区域，雨季在球道上、坡面上以及水域上游地区产生的雨水、洪水都可以汇集到水域中的人工湖、水塘、河道中蓄存一定的时间，然后以比较稳定的水量向下游泄放，起到集水、保水、蓄水、滞洪的作用。可以缓解上游地区的水土流失，减轻下游地区的洪水威胁，为球场灌溉和用水提供水源。

（4）保护湿地 被誉为"地球之肾"的湿地是地球上重要的生态系统，是自然界最富有生物多样性的生态景观和人类最重要的生存环境之一。生态系统中的湿地包括湖泊、沼泽以及部分海水等，它不仅为人类提供了大量的食物、原料和水资源，而且在维持生态平衡、蓄洪防旱、降解污染等方面起到重要作用。国际上对湿地生态系统十分重视，1971 年在伊朗正式通过了《关于特别是作为水禽栖息地的国际重要湿地公约》（以下简称《湿地公约》），通过国家行动和国际合作来科学保护与合理利用湿地，湿地公约常委会决定每年 2 月 2 日作为世界湿地日。截至 2014 年 1 月，公约缔约国已达 168 个，共有 2 171 块湿地被列入国际重要湿地名录，总面积超过 2 亿 hm^2。我国于 1992 年加入《湿地公约》（吴季松，2002）。

在高尔夫球场中的湿地，就是天然的或人工的、长时间存在于球场范围以内的沼泽、水塘、溪流、泥炭等水域地带。湿地的特点是水深一般较浅，有时还处于水陆交织状态；年际水位变化很大，有些湿地还出现间歇性干涸；湿地类似于湖泊，水体基本不流动，如果流动，流速也很低。依据这些特点，在高尔夫球场中，有些人工湖因做了比较完善的湖底防渗设施，水体与湖岸周边的水分联系被隔断，并不完全属于湿地的范畴。但有些球场具有大量属于湿地特征的水域，这些水域及其周围的高草区均属于湿地范围。

球场中湿地的作用主要表现在：

① 蓄水滞洪。在雨季或暴雨时期，球场或球场以外范围的雨洪进入湿地形成河道或湖泊，当洪水退去后就成为湿地。

② 净化环境。湿地最重要的功能就是沉积水中的悬浮物和滞留沉积物；通过湿地微生物的生物作用使水体得到净化；通过水生植物吸收和转化污染物，使环境得到净化；通过洪泛等方式进行水体交替，使水体得到新陈代谢。

③ 保护生态系统。湿地是河流、湖泊、森林和草地上最重要的陆地生态系统屏障，如果湿地消失，则这些生态系统将面临着退化。

④ 珍稀水禽的繁殖和越冬地。如果球场湿地面积大，可以吸引珍稀水禽来湿地繁殖和越冬，这不仅保护了生物多样性，而且也增加了高尔夫球场的自然景观和生态价值。如果没有湿地或破坏了球场原有的湿地，也就等于消灭了这些珍稀物种。

（5）提供土方　高尔夫球场中开挖的人工湖，不仅可以蓄水调洪，而且为球场造型提供了大量的土方。因为一个高尔夫球场要保持完美的起伏造型，有些地方必须用土石填起来，有些地方必须挖下去。人工湖中挖出的土石方正好填筑在人工湖周围的填方区，土石方就近得到利用，并有利于球场土方挖填保持平衡。

2. 高尔夫球场的水域类型　高尔夫球场中，除大面积的球道、果岭、发球台等草坪以及沙坑以外，一般还有较大面积的水域。球场中包含水域的来源可能与高尔夫运动起源于苏格兰海滨有关，那里有明媚的阳光、被羊群啃噬而低矮的草地、蔚蓝色的海水，还有海风吹蚀草地形成的星星点点的沙坑，一副天然高尔夫球场的场景。

所谓水域，就是水集中存在的区域。尽管自然界中水存在的形式有地表水、地下水、大气水、土壤水、雨水以及以冰雪形式存在的固体水等类型，但这里的水域特指存在于高尔夫球场中的集中水体，特点是有一定水面展现在人的视野中。因此，球场水域更多的是作为一种球场景观。现代高尔夫球场中大量应用了水域，并且世界上许多著名的球场无不以或灵巧，或广袤，或波涛起伏，或一平如镜的水域装点球场。

综合起来，球场中的水域主要有以下几种类型：

（1）海洋　如果球场建在海滨、岛屿、滩涂，海洋成了球场的大背景，海水成为球场水域的主色调。以海洋为大背景的高尔夫球场具有气势恢弘、海阔天空、唯我独尊的气度和风范。

（2）河流　许多高尔夫球场中有河流穿过，或球场依河而建，成为滨河球场。

（3）湖泊　环湖而建的高尔夫球场从水域景观方面与海滨球场类似，具有较大面积的水域，球场主背景为湖面。

（4）池塘或人工湖　最为常见的高尔夫球场水域类型为人工湖或池塘，因为能在海滨、湖畔、江河两岸修建高尔夫球场的地形实在是太少，大多数建设球场的地形都是没有溪流、湖泊、海滨的山区丘陵、平原洼地。因此，在这类球场中建造人工水域则是球场规划设计中主要考虑的问题之一。

（5）小溪与水景　在高尔夫球场中水域的重要性不仅表现在水的资源特征方面，而且表现在水域的景观特征上。因此，通过利用山间小溪、改造球场水道等方式，建造水中喷泉、瀑布、叠水、涌泉等，尽可能使球场的水活起来、动起来。有活力才有生命，有流动才显勃勃生机。即使从水体本身的特性也可以说明使水活起来的好处。比如湿地、池塘、人工湖中的水体是相对静止的，水中溶解氧含量就比流动的水体少。而溶解氧是溶解于水中的分子态氧，它主要来自水体与大气的交换和水生植物的光合作用，它是水生生物维持生命的基础，水中溶解氧的多少，直接影响水生生物的生存、繁殖和水中物质的分解与化合，是维系水生态系统的重要因素，也是水质的重要标志。

（6）沼泽与湿地　沼泽就是因湖泊淤浅等形成的水草茂密的泥泞地带。湿地可分为自然湿地和人工湿地两类，一般来说，湿地指水深比较浅的水域，包括池塘、溪流、人工湖以及沼泽等区域。无论自然湿地还是人工湿地都受区域地表水和地下水的共同影响。有些高尔夫球场就建造在湿地生态系统中，如滨海、滨河滩涂地带，或沿河两岸的蓄洪、滞洪区，或地下水位较高的平原洼地、丘陵山区的山间盆地等都是典型沼泽、湿地生态景观。在球场中，这种自然生态景观不仅发挥了很大的湿地生态系统的作用，而且还是一道独特的球场自然景观，并可作为球道障碍的组成部分。

3. 球场水域设计

（1）水域障碍　在高尔夫球场上水域是最令人感到愉悦的景观之一。事实上水域在高尔夫球场中扮演着更为重要的角色，即利用水可以设计出最为完美的战略性球道和冒险性球道，为整个球场增光添彩。作为球道设计中的障碍，水域与球道的相互关系可以划分为以下几种类型（图2-15）：

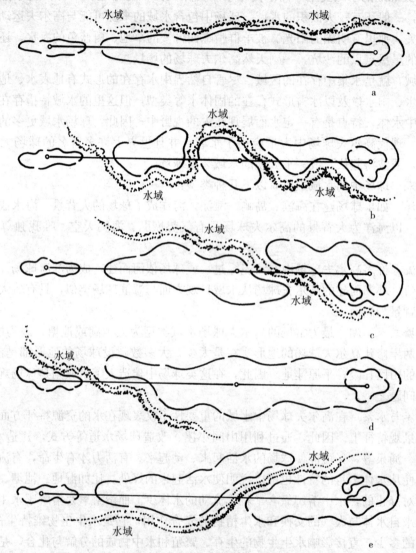

图2-15　球道水域障碍类型
a. 水边型球道　b. 水域惩罚性球道　c. 水域战略性球道
d. 发球台水域障碍球道　e. 水域冒险性球道
（引自 Robert M Graves，et al，1998）

　　①水边型球道。水域与球道紧密相邻，从接近发球台直到果岭，球道的一侧都有水域。这种水域可以是人工湖，也可以是溪流。这种形式的水域球道尽管不构成惩罚，也不具备战略选择，但它给球员带来的压力是很大的。如果水域在球道的左侧，球员就要保证不能打左旋球；如果水域在球道的右侧，球员就要保证不能打右旋球。一般一个水域较多的球场中，

前后 9 洞各应安排一个左侧水域的球道和右侧水域的球道。

② 水域惩罚性球道。利用水域惩罚是一种比较严酷的惩罚。这对于普通球员可能是非常重要的，因为这种惩罚可能会打击这些球员对高尔夫球技的进取精神。因此，一般不要利用水域布置惩罚性球道，而水域运用最成功的球道应当是战略性球道和冒险性球道。

③ 水域战略性球道。这种球道是将水域设计从第一落点前区斜穿过球道，从而为第一落点给出了多个选择的余地。需要注意的是，水域一定要斜穿球道，这样才能形成战略性球道，如果横穿球道，则无任何战略性可言，只有惩罚性。水域穿越球道的方式可从第一落点前区从左到右延伸到果岭一侧，或从右到左延伸到果岭另一侧，或安排这样两个球道。

④ 发球台水域障碍球道。水域也可以从发球台前绕过，这对球技高手可能不存在任何威胁，但对于普通球手，可能在发球时形成一定的压力。他必须明白只有大胆地尽可能打远，才能将球送过水面，也与目标更近，否则就意味着罚杆，从发球台再次开球，而第二次也不能完全保证成功。因此，水域布置在发球台前沿时就会形成发球台冒险性球道，而且只能冒险，别无选择。这种水域障碍球道对新手可能带来较大的风险，也提出了更大的挑战。

⑤ 水域冒险性球道。如果水域从第一落点直到果岭斜向横穿球道，而且落点区域就在水域之中，这种球道就是冒险性球道。因为第一落点的理论位置位于水域中，实际上不可能在水域中设置落点。因此，面对这种球道，要求球员思考，然后根据自身的条件做出是否冒险的选择。如果冒险成功，就会向目标果岭更进一步；如果不准备冒被罚杆的风险，就可以选择较近的区域作为第一落点，然后再从第一落点向果岭选择最佳的线路击球。

无论运用水域设计哪种类型的球道，水域应当接近目标区域，水域边界应完全进入球员的视野之中。另外，水域障碍是比较严酷的障碍，因此，运用水域作障碍设计时，要留出尽可能多的线路选择，以便为那些不想冒险和挑战的球员准备打球线路。当然，球道障碍设计的原则仍然是，只要冒险就有奖赏。高尔夫运动的精神就是鼓励冒险、勇于冒险和善于冒险。

（2）水域边坡　水域边坡在球场上起到一种从水域到球道的衔接作用。因此，边坡首先要满足稳定要求，不能在水域到球道的衔接上出现沉陷、滑坡、水蚀等问题。其次，水域边坡与球道紧密相接，是球道景观的重要组成部分。因此水域边坡应当与周边球道景观相协调，达到整洁、大方、美观的要求。

水域边坡的形式很多。根据水域边坡的结构形式，可分为直立边坡和倾斜边坡。根据边坡的建筑材料，可分为自然草皮边坡、沙石边坡、草坪边坡、人工叠石边坡、钢筋混凝土板桩直立边坡、钢筋混凝土桩直立边坡、木桩直立边坡、砌石边坡等。一个高尔夫球场可能要运用多种形式的水域边坡，不同部位采用不同形式的边坡。例如，在水边果岭周围的水域，常常采用直立的钢筋混凝土板桩、钢筋混凝土桩、木桩等边坡形式，也可以采用人工叠石边坡和草坪边坡。

直立边坡的设计问题主要是结构稳定，可按挡土墙进行土压力计算确定断面结构尺寸。倾斜边坡的设计问题，首先要考虑倾斜坡度应满足沙土自然稳定边坡的要求；其次要考虑水位波动幅度，处理好水位变幅内的护坡问题，以防止水面波动对边坡的侵蚀破坏。

高尔夫球场水域边坡不仅是拦水、蓄水、挡水的建筑物，而且是与球道衔接的一种景观。因此，无论哪种形式，都要结合具体的位置、水位高低、水面宽窄等情况完全融合于球道的整体布局中，不能喧宾夺主，只能以不同的边坡处理形式来完善球道和果岭的功能，衬托球道和果岭的美感。同时也要考虑水域边坡处理工程的建造成本和当地建筑材料的供求关系，比如我国木材资源十分缺乏，不宜采用直立木桩的水域边坡。

（3）水域防渗　高尔夫球场中新建的人工湖等水域，原始土壤可能存在较大的透水性，比如沙砾石地基等，使人工湖的水位难以保持，同时水量渗漏严重，人工湖中的蓄水量不稳定。为了防止人工湖产生过大的渗漏，保持水面基本稳定，满足球场景观以及球道设计的要求，一般都应对湖底以及边坡进行防渗处理。当前对于大面积人工湖底及边坡都采用柔性防渗结构，运用高密度聚乙烯土工防渗膜等新型材料对湖底及边坡进行防渗处理。这种防渗结构如图2-16所示，图中土工膜上的保护层为沙砾石或沙土。也可采用高密度聚乙烯片材进行防渗，因这种片材厚度大，具有柔韧性，可适应地面变形，抗拉强度高，片材接缝焊接容易，施工过程中不容易损坏，也可以不铺设保护层，直接在处理好的水域地基上铺设，然后直接蓄水。

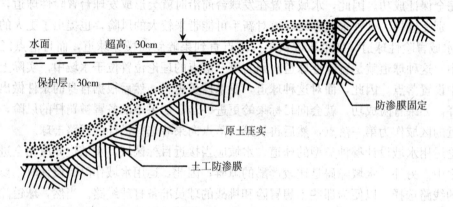

图2-16　水域土工膜防渗结构示意图

此外，水域防渗还可以采用当地材料，如黏土防渗等。由于高尔夫球场水域面积比较大，一般不宜采用混凝土防渗材料。

第三节　球场建造

一、施工准备

（一）建设程序

1. 球场建设项目的主体　高尔夫球场建设是一项投资较大、工序复杂、施工周期较长、施工季节性要求较高的项目，一般在完成初步设计以后就开始施工建设。在球场建设过程中，会有许多具有法人资格的主体或其他民事主体介入和参与。根据国内外建设项目管理的一些通行做法，高尔夫球场建设项目也不例外，一般情况下由球场建设的投资者（即业主）、球场项目的施工者（即承包商）和球场建设项目的监理单位（即监理工程师）三方共同完成球场建设项目。这三方的关系如图2-17所示。

业主是球场建设项目的法人，他与施工承包商或材料供货商是一种合同关系，业主将投资建设的工程发包给承包商，而承包商则按照合同规定完成工程任务。业主与监理工程师是一种委托合同关系，即业主委托监理对球场建设项目实施目标监控和管理，向项目法人负责。监理工程师与承包商之间没有也不应当有合同关系，只有监理与被监理的关系，即承包商应接受监理工程师的监督和管理，并按照合同要求和监理工程师的指示进行施工。高尔夫球场建设项目的监理工程师一般是球场设计师，或具备球场设计资格以及具有资深球场设计施工经验的其他人员。

2. 球场施工建设程序　高尔夫球场建设阶段的基本程序见图 2-18。

(二) 施工前的准备

高尔夫球场建设项目中，业主、承包商以及监理工程师始终参与整个建设项目的全过程。但根据三方的关系，参与的深度不同，范围也不同。因为高尔夫球场建设是一个复杂的过程，作为承包商和监理工程师，在施工前必须做好充分的准备工作，提高施工的计划性、预见性和科学性。充分的施工准备是保证高尔夫球场施工质量、加快工程进度、降低工程成本以及保障工程顺利实施的关键。球场施工准备工作主要包括施工条件、技术条件、物质条件和组织机构及人力资源保障等。

1. 施工条件　施工前，现场应达到"水通、电通、路通、通信通"的要求，并且进行场地内建筑物的拆迁工作及临时设施的搭建工作。具体进行以下工作：

(1) 场地整理　高尔夫球场占地面积大，施工前要做好场地内民房、旧建筑、高压线的拆迁工作，以及地下构筑物如墓穴的拆迁和管线拆迁与改道工作，使场地具备放线和开工的条件。

(2) 道路建设　建好施工道路，以利于土方的调运和施工车辆的运行。施工道路最好与球场的永久性管理道路结合起来，以节省道路建造的费用。球场内的施工道路使用强度大，为防止施工中损坏路面，可以先做永久性道路的路基和垫层，待进行球场正式道路施工时再铺路面。球场内的施工道路路线要做好规划，布置好干道和支道，保证施工车辆运行的畅通，尤其要注意土方调运时施工道路的规划，必须使车辆有循环运行的条件。

(3) 施工用水和生活用水　施工水源最好与球场以后的供水水源和喷灌用的水源结合起来，以减少开发水源和铺设临时给水管线的费用。生活用水要通过临时给水管线供给。开工前准备好施工水源和生活用水水源，充分保证施工用水和生活用水的水源与供给，以免影响施工。

(4) 供电设施　施工用电可以通过球场当地的供电系统得到解决。首先要预测球场施工中高峰期用电量，根据高峰用电量选配临时变压器和临时供电线路，保证球场施工中的动力

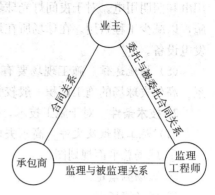

图 2-17　参与建设项目各方的关系

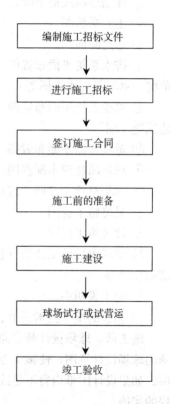

图 2-18　高尔夫球场建设项目施工建设程序

用电和照明用电。对于夜间灯光球场，可以考虑将以后灯光照明线路与施工用电线路结合实施，以减少工程费用。在球场所在地区的供电系统只能部分供电或不能供电时，要自行配备发电设备。

（5）场地通信　施工现场要有方便的通信条件，如电话、传真、对讲机等，以便于联系。高尔夫球场的施工面积一般较大，最好能配备对讲机，以利于各作业班组的及时沟通。

2. 技术条件　对于施工技术，主要是设计文件、施工图纸以及测量放线的基本依据等。

（1）施工图纸及文件　高尔夫球场的施工要求具备以下施工图纸及文件：

① 球场总平面规划图。

② 球场测量定位图。

③ 球场清场图。

④ 球场等高线造型图。

⑤ 土方平衡图。

⑥ 球道断面图。

⑦ 排水系统平面布置图（包括雨水井、出水口等构造图，管道安装详图，渗水井详图，草坑、草沟等排水详图等）。

⑧ 喷灌系统平面布置图（包括自动控制电缆平面布置图，管道、闸阀安装详图，泵房建筑施工图等）。

⑨ 球场道路平面布置图（包括道路、桥涵施工图等）。

⑩ 球场园林树木配置图。

⑪ 球场草坪布置图（包括特殊区域草坪建植详图等）。

⑫ 果岭施工详图。

⑬ 沙坑施工详图。

⑭ 球场水域施工详图（包括湖、渠边坡处理，湖底防渗处理，湖水排空、溢流、给水结构详图等）。

⑮ 施工说明书。

⑯ 相关的施工技术规范、规程等。

施工前，球场设计师需向施工机构进行技术交底，以便在球场建造过程中充分贯穿设计师的球场设计意图，使施工专业人员充分了解设计师的设计理念和施工中应该注意的主要事项。如果设计图纸内容不足或设计深度与范围不够时，应及早补充施工设计图，以免影响工程的实施。

（2）测量控制点　施工前必须将测量控制点（包括平面控制点和高程控制点）引入施工现场，具备测量放线的基本条件，达到通过引入的坐标点和水准点在现场布设平面控制网和水准控制网的目的。

（3）编制工程总进度计划　工程总进度计划是对高尔夫球场工程总体进度的安排和计划。编制工程总进度计划，首先要明确对总工程进度影响最突出的单项工程，并以此作为主要制约因素，编排其他单项工程的进度。在高尔夫球场所有的工程中，草坪建植工程季节性最强，无论在任何地区，一年之中总有一段时间最适合草坪建植，而其他时间不适宜草坪建植或不能进行草坪建植。因此，一般说来，草坪建植工程是球场工程中影响工期的最大制约因素，应将草坪建植工程作为制订工程总进度计划的主导因素，其他单项工程的进度和工期应服从于草坪建植工程。

进度控制作为建设项目的三大控制目标之一，可以用文字、横道图、工程进度曲线、形象进度图、网络进度计划等方法表示。

3. 物质条件　施工必须要有物资作保障。球场施工中涉及的物资准备主要包括以下几方面：

（1）机械设备　根据工程的总体施工部署和工程进度计划，选定施工机械与设备，统计各施工阶段需要机械的种类和数量，编制施工机械与设备的用量计划。

（2）施工材料　根据球场工程概算，统计不同施工阶段的材料种类与数量，然后按施工阶段或按月份编制施工材料需求计划和材料购置计划，最后汇总为总的施工材料需要计划。

（3）物资管理　球场涉及的物资多，必须要有相应的管理措施。仓库与贮料场用于存放球场施工需要的施工材料、工具和仪器设备及零部件等。仓库与贮料场的建设一方面要保证施工的正常需要；另一方面又不宜贮存过多，加大仓库面积和积压资金。仓库与贮料场的面积要根据总体资源规划和分区资源规划确定，根据需要存放的物资的高峰值，确定适宜的建筑面积。高尔夫球场的仓库与贮料场主要用于存放沙子（坪床改良用沙和沙坑用沙）、泥炭、化肥、种子、土工布、草帘、木材、水泥、白灰、排水管及配件、喷灌管道及配件、水泵和其他一些施工工具、仪器设备、零部件及五金等。物资存放时，要注意物资的分类，将不宜一起存放的物资分开存放，尤其是用于草坪建植的物资，不要与其他物资一起存放，草坪种子存放时要保持一定的温湿度和通风条件。

4. 组织机构及人力准备　为了更好地组织人力、物力配合施工，缩短工期，节省资金，必须在工程总进度计划的基础上，编制人力与物力资源计划，以便对球场建造过程中需要的资源有一个总体了解。人力资源计划包括两方面内容，即组织机构及其职责分工、施工分阶段用工计划。

工程组织机构中，设立负责工程、物资、器材、对外协调等职能部门。工程指挥应具有丰富的高尔夫球场施工经验和球场施工组织经验，负责球场总体施工组织和总工程进度控制，负责各部门间的工作协调，负责安排人员、材料和机械设备的调配，负责协调对外关系。技术总监应具有非常丰富的高尔夫球场施工与设计经验，负责球场施工过程中的全部技术问题，包括制定或审批施工技术方案、审查各单项工程的施工技术方案、决策与解决施工过程中遇到的各种技术问题、监督检查施工质量等。

二、施工过程

（一）单项工程

高尔夫球场建造是按照高尔夫球场设计施工图实施各单项工程的过程，是将设计师的设计理念充分反映到施工过程中的再创造过程。高尔夫球场建造是一项复杂的系统工程，涉及的专业面广，施工工序多。主要的单项工程包括：①测量工程；②清场工程；③土方工程；④粗造型工程；⑤细造型工程；⑥排水系统工程；⑦喷灌系统工程；⑧水域工程；⑨道路及桥梁工程；⑩园林景观工程；⑪坪床建造工程；⑫草坪建植工程等。

高尔夫球场建造工程不同于一般的土建工程，有其自身的特殊性，不仅包括诸多单项工程，又有排水工程、喷灌工程、草坪建植工程、园林景观工程等，需要高尔夫方面的专家、土建专业人员、园林专家、草坪农艺师、排水和喷灌专家等共同协作实施。为了使高尔夫球场建造工程有条不紊地实施，避免工程的交互影响和工程的反复，确保高质量、低造价、快速度地完成建造工程，施工前必须编制一份科学合理的施工组织设计，作为指导施工活动的主要技术文件。

（二）施工顺序

编制高尔夫球场施工组织设计，首先要充分了解高尔夫球场建造的施工特点和施工工序，高尔夫球场基本施工顺序见图 2-19。

图 2-19 所示的施工顺序只是总体的施工顺序，施工过程中，很多单项工程需同时穿插进行。编制施工组织设计过程中，应对这些单项工程予以科学合理地编排，优化各个施工阶段。

对于高尔夫球场工程来说，由于占地面积较大，不可能整个球场全面同时施工，为了施工的方便和施工的组织与操作，一般要根据球场现状的特点、场址的施工条件和当地的气候条件以及人力与物力组织情况，将整个球场划分为若干个区域，分期分批进行施工，采用流水作业方式依次进行。对一个标准的 18 洞高尔夫球场，一般可以划分为 2～6 个施工区，每 3～9 个洞为一个施工区。第一个施工区完成土方与粗造型工程后，移至第二个施工区开始土方与粗造型的施工，而第一个施工区开始排水系统工程、水域工程等后序的工程，如此依次流水作业，依次完成各单项工程。

采用流水作业方法组织施工，可以使各作业班组能紧密配合，各单项工程能按一定顺序、有次序地进行，使各单项工程能紧密衔接，缩短工期。

将球场按照场址的特点划分为若干个施工区，进行分区流水施工是施工部署的一项主要内容，科学合理地区划，将有利于施工的方便操作和工程的顺利进行，同时，也可以避免造成人力、物力和资金的浪费。

施工部署的另一项内容是设立工程指挥机构。对于一个投资较大的高尔夫球场工程来说，施工前建立一个强有力的工程指挥系统是非常关键的。一个科学合理的工程指挥系统是确保工程顺利实施，保证工程质量和工期的关键。高尔夫球场工程涉及的专业面广，需要多方面的专业人员参与组织施工，因此，工程指挥系统应做到机构设置得当、组织合理、分工明确，以保证工程指挥系统高效、顺畅地运行。

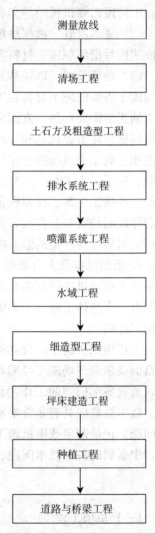

图 2-19　高尔夫球场基本施工顺序

三、施　工

（一）测量定位

测量定位是整个高尔夫球场开始施工的第一项工程，也是高尔夫球场建造过程中的主要环节，具有十分重要的地位。施工测量就是将球场施工图纸中设计好的球场中各个特殊区域和部位的平面位置及标高正确地标示到施工现场，以便指导球场的准确施工，从而保证球场中所包括的各个特征区域和部位按图纸准确定位，以及保证造型起伏的高程、坡度等能按图纸要求准确地控制。

高尔夫球场的测量放线是球场施工中不可间断的工作，从球场开工到竣工贯穿了全部建造过程。测量放线也是球场施工中每个单项工程不可缺少的组成部分，应融入各个单项工程的施工过程中。

（二）清场

清场是将球场清场图指定范围内的树木、树桩、地上及地下建筑物和构筑物等有碍球场施工的物体清除出场，为球场的下一步施工做好准备；同时保留那些对球场景观有价值、能组成球道打球战略的树木和珍贵树木，以及有保留价值的其他自然景物。进行清场时，首先按球场清场图将清场范围测放到施工现场，然后按清场计划分别进行清场工作。在实施清场工作前，设计师应到现场确定需要保留的树木和其他自然景物。

清场主要包括树木砍伐、搬运，树根挖除，杂物清理，有保留价值的树木和植被的假植，其他有碍施工物体的拆除与处理等。清场工作因球场场址生长的树木与植被的茂密程度不同，工程量差别很大，因此而引起的清场时间和清场费用差别也很大。场址树木较少时，清理工作量较小，可以将球道、发球台、果岭、高草区、湖面区等清场区域内的树木和妨碍施工的物体，一次性同时清理出场；同时，将球场园林种植中需要的树木移植到临时苗圃中，待球场进行园林景观树木种植时，再移植到球场中需要的区域。若场址树木茂密或球场建在森林中，清场工作量则很大，需要分区、分期、分阶段进行清场工程。将球道、发球台、果岭的清场区域，水域范围的清场区域和高草区的清场区域分别对待，分别进行清理。清场工作除了以清场图为依据外，还需要设计师亲自到现场决定树木的保留和清除。

（三）土石方工程与粗造型

1. 表土堆积 在大规模开挖与回填土石方之前，表土堆积是将地面表层 20～30 cm 深的种植土壤堆积到球场暂不施工的区域存放，用于以后的草坪坪床建造时进行坪床改良。表土堆积并不是每个球场在建造过程中都需要进行的工程，要根据球场场址表层土壤的状况而定，对于球场场址原生植被茂密、杂草根系较多的表层土壤和表土土质较差的土壤如盐碱土、重黏土等，无需进行表土堆积。铲推表土的厚度要根据坪床处理的面积和可以进行表土堆积的区域面积确定，一般为 20～30 cm。表土的临时堆放区要根据施工区域和分区施工进度计划统筹规划，设置在球场内施工区能够交错开的临时存放区，最好能设置在球场边界附近区域。同时，设置堆放区的位置不能使表土铲运的距离过远，以免增加运输费用，并且要有利于进行坪床处理时表土回铺的再次搬运。

表土进行堆积前，要将在清场过程中没有清理干净的地面杂物如植物秸秆、植物根系等先清理掉，以免表土中带有过多的杂物，影响以后的坪床处理工程。表土堆积时，最好选择在表层土壤较干燥的时间进行，以免土壤结块，再次回铺时难以打碎、耱平，为坪床建造带来麻烦。

2. 土石方开挖与回填 高尔夫球场的土石方工程是按照土方移动平衡图和球道造型等高线图，在场址内进行大范围的土方挖填与调运及从场外调入大量客土的工程，目的是在原有地形、地貌的基础上，通过土方的重新挖填和分配，使球场大体上形成球场造型图所要求的起伏和造型。

　　土石方工程是高尔夫球场建造中所占比重较大的一项工程，需要投入大量的人力、物力和资金。一般山地球场的土石方工程量比较大，18 洞球场的挖填方量可以达到 200 万～300 万 m^3；而丘陵地带的起伏比较适合于高尔夫球场的要求，因此，丘陵球场土石方工程量一般较小，有时几十万甚至十几万立方米的土方挖填量就可以完成球场土石方工程；平地球场建造过程的土石方工程量介于两者之间，但有时需要调入大量客土来弥补挖方量的不足，满足球场必要的起伏和造型。

　　3. 粗造型　粗造型工程与土石方工程是两个密不可分的过程，在统筹规划的前提下，可以将这两个过程结合在一起。土石方工程在进行挖填过程中已大体上形成了球场的起伏和造型，粗造型工程中不存在大范围的土方挖填和搬运，没有大型挖填和运输的机械作业，只是使用推土机和造型机对造型的局部进行推、挖、填等修理和完善作业，使之更符合高尔夫球场造型的要求。粗造型工程主要包括球道、高草区、人工湖面等水域周围的粗造型和杂物清理等工作。

　　雨季进行土石方和粗造型工程会给施工带来很多困难，需要采取一些相应的措施防止雨季施工中出现的问题，如雨季来临前，做好雨季施工准备和排洪工作，加速完成一些受雨季影响严重的工程等。

　　（四）细造型工程

　　高尔夫球场的细造型工程主要包括球道、高草区、隔离带的微地形建造和局部造型细修整工程，以及一些特殊区域如果岭、发球台、沙坑的建造工程。在球道和高草区的排水系统和喷灌系统的管道铺设完成后，着手实施球道细造型工程。球道和高草区的细造型工程是一项比较特殊的工程，通常根据球场造型等高线图无法充分实施，这项工程需要根据球道造型局部详图和设计师现场指导实施。设计师依据球场的设计风格、整体理念与构思，结合高尔夫球的运动规律以及地表排水、管理可行性等多方面因素，针对每个球道的局部区域，确定微地形起伏建造形式。

　　球道与高草区的细造型方案确定后，按照设计师的意图修建微地形如草坑、草沟、草丘等，对造型不适的局部区域进行细修整和微调，对粗造型工程中形成的所有造型区域进行精雕细刻，使整个球场的造型变化自然、流畅，无局部积水现象，利于剪草机械和其他管理机械的运行。细造型后形成的局部排水坡度一般不小于 2%，最终的造型标高需符合造型图的要求，误差控制在 5 cm 以内。

　　细造型工程应与坪床建造工程结合实施，在细造型进行到一定程度后，将堆积起来的表土重新铺回球道与高草区中，在表土铺设后，对造型进行细致修整。根据表土的堆积量和需要铺设的面积确定回铺厚度，一般不小于 10 cm，球道上最好能达到 15 cm。在表土量不足时，应首先满足球道的要求，高草区回铺的表土层也不能太薄，因为高草区草坪在成坪后的管理中一般较少施肥，应使原土壤具有较高的肥力。

　　（五）果岭建造

　　果岭建造不仅是细造型中一项重要的工程，也是整个高尔夫球场建造的一项极其重要的工程。果岭作为整个球场最重要的部分，对建造质量和水平具有严格的要求，其建造需要花费大量的时间和资金。

　　果岭建造是对果岭土壤的改良过程，其中包括安装地下排水系统，改善土壤的排水条件；全部更换表土层创造更佳的土壤结构，目的在于改善土壤的通气性和排水性，使土壤物理性状和化学性状更适合果岭草坪草的生长要求。果岭建造的要求主要是：

① 具有良好的渗水性能，果岭各层间的基配方式可以使果岭中多余的水分快速排除，避免因水分过多影响草坪的健康生长和果岭的使用。

② 具有良好的持水和保肥能力，整个果岭的剖面结构可以为果岭创造一个临时蓄水面，为草坪的生长保存必要的水分和防止肥力的流失。

③ 能够为草坪根系的发育生长创造良好的条件，从而保证草坪地上部分健康旺盛地生长，以适应果岭草坪高强度修剪的要求。

（六）球场道路工程

高尔夫球场内的道路可以分为三类，第一类是会馆与场外道路相连及通向球场其他管理区域的一级道路，第二类是供球车和管理车辆行走的球车道路，第三类是供球手步行的人行道路。

1. 球车道路　布置球车道路的主要目的是方便球手打球和球场管理。球车道路的布置要科学合理，否则会带来严重的草坪践踏问题。球车道路也被用作球场管理道路，供草坪管理机械的运行。因此，布置道路时要考虑到现场地形、植被区域、球道打球战略以及车辆管理等多种因素。

球车道路最好设在高草区中，距离球道边线 10 m 左右，从发球台延伸到果岭。一般不在紧邻球道的边缘或球道与沙坑之间设置道路。两个平行球道可以共用一条球车道路。球车道路应设在不显眼的区域和非打球区域，一般都设在球道两侧起伏造型之中。

球车道路的宽度一般为 2～3 m，这种宽度具有方便球车在路上停置、方便管理车辆的运行和操作、有利于铺设道路的机械施工等优点。较窄的球车道路可以减少建造成本，降低道路对球场景观连续性的影响和减少对打球的过多影响，但太窄时道路边缘容易损坏。球车道路的坡度应该保证球手开车的安全，尤其在山地球场中避免在坡度较大的地方设置急转弯，避免使陡坡路面朝向水面。水边的道路应该设置道牙、保护栏杆等。避免上下坡的道路坡度过大。坡度的设置还要考虑其地表排水，使路面雨水能自然地排向道路两侧，一般道路从中间向两侧倾斜，但坡度不能太大，横向坡度应控制在 4% 以下。球车道路也可向路面一侧倾斜，但一般不向路面中间倾斜，如果出现这种情况，应在道路下安装涵管排除路面积水。

2. 人行道路　在高尔夫球场中，常在某些部位布置一些人行道路。球场中的人行道路主要是方便球手穿带钉球鞋步行和为球手指明行走方向。但很多球场出于景观协调性的考虑，不布置人行道。

人行道路一般布置在会馆到练习果岭和练习场之间、会馆到两个半场起始发球台与结束球道的果岭之间、某些果岭到下一洞发球台之间。在山地球场中，某些较陡峭的区域也常布置人行道路。人行道路的宽度一般为 1 m 左右，仅供球手步行，不允许机动车辆通行。人行道路设置时还要考虑手拉球车的行走方便，对于台阶式的人行道，要在其一侧或两侧设置手拉球车的缓坡道路。另外，台阶式的人行道路坡度要适宜，一般不能超过 15°，否则不利于行走，既耗费体力又不安全。

3. 桥梁　高尔夫球场中由于设置水面障碍，常需要在湖、渠的某些区域建造桥梁。高尔夫球场桥梁不同于一般的道路桥梁，不仅具有供行人与车辆通行的功能，更要求有轻盈、优美的园林景观特点，能与整个球场的园林景观相匹配。高尔夫球场内的桥梁应具有如下特点：①简便易行，与周围景观相协调；②桥宽能满足球员、球车流量和管理车辆的通行；③桥梁要有扶手、栏杆等；④桥梁要有适当的高度；⑤桥梁结构要能充分承受球车和管理车辆的荷载；⑥使用的建筑材料要具有持久、耐腐烂的特点；⑦便于管理。

高尔夫球场内的桥梁有木桥、石桥、预制混凝土桥、铁架桥等多种形式。建筑上风格各异，各具特色。从园林角度来说，不仅自身要具有优美的园林效果，而且要与湖面景观和周围景观相协调。桥梁建造一般与水域工程同步实施。预制混凝土桥要事先进行预制件的制备。木桥的建造要选择适宜的季节，避开雨季。步行桥梁上最好铺设橡胶垫，以便行走脚感舒适和减小球鞋钉子对桥面的破坏。

有关高尔夫球场排水系统、喷灌系统的施工安装在以后章节分别介绍。

第三章 高尔夫球场灌排水系统

灌溉对高尔夫球场草坪质量起着至关重要的作用。纵观全世界高尔夫球场草坪，所有果岭和发球台都是需要进行灌溉的，自 20 世纪 50 年代以来，大多数球场还增加了球道灌溉，有些高草区也安装了灌溉系统。可见，对高尔夫球场草坪管理来说，灌溉是极其重要的。而排水也在很大程度上影响着球场的运营状况与球场草坪的质量，排水不良将直接导致草坪质量低劣，甚至影响球场的运营。因此，高尔夫球场在设计之初就需对整个球场的排水系统进行良好的规划。

第一节 喷灌系统

由于高尔夫球场草坪管理的特殊性和商业经营的需要，现今的高尔夫球场灌溉系统都采用喷灌。

喷灌是利用水泵加压将水通过压力管道输送，经喷头喷射到空中，形成细小的水滴，均匀喷洒到地面上，为草坪正常生长提供必要的水分条件。

一、喷灌系统的类型

喷灌系统按控制方式分类，可分为全自动喷灌系统、半自动喷灌系统、手动喷灌系统。

1. 全自动喷灌系统 全自动喷灌系统是指所有的喷灌运行全部由卫星站或控制器自动控制。目前，最先进的自动控制系统可以通过在场地中安装的土壤水分感应器和气象站实现完全自动的喷灌操作，不需要人为参与控制。

高尔夫球场喷灌自动控制系统由中央控制站、卫星站和遥控阀组成。中央控制站相当于计算机的主机，卫星站相当于终端，中央控制站向卫星站传递信号，卫星站再向遥控阀输送信号，启动遥控阀，开始喷灌。也可以由中央控制站直接向遥控阀传递信号，启动喷灌。一个中央控制站控制若干个卫星站。中央控制站设于室内，卫星站设在球场的高草区或路边。

中央控制站由一系列复杂的电子元件组成，其可分为主体部分与表盘部分，表盘上有控制喷灌的日历、时钟及控制球场分区喷灌的分区喷灌键和其他控制键与指示灯。中央控制站的表盘部分设在办公室中，通过在室内设定喷灌开始与结束的总体时间和分区喷灌的循环时间，便可完成整个喷灌操作。随着计算机技术的发展，计算机被引入球场喷灌管理中，可以通过计算机实现对中央控制站的操作，继而通过计算机实现对卫星站的控制。

一个中央控制站可以控制若干个卫星站，每个卫星站由 7~10 个信号表和其他的控制盘组成。每个信号表上可以连接 1~4 个电动遥控阀或 8~10 个水动遥控阀，信号表可控制阀门启动与关闭的时间。卫星站一般设在被控制的阀门区附近，安装在一个箱子中，可以通过中央控制站来控制，也可以手动控制。

全自动喷灌系统的信号传递方式如图3-1所示。中央控制站传递到卫星站的信号为电信号，中央控制站具有分区传递信号的功能，分区、分阶段分别给予卫星站信号。中央控制站向卫星站传递的信号有喷灌日期、分区喷灌循环时间、洗涤喷灌时间、降水日期等。

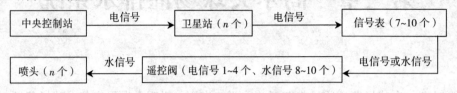

图3-1 全自动喷灌系统的信号传递方式示意图

卫星站接收中央控制站的信号后，向卫星站上的信号表发送电信号，信号表开始运转。卫星站也可以手动单独控制，通过事先设定各信号表的喷灌起始与结束时间进行独立喷灌。信号表运转后，向遥控阀传递信号，遥控阀启动，给管道供水，同时，遥控阀所控制的若干个喷头启动运转。

从卫星站的信号表传递给遥控阀的信号有水信号和电信号两种，因此，自动喷灌系统可以分为水力自动喷灌系统和电力自动喷灌系统两种。

从中央控制站向卫星站传递的信号都是电信号，电压一般为120V，因导线连接方式不同，可以分为并联式（平行式）、串联式（递传式）和混合式三种信号传递方式。并联式就是由中央控制站向各卫星站同时传递信号，卫星站之间互相没有联系；串联式是指中央控制站先给第一个卫星站传递信号，第一个卫星站完成喷灌循环后再给第二个卫星站传递信号，依次向下传递；混合式是将串联与并联两种方式相互结合进行信号传递。

自动控制系统除了上述信号传递方式外，还有两种信号传递途径：一种是中央控制站可绕过卫星站和信号表直接向遥控阀传递信号，控制喷头的启动与关闭；另一种是通过对卫星站中信号表的单独设置，卫星站可以不在中央控制站的控制下直接向遥控阀传递信号。前者适于夜间在室内实施喷灌操作；后者适于白天在场地中通过人工设定信号表实现喷灌操作。

全自动喷灌系统是目前最高效的一类高尔夫球场灌溉系统，其每一喷头转动时都有精确的时间控制，即使夜间灌溉也不需要人守候，一般球场主管一人就能控制整个球场草坪的灌溉。因此，合理地设计、制造、安装和使用自动喷灌系统，可使喷灌更为方便和可靠。

虽然自动喷灌系统大大减少了实际灌溉活动中的劳工成本，但仍需要人员进行操作和维护。

2. 半自动喷灌系统 半自动喷灌系统是指球场中一部分喷灌操作由人工完成，另一部分由卫星站或控制器自动控制完成，即果岭、发球台等重要草坪区域采用自动控制，而球道、高草区采用手动控制。半自动喷灌系统的投资较全自动喷灌系统低。

3. 手动喷灌系统 手动喷灌系统是指所有喷灌运行均由人工开关阀门完成，其建设成本为全自动喷灌系统的35%～50%，是三种喷灌系统中投资最低的一种。但其管理成本高，需要较多的人力开关阀门，同时费水、费电，并且难以达到均匀喷灌的效果。

随着球场喷灌技术的发展和对高质量草坪的要求，多数球场已逐步采用操作方便、喷灌准确、管理成本低的自动喷灌控制系统。

二、喷灌系统的组成

高尔夫球场的喷灌系统通常由水源工程、水泵和动力机、管道系统、控制部件、喷头以及附属设施几部分组成（图 3 - 2）。

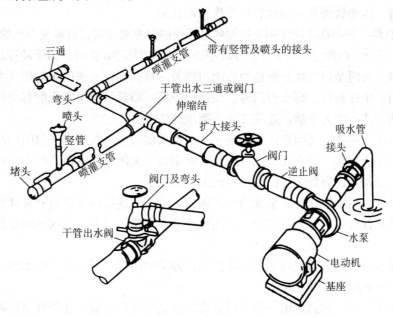

图 3 - 2　喷灌系统组成示意图

1. 水源工程　高尔夫球场喷灌系统的水源可以是河流、湖泊、水库、池塘和井泉等，但都必须修建相应的水源工程，如泵站及附属设施、水量调蓄池和沉淀池等。关于水源将在本章第二节详细介绍。

2. 水泵和动力机　水泵是喷灌工程中的重要设备。它既可以单独作为提水机械，又是各种现代喷灌系统的重要组成部分。与水泵配套的动力机通常是电动机，在缺少电力供应的地方可以用柴油机、汽油机作为水泵的动力机。

高尔夫球场喷灌系统常用的水泵类型包括离心泵、井泵（长轴井泵、深井潜水电泵）等。其作用是给灌溉水加压，使喷头获得必要的工作压力。

选择喷灌用水泵，应当从确保喷灌质量、节能、安全、经济等方面统筹考虑，选取经常出现且有代表性的工况为设计工况，以最不利的工况为校核工况。喷灌用水泵需校核如下两种工况：对灌区位置最高、距离最远的喷点，校核可能出现的最低喷头工作压力是否达到喷头设计工作压力范围的下限值；对位置最低、距离最近的喷点，校核可能出现的最高喷头工作压力是否超出喷头设计允许工作压力范围的上限值。

喷灌系统实际工作流量变化较大时，应对水泵的运行进行调节。通常采用变频调速装置、增减水泵开启台数和配备压力罐等方式对水泵的运行进行调节。

3. 管道系统　管道是喷灌系统的主要部件。用于高尔夫球场喷灌系统的管道种类很多，各有其特点和适用条件。按使用方式可将喷灌管道分为固定管道和移动管道两类，按材质可将喷灌管道分为金属管道和非金属管道两类。金属管道的原料为金属，有铸铁管、钢管、薄壁铝和铝合金管、薄壁镀锌钢管等。非金属管道又分为脆硬性管和塑料管两种：脆硬性管的主要原料是水泥，有自（预）应力钢筋混凝土管、石棉水泥管等；塑料管有聚氯乙烯（PVC）管、聚乙烯（PE）管、改性聚丙烯（PP - R）管、维塑软管和涂塑软管等。

各种管道的物理力学性能不同，适用条件不同。金属管道、石棉水泥管、自（预）应力钢筋混凝土管、硬塑料管可埋入地下作为固定管道；薄壁金属管质量小，拆装移动方便，可用作移动管道；维塑软管和涂塑软管通常作移动管道。

4. 控制部件 控制部件的作用是根据喷灌系统的要求来控制管道系统中水的流量和压力，保证系统运行安全。前面已介绍了全自动喷灌系统的控制部件，此处介绍手动控制部件。

（1）阀门 阀门是用以控制管道的启闭与调节流量的部件。阀门按工作压力分类，可以分为低压阀门、中压阀门、高压阀门等；按结构分类，喷灌管道中常用的有闸阀、蝶阀、截止阀等。驱动方式一般为手动，连接方式为螺纹或法兰。

（2）逆止阀 逆止阀又叫止回阀，是一种根据阀前后压力差而自动启闭的阀门。它使水流只能沿一个方向流动，当水流要反方向流动时则自动关闭。在管道式喷灌系统中常在水泵出口处安装逆止阀，以避免突然停机时水倒流。

（3）给水栓 给水栓是喷灌系统的专用阀门，常用于连接固定管道和移动管道，控制水流的通断。给水栓分为上、下两部分，下阀体连接在固定管道上，上阀体通过快速接头与移动管道连接。

（4）水锤消除器 水锤消除器用于防护突然停泵时因降压可能产生的水锤压力对管道的破坏。它一般与止回阀配合使用。

（5）安全阀 安全阀的作用是当管道的水压升高时自动开放，降低管道内超过规定的压力。在喷灌系统中如阀门关闭太快，会造成阀门前管段压力突然上升，安装安全阀即可降低压力，防止事故的发生。

（6）减压阀 减压阀的作用是在设备或管内的压力超过规定的工作压力时，自动打开降低压力，以保证设备或管道内在正常压力范围内运行。通常应在地形很陡管线急剧下降处，管道内的压力急剧增大超过允许压力时安装减压阀。

（7）空气阀 空气阀的作用是当管道内存有空气时，自动打开通气口，管内充水时进行排气；当管内产生真空时，使空气进入管内，防止负压破坏。

5. 喷头 喷头是喷灌系统的专用设备，形式多种多样，但作用都是将管道内的连续水流喷射到空中，形成众多细小水滴，洒落到地面的一定范围内补充土壤水分。对喷头的基本要求有：①使连续水流变为细小水滴或雾化；②使水滴较均匀地喷洒到地面的一定范围内；③单位时间内喷洒到地面的水量应适应土壤入渗能力，不产生径流。单喷头的喷洒范围有限，水量分布难以达到均匀，故实际应用中经常是多喷头作业，称为多喷头组合喷灌。

6. 附属设施 高尔夫球场喷灌工程中还用到一些附属设备和附属工程。如果从河流、湖泊取水，则应设拦污设施。为了保护喷灌系统安全运行，必要时应设进排气阀、调压阀、减压阀、安全阀等。在北方地区，为了使喷灌系统安全越冬，应在灌溉季节结束后排空管道中的水，需设泄水阀。为观察喷灌系统的运行状况，在系统首部应设压力表以及水表。在管道系统上还应设置必要的闸阀，以便配水和检修。以电动机为动力时，应架设供电线路，配置低压配电箱和电气控制箱等。利用喷灌喷洒农药和肥料时，还应有必要的调配和注入设备。

通常可通过灌溉对球场草坪施肥或加入其他物质。最近在我国一些地区应用喷灌施肥法已获得很大的成功。灌溉系统用于施用化肥时应增加一个能够调节流速的水泵。另外，因草坪灌溉系统的阀门和喷嘴孔径相对较小，所以只能用液体化肥。成功应用喷灌施肥的关键是合理地设计和安装灌溉系统，保证整个草坪用水一致。但大多数灌水系统是不能满足这些标准的。当应用喷灌施肥法时，还应考虑到化学制品对管道、阀门、竖管和喷头等设施的腐蚀作用。

第二节　喷灌水源和水质

一、水　源

河流、湖泊、水库、池塘、地下水、经过净化的污水等都可作为高尔夫球场喷灌系统的水源。

1. 地下水　地下水的水量、水温相对比较稳定，水质清洁，是高尔夫球场喷灌最理想的水源。但有些地区地下水埋深，机井深，提水费用高。在我国一些地区，由于农业、工业和城市生活大量抽取地下水使地下水位下降，因此，有些地区利用地下水要受到一定的限制。

2. 湖泊、池塘和水库　自然湖泊、池塘和水库是高尔夫球场灌溉重要的水源。这些水源存在的主要问题是一些颗粒性杂质，如藻类、水草、沙、有机物沉渣、鱼、青蛙和蜗牛等会进入喷灌系统。

3. 河流　长年流动的河流也可以作为高尔夫球场喷灌水源。应调查不同水文年份的河流水量和水位变化情况，并了解洪水时期的水位变幅，河水水质受上游地区的影响。另外，水中的有机物和固体物质也会给喷灌系统带来问题，如堵塞水泵进口、引起水泵磨损、增加管道水头损失等，需要清除这些物质以保证不进入喷灌系统。如果河流水位变幅小，河水可直接抽取进入喷灌系统，也可以先抽取河水进入球场内的池塘，然后再从池塘抽取进入喷灌系统。

4. 再生水　城市污水经过二级处理以后的水称为再生水。高尔夫球场草坪可以用再生水灌溉。土壤具有很强的处理有机废物的能力，通过灌溉使再生水进一步得到净化。再生水不仅供给可靠，而且成本较清洁水低。但是有些存在于污水中的化学成分，如重金属、盐类等，可能对环境及草坪草生长有害。因此，应根据环保部门的规定长期进行监测，确保水质达到再生水绿地灌溉的水质标准。

二、水　质

从高尔夫球场喷灌的角度，水质问题主要包括两个方面：一是固体颗粒物，它的存在将严重影响喷灌系统自身的正常运行；二是可溶性盐、重金属和有机类化合物，它们给土壤、地下水带来不良影响，直接或间接危害草坪草的生长发育。

1. 固体颗粒物　固体颗粒物进入供水管道会导致喷灌系统工作性能降低和增加发生故障的概率。固体颗粒物的种类主要是：

（1）有机物　有机物通常与池塘、湖泊或河流水源有关，包括植物叶、茎、根和藻类等。这些物质能引起喷头和阀门阻塞。水源中的有机物可通过在水泵进水口处安装滤网来防止进入管道系统，但滤网会产生一定的压力损失，并需要定期清理。

（2）泥沙　水源中的泥沙可以阻塞阀门、喷嘴及造成喷头磨损。因此，必须清除水源中的泥沙。水沙分离器是专门用于清除固体颗粒沙石的，也可以通过沉淀、过滤清除泥沙。

（3）引入性固体颗粒　在最初安装和修复管道时，由于粗心有可能把颗粒性物质引入管道。在安装灌溉系统时，应防止固体颗粒物进入灌溉系统，同时在运行之前应冲洗输水管道。

2. 可溶性盐、重金属和有机类化合物

（1）可溶性盐　一般灌溉水都含有可溶性盐。许多可溶性盐对草坪草生长是有利的，但有些会引起植物中毒。水源和土壤中可溶性盐浓度用电导率（*EC*）表示，电导率为 0.75 S/cm

的水是草坪草生长的上限，而土壤 EC 分析值低于 4 S/cm 则适于大多数草坪草生长。

在灌溉用水中，氯化物和硫化物的浓度过高可引起草尖焦灼。当水中氯化物和硫化物的浓度大于 $230\mu g/g$ 时，不适宜灌溉对盐敏感的草坪草。

（2）硼　硼是植物生长必需的营养成分，但需要量极少。硼是水溶性的，在许多灌溉水源中都发现有硼。如果灌溉水中硼浓度超过 $1\sim 2\mu g/g$，就会对草坪草产生毒害。

（3）钠　草坪灌溉用水中钠盐的存在也是值得注意的问题。可根据钠吸附比（SAR）对水源钠盐的有害性进行分类。当水中 $SAR>10$ 时，土壤中可能产生钠盐集结。钠盐可在草坪草组织中积累，从而使对钠盐敏感的草坪草受损。

第三节　球场排水系统

良好的排水系统是保证高尔夫球场草坪正常生长的基本要求，球场草坪排水条件的好坏很大程度上决定了高尔夫球场草坪质量状况。因此，在高尔夫球场施工建设项目中，排水工程是一项极其重要的基础工程。高尔夫球场如果在设计和建造过程中忽视了排水，就会引发一系列不良后果。由于排水不畅，容易使草坪表层形成许多海绵状草块，不仅影响击球，而且影响机械养护。草坪草长期处于过度湿润状态，会造成土壤通气不足，草坪草根系呼吸困难，并抑制微生物活动，引起杂草滋生。如果排水问题在球场建造时没有得到解决，那么就必须在日后铺设必要的排水管道，不仅耗资昂贵，还可能造成打球的中断，影响球场运营。

球场排水系统可分为果岭排水系统、发球台排水系统、球道排水系统、高草区排水系统和沙坑排水系统。各个区域排水系统相互连接，形成一个庞大的排水网络。

排水工程依据水分排放的形式可分为地表排水和地下排水。

一、地表排水

1. 地表排水的种类　地表排水有下列几种方式：

（1）造型排水　通过合理的地表造型，减少地表局部积水。

（2）水沟排水　通过排水沟、分水沟的建造，拦截分流山洪，缩短地表径流线路，减轻地表径流对土壤的冲刷。

（3）汇集排水　将地表径流分区汇集到不同的低洼地，排入地下排水系统。

（4）渗透排水　通过土壤改良，使表层存留得过多的水分快速渗透到下层的透排水系统或深层土壤中。

2. 地表排水施工要点

（1）造型排水　依据土方调配图和造型图，在造型师现场指导下实施。通过粗造型和细部整修，使球场表面光滑、顺畅，在非汇水区没有积水现象，造型后的地表坡度应大于 2%。

（2）水沟排水　在山坡的坡脚或山腰建造排水沟、分水沟，将山上的雨水拦截，改变水流方向，引向他处，防止洪雨对山坡底部精细养护区或重点保护区的冲刷破坏。推挖排水沟、分水沟时，也要与山坡周围造型相互结合进行，使水沟与周边造型自然融为一体。

（3）汇集排水　地表径流分区汇集到球道、高草区中一些分散的低洼地汇水区后，如果这些地区没有雨水井排走水分，可以考虑通过修建草沟把它们相互连接起来，引导进入排水系统。修建的草沟要自然融入周边地形，不得留有人工挖填痕迹；草沟的边沟坡度要适当，纵向排水坡度一般不要超过2%。

（4）渗透排水 在无法通过地表造型排出球道局部积水时，也可以通过调整土壤结构，增加土壤渗透性，使过多的水分快速下渗而排入土壤中。

二、地下排水

高尔夫球场地下排水系统的主要功能：一是疏导分流因降水、喷灌而汇集起来的径流水；二是排除土壤中过多的渗透水。径流水可以通过进水口直接进入地下排水管排走；而渗透水则要经过土壤缓慢渗透到透水管中排走，或通过建造渗水沟将渗水排到土壤下层，通过土壤水分移动排走。

高尔夫球场地下排水系统由两部分组成：排除径流水的部分称为雨水排水系统，排除渗透水的部分称为渗排水系统（图3-3）。

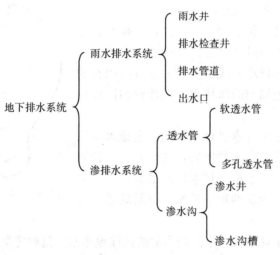

图3-3 高尔夫球场地下排水系统组成

1. 雨水排水系统 雨水排水系统主要由雨水井、排水检查井、排水管道、出水口等组成。

（1）雨水井 雨水井位于球道、高草区的低洼地汇水区，天然降水或喷灌降水形成的地表径流汇集到低洼地后直接进入雨水井，通过排水管排走。雨水井构造如图3-4所示。

（2）排水检查 排水检查井在球场排水管线上每隔一定距离设置一座。主要位于排水管的交叉汇合处。检查井与雨水井的不同之处在于后者作为排水系统的进水口，而前者主要用于定期检查线路维护，便于清淤。

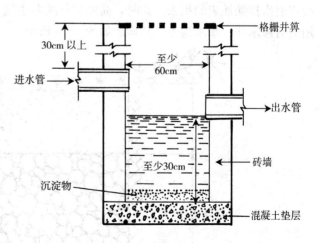

图3-4 雨水井构造示意图
（引自梁树友，1999）

（3）**排水管道** 排水管道按材质可分为塑料类管材、水泥类管材、金属材料管和其他材料管等四类。现代高尔夫球场排水系统所用的管材大多数为 UPVC 塑料管、钢筋混凝土管和素混凝土管。塑料管具有质量小、易搬运、内壁光滑、耐腐蚀和施工安装方便等优点，在地埋条件下，使用寿命在 20 年以上，并能适应一定的不均匀沉陷。混凝土管的优点是耐腐蚀、价格低廉、使用寿命长，但性脆易断裂、管壁厚、质量大、运输安装不方便。

（4）**出水口** 出水口一般设置在湖岸的侧壁，其结构比较简单，管口处常安装活动挡板，以防止啮齿动物进入排水管中。

2. 渗排水系统 根据排水方式不同，渗排水系统可以分为透水管和渗水沟两类。

现代高尔夫球场多采用透水管，铺设于球场中沙坑、果岭和发球台底部以及球道与高草区的局部地区，土壤和沙层中多余的水分通过管壁或管孔进入透水管排走。

不论是软透水管还是多孔透水管，其在球场中的铺设方式大体可分为炉箅式和鱼脊式两种（图 3-5）。

炉箅式的排水方式是主排水管位于一侧，支排水管位于另一侧，向主排水管方向倾斜，使渗入到支排水管中的水流入主管中排走。这种排水方式适于向一个方向倾斜的坡面渗排水，多用于球道局部的渗排水及发球台和沙坑的地下渗排水。

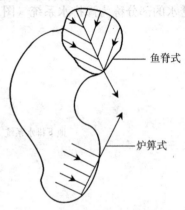

图 3-5 排水管在球场中的铺设方式

鱼脊式的排水方式是主排水管位于中间，支排水管位于主管两侧，并从两侧分别向主管倾斜，使渗入到支管的水流入主管中排走。主管位于整个排水区的最低位置。这种排水方式常用于果岭和沙坑的地下排水，以及球道内低洼地的渗排水。

沟槽式渗水主要用于球道和高草区的零散的低洼地排水。这些零散的低洼地在设计阶段或施工初期由于考虑到施工难度和经费预算，或因疏忽而未能通过埋设地下排水管与排水系统连通来排除地表的积水。此时，简便易行的办法就是采用沟槽式渗水来清除地表积水，常用的有渗水井、渗水沟等，其构造如图 3-6 所示。

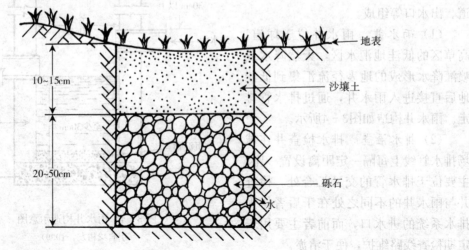

图 3-6 渗水井、渗水沟剖面图

渗水井又称为旱井，其建造方法为：在草坪内面积较小且地表排水不畅的低洼地挖掘深坑，最好挖到沙层，然后在坑底铺设 20～50 cm 厚的砾石（粒径为 5～20 mm），上层填充中、粗沙，表层覆盖一层 10～15 cm 厚的沙壤土。汇集在低洼地的水可以通过上层的沙壤土和下层的碎石，快速渗入渗水井底部，然后通过底层土壤中的水分移动而排走。渗水井的挖深根据现场的土壤剖面结构确定，其大小取决于低洼地的汇水面积与要求的排水速度。草坪草可以直接建植在上层的沙壤土上。

渗水沟是在渗水不畅的低洼地挖宽 5～15 cm、深 15～75 cm 的盲沟，用粒径为 5～20 mm的砾石填充，最上面覆上一层 10～15 cm 厚的沙壤土，最终形成一条可以排除地表积水的沙砾填充沟。但这种排水方法不能替代地下排水管道，其所排的水量是有限的。有时，渗水沟会与渗水井或排水管道相连，以增强其排水能力。

第四章 果 岭

第一节 概 述

果岭（green or putting green）是高尔夫球场中每个球洞周围的一片管理精细的草坪区域，是球手推杆击球入洞的地方。果岭是高尔夫球场最重要和养护最细致的地方。果岭质量的好坏常常决定了高尔夫球场的等级。同时，在打球过程中，果岭是球手接触最多、停留时间最长的区域，球手判定球场的好坏往往也是对其果岭的评价。在果岭上只允许使用推杆击球。在一个 18 洞球场上，按标准杆计算，平均每个洞有两杆是分配在果岭上进行的推杆，而且，每个洞的倒数第三杆应是击球上果岭的。换言之，果岭的面积虽然仅占整个球场面积的 1.6%，但是每场球中有 75% 的杆数与果岭有着直接的关系。所以，果岭的设计、建造和养护对于整个高尔夫球场是极为重要的。好的果岭应既能体现公平竞争，又富有挑战性，并且易于较经济地养护。

一、果岭的相关区域和基本造型

果岭区位于球道的终端，由推球面、果岭环、果岭裙、沙坑等组成（图 4-1）。推球面从地形上看略高于周围的球道，以利于地表排水和突出果岭位置，为球手在远距离提供击打的目标。推球面的外缘是一圈果岭环（collar），其宽度为 0.9~1.5 m。此区草坪修剪高度高于推球面低于球道，它可以突出果岭的轮廓。在这里也可以用推杆击球。果岭环的外面是果岭裙（apron），也称落球区，是果岭与球道衔接的坡地部分。果岭的两侧和背后，果岭环外的草坪区，其养护与初级高草区相似，称为果岭周边（putting green surround）。果岭周围也可设置沙坑。沙坑的作用是救球或障碍，其外围一般为边丘，是球道的外缘。果岭的周围与沙坑、高草连接地带要有足够的宽度和面积，并流畅地连接过渡，这也便于剪草机能转向或调头。

果岭的形状、大小和造型没有严格的规定，18 个洞会有 18 个面积不等、形状不一、造型各异的果岭。总之，果岭在设计上，应面积适当、轮廓变化多样、造型丰富多彩，与周边的沙坑、高草相映相衬。

二、果岭的种类

1. 球洞上的果岭 球洞上的果岭是标准的 18 洞球场上的果岭，供球手打球、比赛用。除了使用较多的单果岭外，一些球场还有特殊的果岭，如双果岭体系（two-green system）、备用果岭（alternate putting green）和双洞果岭（double greens）。

双果岭体系的球场中，每个球洞上设置两个长期使用的分离的果岭，每个果岭有各自的落球区、沙坑和周边区域。双果岭体系常应用于暖湿气候带的某些地区。两个果岭分别种植

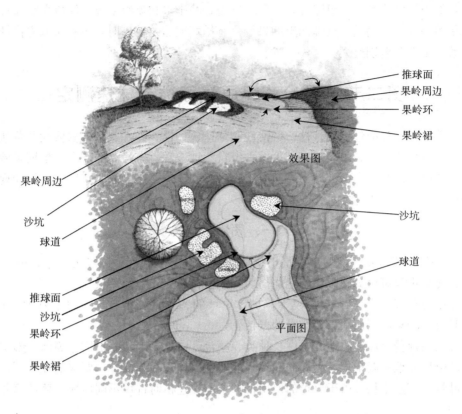

图 4 - 1　果岭相关区域示意图
（引自 James B Beard，2002）

不同的草种，它可在不影响打球的同时保证养护的顺利进行。这种双果岭体系对使用强度高的球场是非常重要的。备用果岭是球道上位于常规果岭前面或侧面的面积较小的临时性果岭，当冬季打球很少时可替代常规果岭，这样可在土壤冻融时保护常规果岭免受践踏和土壤紧实的危害。备用果岭最初应用于美国冷湿地区的南部，包括过渡地带。那里冬季气候温和，可全年不间断打球。双洞果岭是一种面积很大的果岭，每个双洞果岭上有两个球洞和旗杆。苏格兰著名的圣·安德鲁斯高尔夫老球场就是双洞果岭，面积达 3 906 m²，推杆距离可达 46 m 以上。在这些果岭上，两个洞杯的距离相对较远，分别位于果岭的两端，其中一端的球洞作为球场的前 9 洞，另一端的球洞作为后 9 洞。由于建造和养护比较困难，同时打球时对球手有很大的危险性，双洞果岭现在很少使用。

2. 推杆果岭　推杆果岭（putting green）设在球场会馆附近，供下场前热身推杆，以了解果岭球速、修剪纹路，寻找推杆感觉。

3. 练习果岭　练习果岭（practice green）是除果岭外，围绕着果岭建造缩小的球道、高草区、落球区和沙坑，让球手和初学者练习短杆上果岭。

4. 习洞果岭　习洞果岭（practice hole green）是完整的一个球洞，从发球台到果岭，与球场上的球洞相似，供初学者下场前实地练习，亲身感受球场打球的真实性。其果岭造型、建造、草种和养护等与球洞果岭一样。

5. 果岭备草区　果岭备草区（nursery green）即选择球场外的一空闲地，面积 400～500 m²，不用特别造型，平坦即可，只要求有较好的排水和喷灌系统，修剪高度和日常养护与球洞果岭一样。作用是一旦球洞上的果岭草有损坏或需要草皮时，可整块取之换补，与原有的一致，不至于差别过大。

第二节　果岭草坪质量标准及球速测定

果岭草坪质量标准包括均一性、平滑性和球速、韧性、弹性、耐低修剪性及草丛形成的难易。果岭草坪要保证高尔夫球在其表面平滑自然地滚动。有经验的球手可根据果岭草的颜色、长势和脚感来决定自己推球力度的大小。果岭的球速测定需采用特殊的工具和规范的方法来完成。

一、质量标准

1. 均一性　果岭草坪的均一性是指草坪坪面高度一致、草种纯净无杂草、密集无裸露地、健康无病虫害斑块、施肥均匀无烧伤块、无剪伤草迹、色泽一致。

由于果岭草多在 3～6 mm 高度下修剪，草坪的各种缺陷很容易一目了然地显现出来。均一性是对果岭整体坪面和草坪质量的概括。

草坪均一性受草坪的质地、密度、种类、颜色、修剪高度、养护措施等因素影响较大。

果岭草坪质地一般指草坪表面的细致程度，主要体现在茎叶上，要求茎叶密集，茎匍匐性强，叶细窄直立生长。由于草坪的使用目的不同，建植时选用不同质地的草坪草种是关键指标之一。

修剪高度影响草坪草的直立生长。长期的低修剪会迫使草坪横向生长，易形成高密度和生长一致的草坪。

养护措施如施肥、病虫害防治能影响草坪的颜色、斑块。施肥不均会造成草坪颜色深浅不一；染病的草坪与健康的草坪视觉上颜色不一致；虫害除损害草本身使其变色死亡外，也使果岭形成裸露地和疏松凸起的表层。

评价果岭草坪的均一性，一般采用视觉来判断。

2. 平滑性和球速　高尔夫球被推杆击打后的结果是在果岭上滚动一段距离，它可用球速或果岭速度表示。果岭速度或滚动距离主要取决于果岭平滑程度。对平滑性影响较大的因素有修剪高度、修剪频率、紧实程度和肥力水平。养护水平越高，果岭越光滑、平顺，球速越快。

3. 韧性　韧性对果岭承受球手的践踏和球的冲击很重要。每天数百人在果岭上走动，数百个球冲击上果岭，造成果岭表面凹陷和草坪受损。穿插在土壤中的匍匐茎、根状茎、根系与表层土壤、草坪的枯草层一起形成了一个混合层，它是草坪的耐践踏和缓冲球的冲击所需的垫层。果岭的韧性能有效地减轻对草坪的损坏。

4. 弹性　适宜的枯草层和低矮的草坪的地面部分使草坪具有了相应的弹性，这使打向果岭的球具有相应的反弹力。球的反弹力与果岭修剪高度、枯草层厚度、土壤坚实度有关。果岭修剪得越低，枯草层越少，土壤越紧实，球的反弹力就越强，球手对球的方向变性就越难把握。然而，果岭土壤过软，球对果岭的打击点易形成凹陷，人在果岭上走动易留下脚印，使果岭的平滑性降低，球手对球在果岭上滚动的方向和控制力无法把握。一定的弹性能使球手对打向果岭的反弹球有相应的控制力。所以，果岭不能过硬或过软。

5. 耐低剪性 果岭草坪一般修剪高度为 3～6 mm，有时甚至低于 3 mm，每天修剪 1 次或 2 次，以求达到使球快速、准确滚动的效果。尤其是大型的国际比赛，要求相对较快的球速，这就要求果岭草坪能耐低修剪，草坪草种表现为：叶片细窄直立生长，节间短小，匍匐性强（或分蘖性强），恢复快，修剪后的果岭依然能保持绿茸茸一片。

低而频繁的修剪能使草茎密集和叶片直立，使果岭草坪质感提高，球手能快速地确定球路和球速。

6. 不易形成草丛 由于果岭对草坪平滑性要求较高，草坪不能有草丛块，因此要求果岭草坪草匍匐性强，根状茎扩展势强，茎节短小，易形成平展的草面层。

二、球速测定

随着高尔夫运动的发展，果岭球速作为果岭区域运动性能重要的评价指标越来越被人们所重视。果岭球速主要是指高尔夫球在果岭表面被推杆击打后在果岭上滚动的距离。果岭球速的概念很早就提出来了，但是直到 1977 年果岭测速计正式被美国高尔夫球协会（USGA）推出，才有正式果岭球速的概念。果岭测速计发明的初衷是为了提高均一程度，其有两个方面的含义：①在一个球场中各个果岭应保持均一的球速；②同一果岭的各个区域应保持均一的球速。

可用果岭测速仪（stimpmeter）测定果岭球速（图 4-2）。果岭测速仪是一个长 0.9 m、压成 V 形槽状的铝板条，它有一个精确磨制的释放球的凹槽，长 76 cm，延伸到测速仪放在地表的一端，该端的背面底部被磨平，以减少滚下球的反弹。V 形槽的内角 145°，相距 1.3 cm 的两点支撑球。球沿槽滚下时会产生轻微的回旋，但这是恒定的，对以后的测定无不利影响。释放球的凹槽的设计使得当测速仪的一端从地面抬高上升到与水平方向成 20°时，球即开始滚下，这就保证球到达底端的速度总是相同的。果岭测速仪不用时应放在塑料管或箱中。对释放槽或凹槽哪怕是轻微的损伤，也会降低测量的准确性。

图 4-2 果岭球速的测定

（引自 James B Beard，2002）

测定果岭球速所用的器材包括 1 个果岭测速仪、3 个高尔夫球、3 个球座或小计分钉、1 张记录纸和 3.7～4.6 m 的测量尺。可参照如下步骤进行测定：

① 果岭上选择一个 3 m×3 m、较平坦的地方（检查场地水平与否的简单方法是把测速仪放在果岭上，把球放在 V 形槽中，如果球不滚动则说明该处是水平的）。

② 将一个球座插入选定区域的边缘，作为一个出发点。把测速仪的底端放在球座旁，并将它对准球要滚动的方向。将球放在测速仪上端的 V 形槽中，测速仪的底端固定不动，慢慢地抬起测速仪上端，直到球开始往下、朝前滚动，当停止时，在该点插上球座做标记。

③ 拿尺量其长度，记录数据。

④ 如此连续重复 3 次，得 3 个数据，取其距离的平均值为 A。3 次球的滚动距离相差不能超过 20 cm，即数值较准确；如超出，则重新做。

⑤ 在②相反的方向重复②③④做法，得另一组平均值为 B。

⑥ A 和 B 的平均值即为该果岭的球速。A 和 B 的值差距大于 45 cm 时，则测定的果岭球速准确性不可靠，应选择另一地方重做。

⑦ 测定中选择平坦的果岭表面非常重要，但当在果岭上很难找到平坦的地方或要测定有一定坡度的果岭的球速时可采用如下方法：选择坡度均一的斜面，不能有凹凸；用果岭测速仪分别沿下坡和上坡两个方向各滚动高尔夫球 3 次，测量记录滚动的长度。用下列公式计算：

$$G_s = 2 \ (S_u \times S_d) \ / \ (S_u + S_d)$$

式中　G_s——斜坡校正的果岭球速；

　　　S_u——上坡向的球滚动距离；

　　　S_d——下坡向的球滚动距离。

⑧ 记录测定的结果和计算。同时记录测定的时间、风向风速、天气和果岭的状况。

果岭球速测定时的外部条件非常重要。应在适宜的条件下进行球速测定，如天气温和、果岭草坪修剪整洁、表面干燥平滑等，此时测定的球速为果岭的基本速度。有了这个基本球速，异常条件时的球速便有了比较和推测的标准。异常条件通常包括有风的天气、较湿的果岭、刚刚覆沙、一天中的不同时间、施肥前后、植物生长调节剂使用前后等。数据的积累有助于更好地理解高尔夫球场中不同的管理措施对果岭球速的影响。

果岭测速仪可被球场总监用来监测球场整个生长季中的果岭球速。它还可用来评价各种管理措施对球速的影响，并决定这些措施的使用强度，力求果岭球速达到球手的理想要求。球手对果岭球速的喜好可能在一年中有所变化。大型比赛较常规比赛更推崇速度快的果岭（表 4 - 1）。

表 4 - 1 提供了评估果岭球速的基本等级标准。但这并不意味着将高尔夫球场的果岭球速标准化。每个球场果岭的坡度大小、当地的条件、球场管理预算及期望的打球水平不尽相同，应依据各自的具体条件确定果岭球速。对于现代高尔夫球场而言，一般常规打球球场的果岭球速为 244～274 cm，而果岭球速为 198～259 cm 的球场比较适合水平较低者或初学者。大型比赛中所用球场的果岭球速一般为 274～350 cm。

球速过快的果岭会降低打球的准确性，同时一些草种会由于过低的修剪而生长变弱，造成苔藓、藻类及杂草的入侵生长。从球场的运营来看，果岭球速过快会增加球手在果岭上的推杆时间，从而影响球场整体打球速度。由于气候、土壤和其他条件的影响，很少有球场具备较长期维持大型比赛所要求的果岭质量的能力，3～4 周高强度的养护管理会导致对草坪的严重损害。

表 4－1 果岭测速仪测定的果岭球速参考

(引自 James B Beard，2002)

果岭球速相对等级	平均球滚动距离[①]			
	一般比赛		大型比赛	
	英尺（ft）[②]	厘米（cm）	英尺（ft）	厘米（cm）
快	>9.0	>274	>10	>305
中	7.5～9.0	229～274	8.5～10	259～305
慢	<7.5	<229	<8.5	<259

注：① 在一些用杂交狗牙根草建植的果岭上，球的滚动距离应减小 15 cm。

② 英尺（ft）为非国家法定计量单位，1 英尺（ft）＝0.304 8 m。

第三节 果岭草坪坪床结构与建造

果岭的选位主要服从于球道的整体布局。基本原则是：果岭周围必须有足够的落球空间；必须能顺畅自然地与下一个球道的发球台相邻；果岭周围最好有优美的环境；果岭周围最好有良好的视线通透区，使观众能从较远处（如会馆）欣赏球手的表现。此外，一般球场还在出发站附近、会馆周围等合适的空地上增建练习果岭，既可方便球手练球，又可增强球场气氛。果岭在高尔夫球场中突出的重要性，使其在建造方面要求很高。以其单位面积计算，所投入的资金、人力和时间是最多的，建造的效果也是最精致、最能代表设计者对球场的美学思想的。

一、坪床结构

由于各地气候和土壤条件的差异，至今国际上还没有一个统一的果岭建造方法。目前世界上通用的果岭建造方法为美国高尔夫球协会（USGA）推荐的果岭标准建造法。该果岭建造方法首次发布于 1960 年，后来在 1973 年、1982 年、1993 年和 2004 年进行了进一步调整。这种方法以大量的实验研究为基础，得到了广泛应用。用 USGA 标准建造的果岭主要有以下优点：①抗紧实；②利于根层的水分渗入和水分过多时快速排水，避免表层积水；③减少表层径流而增加有效降水；④根际层具有良好的通气性，可为根系的健康生长提供充足的养分。

USGA 推荐标准要求果岭根际层含有较多的沙子，并对沙的粒径有特殊的要求。

1. USGA 推荐果岭根际层沙的粒径要求 表 4－2 列出了 USGA 推荐的果岭根际层混合物的粒径分布要求。USGA 将沙粒部分分为 5 级，分别为很粗的沙（粒径1.0～2.0 mm）、粗沙（粒径 0.5～1.0 mm）、中沙（粒径 0.25～0.5 mm）、细沙（粒径0.15～0.25 mm）、很细的沙（粒径 0.05～0.15 mm）。从表 4－2 可以看出，USGA 推荐标准认为果岭根际层应以粗沙和中沙为主，即粒径为 0.25～1 mm 的颗粒最少要达到总量的 60％以上；很粗的沙与小砾石（粒径 1.0～3.4 mm）的含量之和不能超过总量的 10％，且小砾石量最大不超过 3％；细沙量不超过 20％；粒径小于 0.15 mm 的很细的沙、粉粒、黏粒分别不能超过总量的 5％，而且三者总和不能超过 10％。这样的粒径分布能够保证整个根际层颗粒分布的均匀性较高。

表4-2 USGA推荐的果岭根际层混合物的粒径分布要求

(引自崔建宇，边秀举，2002)

名称	粒径（mm）	推荐量（以质量计）	
小砾石 很粗的沙	2.0～3.4 1.0～2.0	不能超过总量的10%，其中小砾石的最大量不能超过3%，最好没有	
粗沙 中沙	0.5～1.0 0.25～0.5	至少要达到总量的60%以上	
细沙	0.15～0.25	不能超过总量的20%	
很细的沙	0.05～0.15	不能超过总量的5%	三者之和不能超过总量的10%
粉粒	0.002～0.05	不能超过总量的5%	
黏粒	<0.002	不能超过总量的5%	

为什么USGA推荐标准果岭对根际层颗粒分布的均匀性要求如此之高呢？由图4-3可以看出，均匀性高的粒径分布在颗粒之间存在较多的大孔隙，有利于通气与快速排水。相反，均匀性低的粒径分布则意味着从大颗粒到小颗粒都存在，小颗粒会将大颗粒之间的孔隙堵住，从而使得通气性、排水性大大降低，这样的土壤结构在日后的养护管理中存在着很大隐患。一方面，土壤容易紧实，草坪草根系生长易缺氧，严重时根系难以下扎；另一方面，在大量灌水或雨季到来时会造成排水不畅，在果岭表面形成积水，严重时会影响打球。这些土壤结构方面的问题在球场建好后是很难再改变

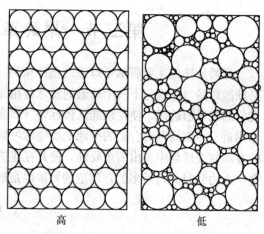

高　　　　　低

图4-3 粒径分布的均匀性示意图

(引自崔建宇，边秀举，2002)

的。因此，选择均匀性高的材料建造果岭是非常重要的一个环节。

2. USGA推荐果岭根际层的物理特性　除了粒径分布以外，USGA还重视果岭草坪根际层的土壤物理特性。如表4-3所示，整个根际层的总孔隙度、通气孔隙度、毛管孔隙度分别要达到35%～55%、20%～30%和15%～25%。饱和导水率（渗透率）一般要达到15～30 cm/h，在雨水特别多或雨季比较集中的地区，最好能达到30～60 cm/h，以保证多余的水分能迅速排入排水管，使果岭表面不出现积水。此外，容重以1.2～1.6 g/cm³为宜，1.4 g/cm³最为理想；持水力范围在12%～16%；有机质含量在1%～5%即可，以2%～4%为最佳；酸碱性以中性、微酸性最佳，pH范围在5.5～7.0。

表4-3 USGA推荐的果岭根际层的物理特性指标

(引自崔建宇，边秀举，2002)

物理特性	推荐范围
总孔隙度	35%～55%
通气孔隙度	20%～30%

（续）

物理特性	推荐范围
毛管孔隙度	15％～25％
饱和导水率（渗透率）	正常范围：15～30 cm/h 高速范围：30～60 cm/h
容重	1.2～1.6 g/cm³（理想值为 1.4 g/cm³）
持水力	12％～16％
有机质含量	1％～5％（理想值范围 2％～4％）
pH	5.5～7.0

按照 USGA 推荐标准的要求，根际层一般由沙和有机物质混合而成。考虑到沙子的通透性好、渗透力强，不易造成紧实，但其持水、保肥能力差，因此一般都需要加入有机物质来进行改良。最常用的有机物质是草炭，草炭的有机质含量最好在 80％以上，纤维含量以50％～80％为宜。实验室通常需根据测试结果为球场建造者推荐适宜的沙与草炭的比例。在欧洲，二者的比例通常多为 8∶2 或 7∶3，此比例在中国是否适用，仍需更多的研究与实践去证实。因为在某一地区适宜的比例，当在其他地区应用时，因气候条件等不同，其比例应随之改变，而且草炭本身的特性也不一样。

3. USGA 推荐果岭的构造　　图 4-4 为 USGA 推荐的果岭构造示意图。由左侧经典的 USGA 果岭构造图可以看出，果岭构造在地基以上依次是砾石层、过渡层（也称粗沙层）、根际混合层。砾石层的厚度为 10 cm，粗沙层为 5～10 cm，根际混合层为 30 cm，整个果岭的深度为 45～50 cm。

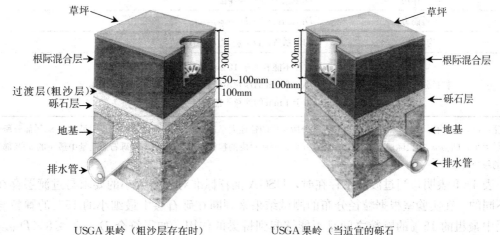

USGA 果岭（粗沙层存在时）　　　　USGA 果岭（当适宜的砾石被使用时，粗沙层可省略）

图 4-4　USGA 推荐的果岭构造示意图

（引自 James B Beard，2002）

根际混合层下面的过渡层的作用是防止根际混合层的沙子渗流到砾石层，阻塞排水管排水。此外，过渡层使水分从根际混合层到砾石层中有一个缓解过程，故可起到稳定果岭结构的作用。砾石层一般应使用经水冲洗过的砾石，目的是为了减少石粉、脏物对石子孔隙的堵塞，以便将来根际区多余的水能迅速排入排水管道。

早期的 USGA 标准方法对砾石层与过渡层的粒径要求见表 4-4。当有过渡层存在时，其粒径应以 1~4 mm 的颗粒为主，含量至少要达到总量的 90% 以上。这时，砾石层砾石的大小要求以 6~9 mm 的颗粒含量最少达到 65% 以上，大于 12 mm 和小于 2 mm 的颗粒含量分别不能超过总量的 10%。对于过渡层的铺设，USGA 标准方法认为最好是人工铺设，因为大型机械很难保证整个过渡层均匀一致。在球场建造过程中，粗沙层的铺设是一项十分艰巨的工作。然而，该层是否必须要设置，经过广泛研究证实，其必要性取决于上面根际层与下面砾石层的粒径大小匹配情况。当选用的砾石层粒径符合表 4-5 中参数时，其过渡层可以省略（图 4-4 右侧示意图）。否则，盲目省略过渡层将会带来严重的后果乃至果岭建植失败。因此，实验室测定在此种情况下必不可少。

表 4-4　过渡层（粗沙层）存在时对砾石层与粗沙层的粒径要求

（引自崔建宇，边秀举，2002）

材　　料	要　　求
砾石层	粒径大于 12 mm 的沙粒不能超过总量（以质量计）的 10% 粒径分布在 6~9 mm 的沙粒至少要达到总量的 65% 以上 粒径小于 2 mm 的沙粒不能超过总量的 10%
过渡层	粒径在 1~4 mm 的沙粒要达到总量的 90% 以上

表 4-5　粗沙层不存在时砾石大小的推荐标准

（引自 USGA，2004）

考虑因素	推　荐　标　准
桥梁作用	$D_{15(砾石)} \leqslant 8 \times D_{85(根际)}$
渗透能力	$D_{15(砾石)} \geqslant 5 \times D_{15(根际)}$
均匀性	均匀系数：$D_{90(砾石)} / D_{15(砾石)} \leqslant 3.0$
粒径分布要求	粒径不能有大于 12 mm 的沙粒 小于 2 mm 的沙粒不能超过总量（以质量计）的 10% 小于 1 mm 的沙粒不能超过 5%

注：$D_{15(砾石)}$ 指砾石总质量中最小的 15% 部分所对应的粒径大小；$D_{85(根际)}$ 指根际层总质量中最小的 85% 部分所对应的粒径大小；$D_{15(根际)}$ 指根际层总质量中最小的 15% 部分所对应的粒径大小；$D_{90(砾石)}$ 指砾石总质量中最小的 90% 部分所对应的粒径大小。

表 4-5 表明，当过渡层不存在时，USGA 推荐标准对砾石大小的要求与过渡层存在时是不同的。在实验室根据粒径分布的测试结果来判断在砾石层中最细小的 15% 的颗粒与根际层中最粗的 15% 的颗粒之间是否能够起到桥梁的作用，如果符合 $D_{15(砾石)} \leqslant 8 \times D_{85(根际)}$，说明根际层的颗粒与砾石之间相容性高，这时可以将过渡层省去。否则，当二者之间的相容性较差时，如贪图省事而决定将过渡层省去，在以后会造成根际层的沙粒阻塞砾石之间的大孔隙，引起排水不畅，最后影响草坪的健康生长和比赛的正常进行。因此，过渡层是否需要铺设首先取决于根际层与砾石层所选择的材料之间是否具有桥梁作用。此外，对砾石的渗透能力与均匀性也有严格的要求。为了保证在根际层与砾石层之间的渗透能力一致，应当满足 $D_{15(砾石)} \geqslant 5 \times D_{15(根际)}$，而且整个砾石层的颗粒大小应均匀，均匀系数要求小于或等于 3.0。总之，是否需要铺设过渡层不是随意决定的，而要有科学依据。

二、果岭建造

果岭建造是高尔夫球场建造中最昂贵、最费时的部分。它一般包括一个大的地下排水系统、特殊根层的改良和精细的地表造型等。不合理地削减建造费用会导致果岭使用中长期养护投入费用的提高，同时很难维持高质量的果岭。果岭建造的主要步骤见图 4-5。

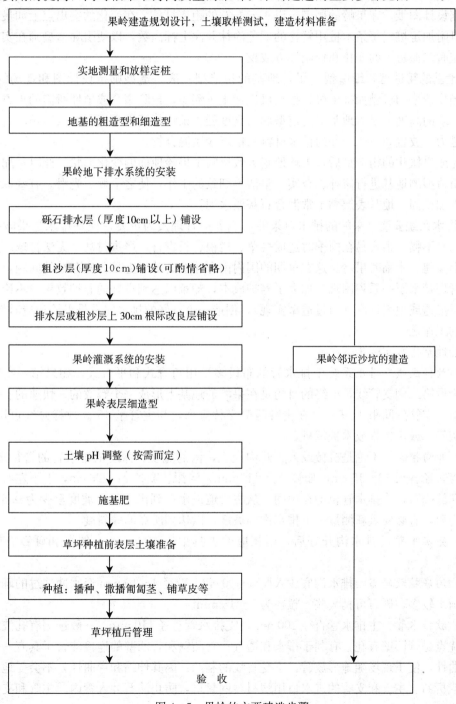

图 4-5 果岭的主要建造步骤

1. 测量和放样定桩　果岭的测量和放样定桩是从已确定的果岭中心线开始，用永久水准点控制标高，放出整个果岭的平面轮廓。在球场开建时即在球场内定下了一个永久水准点，在以后测量果岭、发球台、球道、沙坑和湖的高度时，都用永久水准点作为参照点；在每个洞建造前，都要测定出每个洞的中心线，即从发球台中心开始沿着球道在其弯曲或转折点，最后到果岭中心，连成的一条中心线，作为每个洞测定放样时的副参照点。

根据设计图纸，在果岭的周围，以 4 m 左右的距离打桩，在变化的突出点上如最高点和最低点可附加定桩。每条木桩用鲜艳的颜色涂抹并注上标高数，以便引导造型师在实际操作造型机械时掌握每点的变化和控制填方或挖方。

2. 地基的粗造型和细造型　果岭地基的粗造型一般是造型师按设计图和现场的定桩，指挥和操作造型的机械如推土机、挖土机、运土车辆等，挖除多余或填埋所需的土方，以达到设计要求的高度。果岭地基最终定型后的高度低于果岭最后造型面 30～45 cm，内凹下去的地基是为了放置 30～45 cm 的排水材料和根层沙质混合物。

在完成机械化的粗造型后，果岭地基大致反映了果岭地面的变化形状。此时，配以人工对整个粗造型的地基进行修补、夯实、整洁等细致的工作，使之平顺、光滑。有些球场为了使地基更加稳固，地基表层黏土常混合石灰或水泥。

3. 排水系统安装　果岭的排水对果岭后期养护管理极为重要，地基排水是果岭排水的基础。排水不畅，很容易在雨季时造成烂草、烂根、长青苔，严重时甚至无法打球。这时需在球道上修建一个临时果岭。这在早期的国内南方建造的球场上是普遍存在的问题，给后期的养护管理带来了一系列困难，加大了养护成本，却难以达到良好的养护效果。不论地基排水、根层渗透或地表排水（通过造型实现），创造一个良好的排水体系是果岭建造时最重要、最基础的工作之一。

果岭地基排水实施步骤：

（1）**放样画线**　排水系统中排水管的布设多采用鱼脊式和平行式，如果第一支管线过长，可增设第二侧支管线，最终的目的是在果岭的地基下形成一个有效的、快速的、完善的排水网络。支管的间距 4～6 m，在主管两侧交替排列，与主管呈 45°。放样画线可用喷漆、沙、石灰等，或用竹签或木桩定桩。

（2）**开沟挖土**　不论是机械或人工开沟挖土，沟的宽度、深度依排水管的管径来决定，比排水管管径各长 10～15 cm，如管径是 110 mm，沟深、宽各 21～26 cm，上下左右留有足够的空间放砾石，将排水管包围在中间。从主管道进水口到出水口，坡度至少为 0.5%。在完成开沟后，有必要重新测量一下排水沟的坡度，以达到所需的倾斜度。

（3）**夯实平整**　排水沟开好后，用相应的工具拍实沟的三面，使泥和砾石有较好的分隔。

（4）**沟底铺放砾石**　排水沟底放入厚 5～10 cm、粒径 4～10 mm 经水冲洗过的砾石。南方地区雨水较多，砾石可稍大些，粒径为 5～15 mm。

（5）**放排水管**　主排水管直径 200 mm，支排水管直径 110 mm。一般选用有孔波纹塑料管，其优点是管凹壁有孔，有利于排水和透气；管凸壁和管凹壁的连接使管子具有一定的伸缩和弯曲性，便于现场随地形放管，不受直线的制约；因其伸缩和弯曲性，不会受地陷影响而裂管或折断。主管和支管的进水口用塑料纱网封口，防止沙石冲入管内。主管和支管的连接处用三通接头。

无论是机械或人工挖排水沟，管沟开挖都耗费时间，成本比较高，而且管沟由于施工等原因容易塌陷。近年来，越来越多的球场在建造果岭时不挖排水沟，直接在果岭地基上铺设平板排水管（图 4-6）。与传统圆形排水管相比，平板排水管排水量增加 60%，它独特的设计可以快速排水，而且可以省去挖排水沟、排水沟放排水管以及管沟回填等工作，同时铺设方便，省时省力。

图 4-6 铺设平板排水管
（引自 Michael J Hurdzan，2004）

（6）铺放砾石盖满排水管 排水管放在沟的中间，在管的左右和上面都填放经水冲洗过的粒径 4～10 mm 的砾石，砾石面比地基面略高，呈龟背形。

（7）放防沙网 在排水管砾石上面铺盖一层防沙网，以铁线钉将防沙网固定，防止根层的河沙渗漏到砾石的间隙，造成排水管堵塞，降低透气和排水。防沙网多用塑料纱网或尼龙网，便宜且实用。

4. 砾石层铺设 在排水层的基础上，铺上一层厚约 10 cm 经水冲洗过的粒径 4～10 mm 的砾石，将整个果岭地基铺满。使用水冲洗过的砾石是为了减少石粉、脏物对石子间隙的堵塞，以便将来根际区多余的水迅速地排入排水管道内。砾石规格见表 4-4，最佳样品为粒径 5～7 mm。砾石层铺设厚度最小为 10 cm，要求其形状与最后造型面相一致，允许的误差范围为 ±2.5 cm。

在铺设砾石层前，将事先准备的一些竹桩或木桩，画上砾石层、粗沙层的厚度线，以确保地基内这些材料铺放时均匀，并符合要求的厚度。竹桩或木桩的间距为 2 m 左右，标桩密度越大，铺放石、沙越均一。

5. 粗沙层铺设 在砾石层之上铺设一层厚度为 5 cm、粒径为 1～4 mm 的粗沙层。它能防止根际层的沙子渗流到砾石层而阻塞排水管排水。沙的流失会造成果岭表面变形，破坏原来的造型。粗沙层使水从根际区渗到砾石中有一个缓解过程，起到稳定果岭结构的效果，并对根际区的沙有阻挡作用。

粗沙层一般采用人工铺设。在一定条件下（表 4-5），可省略粗沙层。

6. 根际层建造 大部分高尔夫球场的土壤以黏土、粉沙土、石块和类似的不适合果岭草坪质量要求的土壤为主，因而果岭草坪根际层必须用专门准备的混合土来建造。USGA 标准的果岭根际层是以沙为主的沙和有机质的混合土壤。这样的根层不易紧实，有相对较高的水分渗透和渗漏率；另外，沙质根层有较好的透气性，利于形成较深的根系。但是，应该认识到，沙质根层有不利之处，如阳离子交换的能力差、持水能力差等。

（1）根际层的改良

① 根际层混合材料的选择。选择根际层最适的混合材料至关重要，它影响到果岭的长期性能，如表面质量、方便的草坪管理和低的养护投入等。不少球场在建造过程中忽略了土壤材料的选择，结果在使用一定时期后不得不重新以更高的投入建造果岭。

如果在根层混合物中使用土壤为主要原料，混合物中的沙粒含量最少要求达到总量的 60%，黏粒含量要控制在 5%～20%。最终沙、土、草炭混合物的配比应当符合上述要求，此外还应符合其他的物理特性指标。

仅凭干燥混合物的外表面的质感来判断它是否适用于根层是不妥当的。正确的方法是：土壤物理特性的测试；对涉及的各种土壤材料化学性质的测定；对具体的土沙有机混合物进行长期的实地综合实验观察。

在准备一个优质的根层混合土时，土、沙和有机物的用量（体积比）因上述各组分的理化性质不同而变动很大，不能以简单的测试就对这些标准做出评价。最好的方法是将各组分交给一个土壤测定实验室，得到各组分的数量指标才可作为估计最佳土、沙和有机质组合的标准，这样才能形成一个有良好的渗透率、渗漏率和通气性的根际层。

② 根际层土壤的实验室分析。选择根际层混合物时，首先要详细了解所要使用的各组分的理化性质，以及这些组分不同配方的性能。精选有代表性的土、沙和有机质样品，交给专业认证的土壤测试实验室进行测试。

实验室首先测定渗透率或饱和导水率、孔隙分布或粒径分布、持水力、团聚性、容重和矿物质组成。接着准备和选择一系列不同的土、沙和有机质组合，依据前面各组分的物理性质分析，决定入选配方。合成的供试混合物应压实后测定其水分传导性和孔隙分布特征，找出理想的搭配比例。可行的土、沙和有机质的配方只能对特定的土壤材料使用。

在对土壤材料进行物理性状测试评价的同时，还要求进行化学特性的评价。化学性质包括 pH、必需元素的含量、总的可溶性盐量。如果发现有潜在的问题，可特别要求测定微量元素的含量水平。

实验室分析结束后，测试方应向球场提供测试分析报告。报告中最好包括有高尔夫球场果岭根际层土壤改良经验的资深的土壤科学家关于分析测试的说明。

大多数农业院校和科研单位可以做上述测试，但要提供合理化的建议还需有经验的专家参与。根际层混合物的选择不求助专业的土壤测试实验室，想当然地冒险做出决定，很可能会造成果岭紧实和排水困难等问题，其结果终归是重建。

③ 实验室土壤分析取样。实验室分析要求沙最少有 8 m³，土壤、有机质以及用于排水的砾石最少有 4 m³。如果沙、土和有机物质各有几种可供选择，则提供的每个样品应依据价格和可选性标明一个优选项。实验室在推荐可行的根际层组合时将尽量使用优选材料。

为取得包含所有组分的代表性的样品，取样时必须十分仔细。如果材料是堆放的，应从侧面和顶部取几个样，边缘或斜面上的材料可能不具代表性。即使延期几个月，也要确定卖方是否能提供足够的与呈送样品相同的、均一的材料。采用河沙和浅滩的沙子最好过筛处理。

土样有专门的要求。只有土表 0～15 cm 的土壤才可利用。取土的地点应标明，并取 3 个或更多的样品混合。选择的土壤应是沙、细沙、沙壤土或壤土。

所有的样品都应严格分离。用结实的塑料袋封装并放于硬盒或金属罐中，避免用纸袋装湿土或湿沙。当样品送到实验室时，若发生容器破裂，样品混合，则实验室必须要求重新送样。

纸标签与湿材料包装在一起会迅速损坏，用塑料标签比较合适。标签上应提供尽量多的信息，如参试材料的使用目的、当地的气候条件和水质情况等。

④ 根际层改良物质。大部分现代果岭的建造都使用了场地外的一种或几种物质来改良

根际层土壤。选择根际层改良物质的标准包括：对土壤质地和相关物理特性的影响，对土壤化学特性的影响，长期效力和稳定性，当地可用性，需用量与供给能力，费用，长期可得性。

土壤成分：根际层混合物土壤组分最好能在高尔夫球场内得到。用于根际层改良的最佳土壤组分是壤沙、沙壤和壤土，避免使用粉粒含量大于 20％或黏粒含量大于 10％的土壤。土壤应打碎成均一的颗粒，并用孔径为 2 mm 的细筛过滤除去石块或其他杂物。

沙子成分：沙子颗粒的大小、形状、硬度、颜色和 pH 差异很大，某些沙适用于根际层的改良，而另外一些沙则适用于制作混凝土。在使用强度较大的果岭的根际层混合物中，沙应占很大的比例。因为它能提高根际层的通气性和水分的传导能力。而且，与其他组分相比，它不易造成土壤紧实。颗粒较圆滑、硬度高、冲洗过并过筛的硅质沙是根际层改良的首选用沙。尽量避免使用高 pH 的钙质沙。沙的粒径应以 0.25～1.0 mm 的中沙和粗沙为主，二者的比例至少为总量的 60％（表 4 - 2）。当有 50％沙的粒径在 0.25～0.5 mm 时，它的持水力较强，其比例为 75％时沙的持水性就非常理想。因为沙的粒径分布变化很大，应用于根际层改良的沙的组成比例应根据实验室的物理分析测试来确定。

有机成分：腐熟良好的有机物施加到根际层混合物中，可改善根际层的养分状况、持水力、弹性和透气性，有利于草坪建植，尤其是在沙比例高的根际层混合物上播种建植草坪时，有机质可增强坪床表面的保湿能力。根际层改良中腐熟良好的泥炭土是最常用的有机物，但其种类繁多，分解程度、pH 和矿物含量不一。完全腐熟分解的、矿质含量极低的泥炭土是应用最为广泛的有机物质。如果选择草炭，其有机质含量（以质量计）最好达到 85％以上。其他的有机物质如稻壳、粉碎的树皮、锯屑、某些有机废弃物产品等都是可以使用的，但是这些材料应是经过高温发酵堆制而成的腐熟产品，并且经土壤物理测试实验室证实是符合要求的。堆肥发酵至少要超过一年。如果使用堆肥作为有机改良剂，根层混合物的物理特性测定结果必须要满足 USGA 所推荐的各项指标。堆肥不仅随其来源而变化，而且不同批次间也存在差异。因此，在选择堆肥材料时要特别慎重。未经证实的堆肥材料必须经过剪股颖或百慕大草进行生物鉴定以确保不会对植物生长造成影响。

其他可利用的改良物质有多孔的无机改良物质，如煅烧黏土、煅烧硅藻土和蛭石等，都可以用来代替草炭或与草炭一起在根层混合物中使用，但要求此混合物的粒径大小和物理性质都能满足 USGA 标准的各项指标。这些产品的使用者应当注意到各种产品之间的巨大区别，而且对于这些材料的长期试验研究非常缺乏。需要强调的是，USGA 推荐的标准果岭建造方法要求使用的任何改良物质都要与 30 cm 厚的根层材料完全混匀。聚丙烯酰胺和其他强化材料是不被推荐使用的。

（2）根际层建造过程　严格控制质量是根际层改良成功实施的关键。所有的根际层物的混合应在果岭建造的场地外完成。场地外的混合包括将土壤破碎、过筛，以除去任何不能用的石块，并将混合成分以适当比例填加到旋转混合机中，以得到理想的根际层混合物。

符合要求的根际层混合物混合完毕后，运送、堆放到果岭周围。用小型履带式推土机将土壤混合物推到果岭上。应注意，推土机要保持始终在铺设的根际层上前后移动，以尽量减少破坏下面的粗沙层和砾石层。土壤混合物应小心地从果岭周边推向果岭中心，并达到理想的深度。铺设根际层时应以 3～4.5 m 的间距安置标桩，这样有助于建成理想的最终造型。果岭根际层混合土的散布可用人工将完全混合均匀的根层混合物覆盖在果岭区域，同时压实后要保证整个根层厚度一致，允许误差范围为±2.5 cm。

7. 喷灌系统安装

（1）果岭喷灌系统组成　果岭的喷灌系统虽然仅占整个球场的一小部分，但与整个球场的喷灌系统连成一体。果岭区域内的喷灌系统主要由喷头、电磁控制阀、快速补水插座、喷灌管等组成。喷头喷水时才升出草坪，完成喷水后自动降落到草坪中。喷头内设有一个方向元件，可调节喷头的旋转圆周为全圆或半圆。电磁控制阀是控制喷头的开关，电源线将卫星控制站、喷头与电磁阀连接，喷灌时把卫星喷灌指令通过电磁阀输送到喷头上，指挥喷头工作。在卫星站发生故障无法自动喷灌时，可手动开关电磁阀，控制喷头。日常喷灌时，尽量不用手动开关电磁阀，否则电磁阀极易磨损并失去控制性能。

快速补水插座（图 4-7）是果岭喷灌系统必不可少的组件之一。它的作用是因风向、坡度或其他原因，可以对果岭局部地方进行人工补充水分。它有相应的盖子、插头和管子，用完后将插头和管子收好，盖上涂成绿色的盖子。喷灌管多采用 PVC 管或 PE 管，可适当弯曲，其特点是强度高、寿命长，对大部分化学药剂有抗腐蚀的作用，承载容量较大，安装结合件简单。

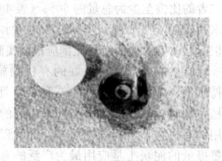

图 4-7　快速补水插座
（引自胡林，边秀举，阳新玲，2002）

（2）安装　对果岭而言，喷灌面要覆盖到整个果岭；喷头尽可能以等边三角形或正方形分布；每只喷头喷水的最远点达到相邻的喷头出水口，即相邻的喷头喷水能相互 100% 重叠，并提供最大的整体覆盖；每个果岭 4～6 个喷头，有些大果岭超过 6 个；每个果岭设 1～2 个电磁阀门；每个电磁阀门控制 1～4 个喷头；喷头最大射程一般控制在 20 m。多选择出水量小、雾化效果好的喷头，使果岭表层能有效地吸收喷灌水。出水量过大、水流快的喷头，大部分水从果岭表面流失，仅湿润果岭表面，深根层并没有得到充分的灌溉，上湿下干，容易培养出浅根草坪，达不到自动喷灌的预期效果。喷灌量小的喷灌系统除能有效灌溉外，在地下病虫害防治、除露水、去霜冻等方面也有很大的帮助。

由于果岭与周边的草坪养护不同，在安装果岭喷灌系统时，应将果岭喷灌与周边的沙坑、果岭裙的喷灌分开。即设计果岭喷头时，安置两种喷头，一种向内负责果岭，一种向外负责果岭周边。这样做能按需供水，在养护上有很大的便利，不至于使不需水的地方被迫接受灌水。例如，果岭边的果岭裙区域打孔施肥后需浇水，只需打开果岭向外的喷头即可满足果岭沙坑、果岭裙对水的要求，而果岭则避免了接受不必要的灌溉。我国 20 世纪 90 年代初建造的球场在果岭喷灌设计安装上多采用单喷头，虽然建造成本较低，但以后的长期养护成本和问题却较为突出。现代球场在喷灌设计、有效控制成本上开始更多地考虑为日后管理打下良好基础，设计、施工和管理达到越来越有机的结合，越来越科学。

快速补水插座一般设计在果岭边两侧，最好是设在果岭后坡下不显眼的地方。

喷灌支管一般填埋在 20 cm 以下，管子用沙覆盖四周；感应线穿在 PVC 小管内加以保护。开沟尽量窄，以减少回填量和使土壤回填时紧实，避免下陷。喷头、电磁控制阀、补水插座的安装深度以其顶部与沙土面相平为宜。各种喷灌管线安装完成后,进行洗管工作,将安装时留在管内的沙、土和其他杂物等冲洗出管道,最后再装喷头试水,调整浇水方向、角度和水压。

8. 果岭表层细造型 造型师在完成根层沙质混合物铺放后,会用两种机械进行最后的表层细造型。最先用的是带推土板的小型履带推土机,如小型 D4 推土机,由于其推土板能多方向操作,多用于球场细部造型。造型师操作造型机,按果岭的地形变化、标高,整形出一个与设计图案接近的果岭表层。最后用耙沙机(前带小推板后带齿耙的一种机械)反复多次耙平果岭。为了使果岭的造型面更为光滑,造型师还会用耙沙机牵引着一种网格状的铁制拖网,连同果岭边外一起拖耙,一直达到理想的光滑曲线面。此时,果岭的造型最终完成,可进入草坪建植阶段。

第四节 果岭草坪建植

一、草种选择

草种选择正确与否是果岭草坪高质持久的重要基础。草坪草的生态适应性是所有草坪草种选择的基本原则和方法,对果岭草坪草的选择也是适用的。如南方球场选择冷季型草坪草,在炎热的夏季存在着越夏难的问题。而过渡带一些球场将 Tif419 杂交狗牙根草用于果岭,即使加大管理力度和投入,也无法达到果岭草坪质量的要求。适于果岭的草种应具有如下特性:① 低矮、匍匐生长习性和直立的叶;② 能耐 3 mm 的低剪;③ 茎密度高;④ 叶质地精细,叶片窄;⑤ 均一;⑥ 抗性强;⑦ 耐践踏;⑧ 恢复力强;⑨ 无草丛。

我国长江以南地区多选择杂交狗牙根(天堂草)系列草种,即采用矮生天堂草(Tifdwarf)和天堂草 328(Tifgreen),近年来大多数南方球场选择老鹰草(Tifeagle)。天堂草是人工培育的杂交草种,由普通狗牙根与非洲狗牙根杂交后,在其子一代的杂交种中分离筛选出来的,是美国杂交狗牙根梯弗顿(Tifton)系列的简称。老鹰草是天堂草系列的品种之一,于 1990 年 7 月由美国海岸平原研究通过钴 60 的射线照射矮生百慕大(Tifdwarf)的匍匐茎所得到的变异品种,1998 年在美国农业部完成注册登记,2000 年左右引种到我国。它具有许多比 Tifdwarf 更好的坪用性状。除保持具备其他天堂草的一些优良性状外,还具有叶色浓绿、茎节短、叶细质地佳、耐低剪、直立性好、耐践踏、恢复能力强、抗旱和耐热等优点,极适合作南方果岭草种。一般的天堂草只能剪至 3.5 mm 左右,而老鹰草却能适应 2.6 mm 低修剪。

北方寒冷地区、海拔较高的温暖地区、潮湿和过渡气候带,用作果岭草种的有匍匐翦股颖和匍匐紫羊茅等。但最普遍使用的仅有匍匐翦股颖,匍匐紫羊茅在北欧一些国家应用较广。匍匐翦股颖质地细软、稠密,匍匐茎强壮,扩展性好,生长低矮,耐低剪,耐践踏,须根系,对土壤适应性较广,易形成芜枝层,适宜的 pH 为 5.5~6.5,抗盐和抗淹。匍匐翦股颖有许多栽培品种,常用于果岭的有 Penncross、Putter、Penneagle、Cato、SR1091、PennA-1、PennA-4、T1、SR1020 等。

在热带和亚热带的冬季,常用多年生黑麦草、紫羊茅、粗茎早熟禾等作为果岭的交播草种。

用于果岭的冷、暖季型草坪草特性见表 4-6。

表 4 - 6   用于果岭的冷、暖季型草坪草的特性

英文名	Tifdwarf	Tifgreen	creeping bentgrass	creeping red fescue
中文名	矮生天堂草	天堂草 328	匍匐翦股颖	匍匐紫羊茅
繁殖方式	匍匐茎、根状茎	匍匐茎、根状茎	种子或匍匐茎	种子
伸展习性	匍匐茎、根状茎	匍匐茎、根状茎	强匍匐茎	匍匐茎或短根状茎
叶质	很细	细	细	很细
叶色	墨绿	深绿	绿	深绿
茎密度	极细短、密度大	细短、密度大	最高	高
土壤类型	排水良好、沙质	排水良好、沙质	沙质、潮湿、肥沃	排水良好、贫瘠土壤
成坪速度	很慢	慢	中等	中至快
恢复能力	强	强	强	差至一般
耐践踏性	好至优	好至优	一般	一般
耐寒性	差，低温变紫红色	差，低温变棕黄色	强	强
耐热性	强	强	一般	一般
耐干旱	好	好	差	很好
耐阴性	差	差	一般	优
耐盐碱	好	好	最好	差
耐覆盖	好	好	很好	一般
管理水平	高	中	高	低至中
需肥性	高	高	最高	低
修剪高度	2.8～6 mm	4～6 mm	3～5 mm	6～10 mm
枯草层	高	高	高	中
病害潜在性	高	高	高	中
线虫危害	严重	严重	一般	一般
虫害	严重	严重	一般	一般

二、草坪建植

高尔夫球场的建造应在最佳草坪建植期之前完成。因为果岭有灌溉系统，水分条件不是影响果岭草坪建植的主要因素，所以土壤温度成为影响最佳种植时间的重要因素。冷季型草坪草种子在 16～30℃ 范围内即可萌发，而暖季型草坪草种子的最佳萌发温度范围为 21～35℃，萌发后最佳的生长温度为27～35℃。因此，春末夏初最适于暖季型草的种植，而冷季型草坪草在夏末秋初种植最好。有些情况例外，在黑龙江省、吉林省等比较寒冷的地区，其生长季很短，这种情况下，春末夏初是冷季型草坪草的最佳种植时间。恰当的种植时间对于确保迅速、均一地建植草坪至关重要，不适当的种植时间会极大影响果岭草坪的成坪速度，甚至造成草坪建植的失败。

在果岭的根际层混合物铺设到场地之前，应将每一个果岭代表性的土样送到专业的土壤测试实验室进行分析。测试结果为种植前的土壤 pH 的调整和氮、磷、钾的施入量提供依据。如果需要，也要求分析微量元素的含量、盐含量、钠水平或硼含量。

果岭及果岭环草坪的建植步骤可参照图 4-8。以下就其主要环节予以具体介绍。

1. 土壤 pH 的调整 土壤 pH 调整的大部分工作应在果岭细造型之前完成。调整材料至少应混合在 10～15 cm 深的根际层中。石灰石（主要成分碳酸钙）最常用于酸性土壤的调整，尽量采用颗粒细的材料，利于其迅速反应。白云石用于缺镁的酸性土壤中。硫一般用于调整碱性很强的土壤。材料的施用量依据土壤测试的结果确定。如果同一建造场地的果岭根际层混合物相同并且混合适当，不同果岭的单位施用量应是一致的。

土壤 pH 的调整材料可在根际层混合物放入场地后混合施用，也可在根际层混合物混合时加入。后一种方法能保证整个材料在根际层彻底混合，但材料的用量会加大。

2. 施肥 根际层施基肥对大多数新建造的果岭是一项必要的草坪建植步骤。肥料的施用量和比例应根据土壤测试的结果确定。一般而言，纯氮的施用量为 3～5 g/m^2，以氮、磷、钾比例为 1∶1∶1 的全价肥形式施入，而磷和钾的用量可视土样化验结果而定。所施用的氮肥中应有 50%～75% 为缓释肥，钾肥也最好使用缓释剂型。微量元素亏缺在以沙为主的根际层中非常容易发生。如果土壤测试表明缺少或根据以往的经验判断需要某种微量元素，选用的微量元素必须与全价肥同时施用。

肥料通常在种植前施入到根际层 7.5～10 cm 的土壤中。一般用施肥机械撒施在根际层表面，然后再用速度较慢的旋耕机将肥料均匀地搅拌到理想深度。有时也可辅助人工施肥。

3. 植前土壤准备 果岭的根际层表面在种植前应轻翻一下，创造一个湿润、土壤疏松的坪床。坪床准备的最后阶段需要不少工序，如反复人工翻耙和拖平。作业时要十分小心，以保护果岭的造型。另外，坪床表面应尽量平滑，如果不投入足够的时间精细平整表面，在草坪建植时会消耗大量时间覆沙，甚至会影响球场开业。

4. 种植 新建果岭草坪的种植一般有三种方法，即种子直播法、草根茎种植法和草皮铺植法。匍匐翦股颖果岭通常用种子直播建坪，杂交狗牙根果岭通常用营养枝建坪。种子直播建坪的成本较低，并且比较简易。铺草皮法一般用在重建或修补果岭草坪时，这种方法建坪速度快，可尽量减少对打球的影响。

（1）种子直播建坪 购买建坪所用的种子时，一定要注意检查种子的质量标签，同时检查种子的纯净度，尽量避免混入杂草种子。匍匐翦股颖种子中往往混杂一年生早熟禾和粗茎早熟禾的种子，购买种子时应注意取样分析，以避免增加建坪后清除杂草的难度。

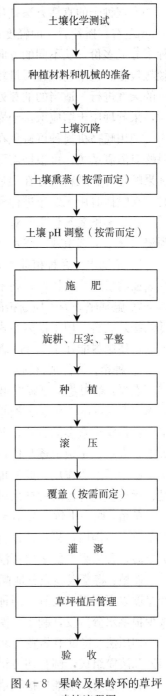

土壤化学测试

种植材料和机械的准备

土壤沉降

土壤熏蒸（按需而定）

土壤 pH 调整（按需而定）

施 肥

旋耕、压实、平整

种 植

滚 压

覆盖（按需而定）

灌 溉

草坪植后管理

验 收

图 4-8 果岭及果岭环的草坪建植流程图

常规种子的直播方法是用撒播机把种子按一定播量均匀撒播在坪床表面,播种深度为6 mm左右。播种后立即轻度镇压,使种子与土壤紧密接触。为确保播种完全、均匀,可将种子分成多份,从不同的方向少量多次撒播。由于匍匐翦股颖的种子非常细小,可把种子与颗粒较粗、大小均一且质量较轻的玉米屑或处理过的污泥土混合后撒播。播种尽量避免在有风的天气进行。适当的催芽处理可加快成坪的速度,满足球场建造工期的需要。另外,播种时,果岭坪床土壤应保持干燥,尽量减少播种者走过果岭时在土壤表面留下明显脚印。

使用喷播机播种可避免在果岭表面留下脚印。尽管喷播机仅能把种子撒在土壤表面,但果岭有灌溉系统,可根据需要随时补水,保持土表湿润。喷播时要特别小心,不要把种子喷到果岭环外。肥料最好在最后表面细造型之前施入土壤,而不要混合到喷播混合物中。同时,在喷播时用无纺布进行覆盖,对于保持土壤湿润和温度是一种非常重要的辅助措施。

(2) 草根茎种植法　对用草根茎无性繁殖的杂交狗牙根等草种来说,种植的步骤大致有预浇水→草根茎植栽→浇水→滚压→养护管理。

① 预浇水。在种植前预先浇湿果岭,有利于草根茎的恢复生长,减轻人为或机械对果岭表面的挤压、破坏,有利于种植方式(点播、开浅沟等)的实施。

② 施基肥。为了使新植的草能快速恢复生长,在种植前施用含磷较高、氮适中、钾较低的缓效肥料。用手推离心式施肥车均匀地交叉两遍撒施,以耙沙机带一网格状的铁网拖耙数遍,使肥料能在1～3 cm表层与沙均匀混合。

③ 种植。将种植材料草根茎(包括根状茎、匍匐茎)种植,方式有以下几种:

点播:草根茎从草圃取出,撕开,抖掉根部泥沙,折断成4～6 cm长,点插入沙土,地表露出2～3 cm,点与点之间不必整齐排列,间距3～4 cm,越密成坪越快。为避免因种植工人行走踩出众多的脚窝,取3 mm厚1.2 m×2.4 m胶合板,2～3人一张,将茎枝放在木板上,人蹲在木板上逐步向前种植和向前移动木板,种过的部分都被人在木板上无意地压平,起到了滚压作用。此法能较好地保护果岭的造型,但效率慢。在人工便宜、劳动力充足、无机械化种植时常被采用。

条植:取一小竹片或小木片,轻轻地在沙层上划一条小沟,宽、深各2 cm,把撕开的草根茎放入浅沟内,再将沙轻轻地回覆,行距4～5 cm,不宜过宽。种植时也建议采用木板保护果岭,种后果岭的表层覆沙能保持原有的平滑性。

撒植:将草根茎充分地撕开,撒在果岭表面,密度以少露出沙为宜。用铺沙机覆沙,覆沙厚度以不露根茎为宜,因种后浇水,覆盖的沙层自然下沉渗入根茎间,会露出部分根茎,减少根茎水分蒸发,利于其恢复生长。

切压法:将草根茎撒在果岭上,驾驶切压机将草切压入沙层。该机由拖拉机加一个圆盘切刀和滚筒组成,圆盘切刀将草切压入果岭,滚筒在后随即压实。操作方便,效率高。

另外也可用喷播机播种草茎,这种方法可避免对果岭平滑表面的破坏,同时种植的速度较快,比较适用于新建的18洞球场的快速建植。

(3) 草皮铺植法　在草皮非常充足、要求新建果岭在短时间内能投入使用时多采用此法。切出的草皮厚度要均一,有序铺放在果岭上。草块或草卷之间紧密相连。如有条件,最好覆盖一层沙。采用铺植法建坪的最大好处是可缩短工期,且草坪质量有保证。铺植建坪的草皮要在草圃中培育。在原土上铺一层与坪床成分相同的沙床,在上面播种、养护,成坪后再铺植到果岭上。铺植后进行镇压、铺沙等措施,一周后即可达到使用标准。

5. 覆盖　在水源充足的情况下，果岭草坪建植时一般不覆盖。但是对于播种建坪的匍匐翦股颖果岭而言，覆盖是实现快速均一建坪的最好保护措施之一。尤其播种在土壤水分蒸发较大的沙质土壤上，覆盖显得更为重要。国内目前用无纺布作为覆盖材料，无纺布透气、透水、透光，且可多次使用。有些地方用胡麻草、小麦秆、稻草等作覆盖材料也非常成功。

第五节　果岭草坪幼坪管理

果岭草坪开始分蘖时即开始修剪、镇压、铺沙，以刺激草坪草匍匐茎的快速扩延，尽早形成致密光滑的表面。按果岭正常养护措施管理一定时期，草坪即可达到果岭使用效果。

1. 浇水　果岭植草后浇水管理以少量多次、湿润根层为宜。尤其是在炎热的夏季或干燥的秋季，注意保持表层沙子、根茎或种子的湿润，每天浇水 3～6 次不等。每次时间限制在湿润表层不形成水流即可。喷头调整成细雨雾状为宜，避免水滴过大对沙子或种子造成冲击。

2. 施肥　在草坪草新根长至 2 cm、新芽萌发 1～2 cm 时，为了加快成坪速度，定期 10～15 d 施肥一次，以高氮、高磷、低钾的速效肥为主。每次施肥后注意浇水。

3. 滚压　滚压的目的是压实果岭，使果岭的表面平滑，并有助于茎枝压入土壤中。滚压前浇水，效果会更好。滚压的次数视果岭松实度和平滑度而定，每周一次较为适宜。滚压机使用动力滚压单联或三联机，能保证压力均匀。手推人工滚筒，因靠人发力推而滚动，反而会在果岭上留下很多脚印，不宜采用。

4. 铺沙　由于建植时的人为因素、养护管理时的浇水不均等形成的冲刷、水滴过大对土壤表面的撞击造成小窝点等原因，使果岭表面粗糙、不平滑。铺沙是解决平滑问题的主要措施之一。如果草长到可修剪的高度，铺沙前修剪更有助于沙子的沉落和拖沙时沙的均匀再分配。初期铺沙的厚度稍厚，以覆盖根茎、露出叶片为适度；后期随着果岭平滑度加大，铺沙厚度减小，次数增多。铺沙由铺沙机完成，随后用铁拖网或棱形塑料制网或人造地毯将表面拖平。

5. 补苗　因为撒种时造成的局部草苗空缺或因浇水不足等造成种苗死亡，需要在缺草的裸露处进行补植。补植能使果岭的草坪草覆盖加快，成坪一致。补植时最关键的还是注意水分的补充。

6. 修剪　初期修剪应在草坪的覆盖率达 90% 以上、苗高 10～15 mm 且无露水时进行。修剪高度初期控制在 8～12 mm 之间，以后逐步降低至需要的理想高度。修剪次数初期每周 1～2 次，随着果岭草坪的形成加密到每日一次。剪草屑随机带走，不宜留在果岭上。剪草机采用手推式滚刀型 9～11 刀片剪草机或三联式剪草机，有利于保证果岭表面平滑整齐。

7. 杂草和病虫害防治　初建的草坪极少发生病害，防治方面主要针对杂草和虫害。果岭成坪初期，杂草量不会很大，发生时以人工拔除为主。采用除草剂时应谨慎选择，根据杂草类型有针对性地选用选择性除草剂。使用前，最好先试验一下，将除草剂种类、浓度、用量、时间等掌握好。虫害有黏虫、介壳虫、叶虱、叶蝉、草地螟、蝼蛄等。触杀型和传导型杀虫剂对黏虫、叶虱、叶蝉等都很有效。草地螟一般在 5～8 mm 表层土为害茎、叶，喷药后浇小水，让药剂渗入沙层，即能达到防治效果。蝼蛄采用灌药法或诱饵法。虫害防治最好是发生初期即采取措施至清除为止。

8. 其他措施

（1）垂直切割　为加速杂交狗牙根等匍匐性草坪草快速成坪，用耙沙机携带一种三角形或近似三角形的滚筒式刀片垂直切割草坪，交叉两遍，切断贴地面生长的匍匐茎，促进侧枝多极生长、生根或分蘖，覆盖率提高，成坪时间缩短。

（2）覆盖　正常的自然温度下，冬季种植的果岭（如杂交狗牙根果岭）成坪时间比夏季要延长很多。覆盖薄膜可为草坪提供适宜的温度条件，促进幼苗快速生长，缩短常规成坪时间。覆盖时，注意水分的补充，中午温度过高时揭膜透气。播种的果岭，覆盖是实现快速均一成坪的最好的措施之一。

第六节　果岭草坪养护管理

高尔夫球场果岭代表了草坪养护的最高水平。它除了草坪常规的养护技术措施外，还需要采取一系列特殊的措施满足草坪的生长发育，以满足球手打球的需要。

一、灌　溉

果岭养护中，灌溉是最严格最困难的管理措施之一，每个果岭的灌溉应根据具体需要进行。它受地势、土壤质地、草坪草种类、践踏强度、根层深度和草坪蒸散速度等影响。果岭上采用的喷灌系统一般是永久性的，该系统应该覆盖果岭、果岭环以及相邻的部分。

1. 灌溉频率　频繁灌溉是果岭日常养护必不可少的工作内容。果岭的强低修剪会使草坪草的根系变浅，吸水能力受到限制，沙床的持水力又很低，这一切都要求充足的灌水才能保证草坪草生长旺盛，具有强恢复能力和漂亮外观。在天气炎热或气候干燥的生长季节，果岭必须天天浇水。

2. 灌溉时间　浇水时间宜在打球前的清晨进行。在炎热干燥的天气，可在午后将喷灌系统打开几分钟，既可给草坪冲洗降温，又可阻止叶片水分过度散失。

在我国北方地区，冬季干燥而多风，这时无论果岭是否使用，都应及时灌水或补水，否则草坪会因土壤干旱失水而死亡。冬季浇水应选在温暖的中午进行，浇水量以能使水渗入地下又不在推球面形成积水为度。万一在推球面形成冰层或遭受暴雪，要及时清除。球场使用地埋伸缩式喷头时，要经常进行检查，避免喷头被冻或被异物卡住而不能自由升降，造成局部缺水或积水。

3. 灌溉量　果岭一般不需要大水灌溉，水能渗透 15～20 cm 土层即可。确定灌溉量的依据主要是草坪的蒸散量，我国大部分地区的草坪日蒸散量为 3.6～8.0 mm，每周正常的灌溉量为 25～56 mm。灌溉速率应根据土壤的渗透率和渗漏率进行适当调整。已经安装好灌溉系统的果岭，其调整主要通过选择不同的喷嘴来实现。另外，在一些土壤有盐碱问题的地方，应定期采用较大的灌溉量来排除草坪根层土壤中的盐分。

4. 人工灌水　果岭灌溉多采用自动控制系统，但人工灌水是果岭草坪养护中必不可少的措施。它的优点是比较灵活，可用较少的水量解决果岭上突出的局部的水分问题。一般利用快速补水阀门和手持型喷头进行人工灌水。对局部的干斑必须采用人工灌水，尤其是在高地或果岭的边缘，同时结合深层打孔等措施可促进干斑的修复。

5. 喷水　在夏季高温胁迫时，土壤温度超过 24℃，匍匐翦股颖等冷季型草坪草的根生长变缓，吸水能力降低。此时极易发生午时萎蔫，如不及时采取措施会导致草坪因长久萎蔫而死亡。为降低温度或缓解草坪的萎蔫症状，应及时灌水。当以降温为主要目的时，喷水可在11:00～14:00进行，此时的空气湿度较低，有利于蒸发降温。如果为了缓解萎蔫症状，则喷水必须在发生萎蔫时及时进行。这种情况下，有可能每天要喷水2～4次。喷水的水量不必很多，只要湿润草坪草叶片即可。可用人工喷水，也可短时打开喷灌系统进行喷水。

二、施　肥

果岭草坪所需要的养分因灌水量、土壤保持养分的能力、气候和草坪草种类或品种的不同而不同，没有哪种施肥方法或肥料能用于所有的情况。草坪管理人员必须根据球场，甚至个别果岭的情况进行分析，制订具体的施肥计划，选择最佳的肥料种类、用量和施肥时间等。

1. 施肥原则　果岭需施重肥来保持其积极的长势和良好的外观。施肥量以不引起病害、不影响球的滚进速度为准（生长过旺会增大草的刚性，影响球的滚动速度）。总的施肥原则是重氮肥、轻磷钾，氮肥的施用量是磷钾肥的两倍以上。一般情况下，春、秋两季结合打孔可施全价肥，平时追肥多为氮肥。微肥应参照土壤测试结果施用。

2. 施肥量　果岭的施肥量取决于果岭草坪的种类、当前坪床的土壤情况、当前气候、所用肥的种类等因素。施肥的频率主要取决于草坪对相应元素的月需求量。在生长季节，一般每3周就要施肥一次，但若选用缓效肥，则可减少施肥次数。在匍匐翦股颖果岭上，夏季较热时期或冬季来临前要减少氮的施用量。杂交狗牙根在生长缓慢的秋季也应减少施肥量。当夏季某些病害发生时，更应限制氮肥的施用，以免病害加重。

3. 施肥方法　果岭施肥一般用肥料撒播机撒施。结合铺沙进行施肥时，可先撒肥后铺沙或将肥与沙混合后同时撒施；结合打孔进行施肥时应先打孔后施肥，肥料颗粒直接落入根系土壤为佳。施肥后应及时浇水，以免灼伤根系及茎叶。肥料进入草垫层后，可以加速枯草层的分解，减少其对果岭造成的不良影响。用肥料和沙混合撒施，除给草坪提供养料外，混入的沙可积聚在果岭因自然下陷而形成的低洼处，保证了推球面的平整、光滑。果岭追肥一般不用叶面肥。

4. 氮肥　果岭草坪必须施用足够的氮肥，以维持草坪草的茎密度、充分的恢复潜力、适中的生长率和较好品质的叶色。每年各个季节氮肥的施用计划会因天气的不同而有所变化。一般而言，在草坪的正常生长季节，每隔1～3周施用一次氮肥，具体的施肥周期要根据氮肥的种类而定。水溶性氮肥（硫酸铵、硝酸铵和尿素等）的施用频率高，而缓效氮肥（天然有机物、脲甲酸、甲基脲、硫包衣的氮肥等）的施用频率较低。

氮肥应少量多次施用，避免按月或不定期一次大量施氮。杂交狗牙根草坪的需氮量高于匍匐翦股颖草坪。一般而言，匍匐翦股颖草坪在生长季每10～15 d速效氮肥的用量为纯氮0.5～1.5 g/m^2，或者每20～30 d缓释氮肥的用量为纯氮1.5～3.5 g/m^2。夏季高温胁迫时匍匐翦股颖果岭应尽量减少氮肥施用。而对杂交狗牙根草坪而言，在生长季每10～15 d速效氮肥的用量为纯氮1.0～2.5 g/m^2，或者每20～30 d缓释氮肥的用量为纯氮2.5～6.0 g/m^2。以上氮肥用量的上限主要用于质地较粗的沙质根际层的果岭，这样的果岭氮肥容易渗漏。施用氮肥时最好选用缓释肥。夏季氮肥用量的一个经验标准是保证每天果岭的草屑量为0.7～1

集草袋。

果岭上，尤其是匍匐剪股颖果岭上过量施用氮肥会引起很多问题。它会导致果岭表面质量较差，枯草层累积，病害增加，耐磨性下降，根系发育不良和糖储备不足所造成的恢复能力弱，同时还会降低果岭球速。每次使用较少的氮肥，就不会过分刺激草坪地上部分的生长，从而得到高质量的果岭。但是，长期氮肥施用不足会使草坪变细变弱，发生苔藓和藻类的为害。

许多球场为了迎合高尔夫球手的喜好，大量使用氮肥来获得叶色深绿的果岭。这是不可取的，这种做法往往会失去健康果岭草坪的其他优良性状。

5. 钾肥 钾易从土壤中流失，尤其在沙质根际层。钾对于维持果岭的耐热、耐寒、耐旱和耐磨以及促进根系的生长都很重要。钾肥的使用计划应根据土壤测试的结果来决定。有时尽管高水平的钾是有利的，但一般而言，钾（K_2O）的用量是氮使用量的 $50\% \sim 100\%$。一般在春季和夏末秋初施钾肥，也可以在炎热、干旱和践踏胁迫时，每 $20 \sim 30$ d 施入一次钾肥。硫酸钾（含 $48\% \sim 53\% K_2O$）和氯化钾（含 $60\% \sim 62\% K_2O$）是常用的水溶性钾肥。硫酸钾较好，使用时其灼伤叶的可能性较小，同时还可补充硫。在沙质土的根际层，常用包膜的缓释钾肥。

6. 磷肥 果岭的需磷量远小于钾和氮，施磷量应根据土壤测试的结果来定。每年在春季和夏末秋初以全价肥的形式施用。土壤比较黏重的老果岭往往含磷量高。在沙质根际层的果岭中要避免高水平的含磷量，以免造成磷淋失。并且果岭土壤中，高磷含量会掩盖病虫害防治中的过量用砷，因为磷分子与砷分子的化学性质和大小都比较接近。对于沙含量较高的果岭，每年必须施用磷肥，以避免磷素缺乏。如果磷不以全价肥施入，过磷酸盐是比较常用的磷肥。磷肥最好在打孔后施入，使其易于到达果岭根际层。

7. 其他 微肥的施用主要依据土壤测试结果进行。在沙床果岭中较易发生缺铁症，严重影响草坪的色泽，可施用一定量的硫酸亚铁来进行弥补。土壤的 pH 通常用石灰和硫来调整。但有时施入硫以后，由于土壤过度紧实或遇到积水会在土壤内形成嫌气条件，过量施入硫就会与土壤内的某些元素起反应，形成黑色难溶物质，由此造成的"黑土层"有时可达十几厘米深，影响土壤的通透性。当这种情况发生时，可采用打孔通气的方法解决，情况特别严重时，要对"黑土层"进行更换。

三、修 剪

果岭草坪要求极低的修剪高度，是一项高投入的养护管理措施。同时，低修剪对草坪的根系深度、糖的储备、草坪的恢复能力、对逆境的抵抗与忍耐能力都会造成不利影响。必须采用适当的机械和方法才能成功完成果岭的修剪，保证打球质量。

1. 剪草机 果岭草坪要求修剪相当精细，必须使用专用的修剪机，即滚刀型修剪机。通常使用的有两种，即手推式果岭修剪机和坐骑式修剪机。普通手推式修剪机的剪幅为 $0.53 \sim 0.56$ m；坐骑式修剪机又叫三联式修剪机，它有三组刀片，剪幅为 $1.5 \sim 1.6$ m。使用坐骑式修剪机可提高工作效率，特别是在果岭间转移时很省时间，但它的修剪效果不如手推式修剪机理想。

使用 9 或 11 片刀的剪草机有利于保持果岭表面平滑、整齐。常用的剪草机类型如表 4-7 所示。

表 4-7 果岭剪草机类型

机名	Greensmaster 500	Greensmaster 1000	Greensmaster 1600	Greensmaster 3100
类型	手推、步行、单刀	手推、步行、单刀	手推、步行、单刀	三联
修剪宽度	53 cm	53 cm	66 cm	150 cm
刀片数	9	8/11	8	8/11
修剪高度	3.2～17.5 mm	2.0～12 mm	3.1～31.8 mm	2.4～19.0 mm
质量	77 kg	94 kg	104 kg	473 kg、463 kg、485 kg
燃料	汽油	汽油	汽油	汽油
发动机	Kawasaki3.7HP	Kawasaki3.7HP	Kawasaki3.7HP	16HP
修剪区域	果岭、果岭环	果岭、果岭环、发球台（8片刀）	果岭、果岭环、发球台、落球区	果岭、果岭环、发球台、落球区

2. 修剪频率 正确、合适的修剪频率可以让草坪保持最佳的场地状态，提高草坪密度、质地。过高的修剪频率会导致草坪草受损过度；过低的修剪频率将降低草坪密度和质地，容易产生"慢果岭"，导致无法确定球路和球速。正常情况下每天修剪一次，时间在清晨视线可见时进行。在下列情况下可以不进行草坪修剪：①封场保养日。营业过重的球场，为了让草坪得以休养生息、恢复生长，常常在一周中选择半日或一日封场停止打球，这一天可以不修剪。②铺沙过后的果岭。③连续下雨的雨天（除重大比赛外）。④冬季草生长缓慢或停止生长时。遇上重大比赛时，果岭每天需要修剪两次，第二次是在第一次完成后以 90°的旋转角正十字交叉修剪，以提高果岭速度，迎合职业选手和低差点的选手。

在冬季低温、草坪草生长较弱或处于休眠状态时，修剪频率要大大降低，每周 1～3 次，这样做既保护了果岭又不影响球场的正常营业。

3. 修剪高度 有效的修剪高度是指草坪修剪至土壤表面以上的高度。修剪高度受草坪生长发育状况、季节变化、球场营业、球手的期望、养护水平、成本等很多因素的影响。一般果岭的修剪高度为 3～7.6 mm，在草坪密度有保证的情况下，修剪得越低越好。

4. 修剪方式 修剪时行进路线和方向称为修剪方式。每天修剪的第一刀应正对着旗杆，直线剪过洞杯到果岭环，调头回来稍压第一刀的边缘继续剪第二刀，直至果岭的一半剪完后，再与第一刀相反的方向将另一半果岭剪完（图 4-9）。完成直线修剪后，绕果岭边 1～2 周，将漏剪的边缘草剪掉，这样会使果岭修剪更加整齐。无论使用何种修剪机，都要保证在推球面上是直线运动，转弯时一

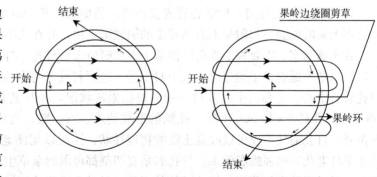

图 4-9 果岭每次修剪行走路线示意图
（引自胡林，边秀举，阳新玲，2002）

定要离开推球面；在最后或开始时围绕推球面剪成圆形。须注意的是，修剪果岭环时一定要提高修剪高度。

每次修剪用米字形交替进行（图4-10）。要避免在同一地点、同一方向进行多次重复修剪，否则容易产生草坪纹路。草坪纹路是草叶倒向同一方向而产生的条纹现象。纹路是剪草机对草坪施加压力，迫使草叶倒向剪草机前进的方向，在阳光下，形成白绿相间的不同颜色。在果岭之外的其他草坪上，纹路具有美观球场、辨别方向、区分功能区的作用，但在果岭上，则不希望产生纹路。纹路影响到球顺利、匀速滚动。通过改变修剪线路和方向，可以减少纹路现象产生。

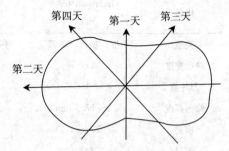

图4-10 果岭每次修剪米字形交叉
（引自胡林，边秀举，阳新玲，2002）

一般果岭机都带有刷子，其作用是将草叶扶起，有助于草坪草垂直生长。

5. 草屑 果岭剪草机修剪时要带集草箱，便于装剪下的草屑。除施肥之外，草屑不应留在果岭上。留在果岭上的草屑，虽然能增加沙层有机物质，但它产生的枯草层、病菌、虫害、排水不畅、堵塞水分下渗等会影响果岭的草坪质量和推杆。每天剪下的草屑随运草车运出球场，可堆积场外腐熟后作有机肥用于土壤改良。

6. 注意事项

① 修剪前应仔细检查推球面，清除异物，如树枝、石子、果壳及球员遗留物等。否则这些杂物会嵌入果岭，影响果岭效果或损伤剪草机刀片。

② 修剪前应清除草坪草叶上的露水，可用扫帚轻扫或用长绳横拖推球面的方法清除。

③ 修剪果岭的工作人员必须穿平底鞋，以免破坏推球面。

④ 修剪前必须先修复球击痕。

⑤ 修剪机须平稳、匀速前进，避免划伤草坪面。

⑥ 当果岭受雨水浸泡草层变软时，可提高修剪高度或减少修剪次数。

⑦ 经常检查剪草机，勿使汽油、机油滴漏在草坪上。

⑧ 剪草机必须带集草箱作业，将草屑收集干净。

四、中耕作业

1. 打孔 打孔是用一种空心管或实心管，借助打孔机的动力，垂直打入果岭土层，空心管提上来时就会一起附带上有草坪草的圆柱形土块，并在土中留下孔洞。

在土壤紧实、需要根部灌药防治地下害虫时应进行打孔。打孔是解决土壤紧实的最有效方法。当冬季低温、土壤过湿、过干时不适宜进行打孔。打孔应在草坪草的生长季节进行。打孔管有空心、实心、中间开口三种。根据果岭状况，每年通常打孔2~3次，孔深50~100 mm，孔径3~15 mm不等。孔洞的形成使水、气、肥、农药等更容易进入根际层，根深苗壮。打孔通气不仅可以改良土壤的物理性状，还可以切断老根，给新根生长创造空间，防止草坪老化，增强施肥效果。打孔和垂直切割都可限制杂草生长，并调节草坪密度，提高质量。对过于致密的草坪，打孔可使其变疏；对过于稀疏的草坪，打孔可刺激草茎生长，使草坪致密。

2. 划破 划破是刀片垂直向下切入1.3~2.5 mm深的土表，用来改变草坪通气透水的一种作业。它与打孔的不同之处在于，划破不带土块上来，不用深度铺沙，对果岭草坪破坏性小。划破能减缓土壤表层板结，利于水穿透硬壳状的表层、枯草层、草垫向下到达根部；更重要的是划破有助于根状茎和匍匐茎生长出新枝和根；当土壤表面潮湿、长青苔时，划破能提高表土层水分的蒸发和渗透。所以，每年划破的频率高于打孔，次数视天气、土壤表层状况而定。

3. 梳草　梳草是通过高速旋转的水平轴上的刀片梳出枯草层的枯草，就如同人用梳子梳头时梳出头发一样。枯草层产生的影响因素包括：①草坪草的生长：草种、肥料、水分等因素都能影响草坪草的生长，进而影响枯草层的产生；②分解速度：含木质素越多的组织越难分解，越易形成枯草层；③草屑去留：果岭上留草屑越多，枯草层越易形成。过量枯草层的危害有：容易发生病虫害；减缓水、肥、农药渗透；使草坪浅根化；修剪剃头；降低球速。梳草是防治枯草层最有效的措施。梳草的次数取决于枯草层形成的速度。如杂交狗牙根果岭，在春秋季每3～5周可以进行轻、中度梳草；夏季进行深度梳草；冬季低温时不能实施梳草作业，否则草坪草难以恢复，极易造成草坪斑秃。

4. 高压注水　高压注水是一种比较新的果岭草坪中耕作业方法，它是利用特殊的高压注水机械将非常细的高压水柱注入草坪的根际层，起到缓解土壤紧实的作用。注水的深度可达15～30 cm。这种草坪中耕方法的优点是对草坪表面的扰动很小，同时还可为根层补充水分。高压注水与打孔有非常相似的作用，但打孔还有其他一些作用，通常不能由高压注水替代。

五、铺沙和滚压

铺沙和滚压也是果岭管护的一项日常内容。铺沙是将沙子或沙肥混合物覆盖在草坪表面的一种作业，目的是防治枯草层，保持果岭的平滑度和草坪的美观。当铺沙与施肥结合时，会提高施肥效果，促进草坪生长。通常情况下，修剪、铺沙、滚压可依次完成。

果岭铺沙频率很高，在打孔、划破、梳草、高压注水等工作后都要辅助铺沙。在冬季无法做更新草坪的特殊工作时，通过少量铺沙能促进草坪草的生长。平时每3～4周进行一次薄而少量的铺沙，每年铺沙至少12次。铺沙要用铺沙机进行，铺沙厚度取决于铺沙的性质，一般为2～3 mm。打孔铺沙时应加大铺沙量，至少要填满孔洞；浇水后，沙子下沉，还要再铺沙1～2次，沙层比较厚；梳草铺沙，沙薄而少。铺完沙要用草坪刷刷梳草坪。

滚压可以使用果岭滚压机，生长季节每10d进行一次滚压。果岭滚压可强化修剪的花纹效果，并保持果岭表面草坪的致密和坪床的紧实。

六、损伤恢复

1. 补植草坪　高尔夫球场应备有果岭草坪备草区，以备果岭出现损坏时修复使用。修复果岭时应将斑秃、损毁部分整块切除，露出沙床，然后取同等面积备用草铺设，完成铺沙、浇水、滚压等管护后即可使用。换草器是一种取草的工具。取出的草块面正方形，垂直根部为梯形，上宽下窄。当果岭局部因病虫害、干旱、肥害、药害、修剪漏油等原因出现草坪死亡，需要更新草坪时，换草器是很有用的工具。将需要更换的草坪用换草器取出，再从备草区中取出大小一致的草皮，铺回果岭，覆盖上一层沙，能很快恢复果岭原状，对果岭推杆没有太大的影响。

2. 修补球疤 当球落上果岭时，会对草坪向下撞击，形成一个小的凹坑，即球击痕。在雨季、地面潮湿、土壤松软时，容易造成球疤。果岭养护者要及时修补球击痕，因为它不仅会影响果岭的推球效果，也会影响果岭的美观。虽然球疤的修补是球童和球手上果岭时首先要做的事情，但也是球场草坪养护工作之一。球疤修补一是要及时，二是要方法正确。球击痕的修复方法是：用刀或专用修复工具（如U形叉）插入凹痕的边缘，首先将周围的草皮拉入凹陷区，再向上托动土壤，使凹痕表面高于推球面，再用手或脚压平即可。图4-11为修补球击痕的示意图。U形叉为专用修补球击痕的工具，尖而硬，用塑料、木料、铁、不锈钢等材料制作。

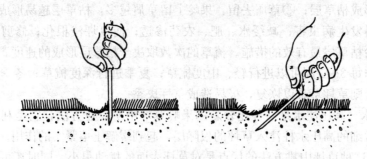

图4-11 修补球击痕的示意图

(引自胡林，边秀举，阳新玲，2002)

七、有害生物防治

果岭的病虫害防治是一项很重要的工作，因为连续的践踏和强低修剪，会使草坪草长势变弱而易受病菌侵害。在果岭管理中，定期喷洒杀菌剂是一项固定的管理内容。在易于生病的季节，果岭至少要每周或每两周喷杀菌剂一次。

虫害的发生与管理质量、气候等有关。治虫的关键是及早发现、及早施药。特别是地下害虫大量发生时，很具隐蔽性，会给人以错觉，以为是病菌危害而错过治虫的最佳时期。所以，当果岭出现原因不明的变黄、干枯、死亡时，应及时检查地下情况。一旦发现害虫，应立即施用杀虫剂杀虫。否则，可能会给果岭造成毁灭性的损坏。

杀菌剂、杀虫剂结合使用并定期喷洒是可取的防治措施。须注意的是，不能连续使用同一种农药，以免产生抗药性。

鼹鼠对果岭的危害也时常发生，对付鼹鼠目前还没有特别有效的方法。一般采用投放毒饵和人工捕杀的方法。

果岭的杂草危害一般不严重，因为一般的杂草都因难以适应强低修剪而自然消除。偶有少量杂草发生时，可人工拔除。

第七节 暖季型果岭草坪的冬季交播

部分南方地区或过渡气候带常选择杂交狗牙根建植果岭，在秋末—冬—初春期间，杂交狗牙根进入休眠状态。为了使果岭正常营业，保持常绿状态，常于秋末在果岭上播种冷季型草坪草种（这种播种方法习惯称为交播，英文名为overseeding），以提供过渡型果岭。常用的冷季型草坪草种有多年生黑麦草、一年生黑麦草、紫羊茅、粗茎早熟禾等。播种量根据草坪草种子的千粒重、发芽率、环境条件、播种后的管理等因素来决定，一般为 40～50 g/m²。

一、交播前的养护措施

养护良好、健康的杂交狗牙根草坪，才有可能安全越冬并在次年返青处于较好的生长状态。因此，应进行必要的垂直切割和表施土壤（或覆沙），以防止枯草层的过分积累，同时，采取打孔等措施缓解土壤紧实。这些养护措施至少应在交播前 4～6 周完成，以便使杂交狗牙根在入冬休眠前得到很好的恢复。冬季施肥也应在此时完成。

二、交　播

冬季交播的最佳时间因地域不同而差别很大，一般依据多年积累的经验来决定何时播种。无论天气如何，播种时间既不能太晚，也不能太早。太晚，过低的温度会影响交播的冷季型草坪草萌发；太早，杂交狗牙根的生长还没有因低温而受到抑制。适当延迟交播时间可减小杂交狗牙根对交播的冷季型草坪草的幼苗形成的竞争压力。最佳的交播时间为 10 cm 处土层温度为 22～26℃时，这样做的目的是尽量保证均一的坪面过渡，对球滚动产生的负面影响小。冬季交播的基本操作：

① 交播前 4 周停止施用氮肥。

② 交播前 2 周提高修剪高度到 5.6～6.4 mm。

③ 交播前 5～7 d，沿 2～4 个方向垂直切割。

④ 清除松散的碎屑。

⑤ 如果必要，可喷施萌前除草剂防治一年生早熟禾。

⑥ 交播前 3～5 d，施用少量植物生长调节剂。

⑦ 如果必要，可施用杀菌剂。

⑧ 以适当的比例均匀播种。

⑨ 用拖网或较重的毯子将种子拖入草坪土壤。

⑩ 轻度表施土壤。

⑪ 用拖网或较重的毯子将土壤拖入草坪。

⑫ 灌水，以保持种子萌发所要求的坪床水分。

交播前 2 周提高修剪高度有助于减少播种时种子的侧向移动。通常使用坐骑式三联果岭剪草机沿不同的方向交叉进行垂直切割。这样可划破杂交狗牙根草皮，使种子能落入草皮并接触土壤，有利于种子萌发，并大大减小种子被风及水流冲散的可能性。垂直切割后，用一个带集草箱的坐骑式三联果岭剪草机将垂直切割留下的松散的植物碎屑收走。如果这时需要高强度的垂直切割来清除枯草层，则说明果岭夏季没有很好地养护。交播前垂直切割的深度主要由草坪的修剪高度和生长状况决定，一般为 6.4 mm，间距为 38 mm。

近年来的交播作业中增加了在交播前 3～5 d 使用植物生长抑制剂。这项措施非常适合在比较温暖的地带使用。在这些地区，交播后气温会有所回升，从而导致杂交狗牙根等暖季型草再次生长而影响交播的冷季型草坪草的萌发。

播种前的最后一项工作是喷施杀菌剂。为预防幼苗病害，一些管理者倾向于购买用适宜的杀菌剂处理过的种子。

无风时播种效果最好。一般可用 2 d 播完整个球场，每天播 9 个球洞，拖刷和表施土壤也同时完成。这样在播种期间另一半球场仍可以打球。用两种或更多口径的离心式或重力播种机沿相互垂直的两个方向播种（每个方向播一半种子），以保证播种均匀。

播种后立即将种子刷入草皮。最好的方法是用一块厚重的地毯拖过草皮。有时如果毯子不够重，可在毯子上附一块金属拖垫。垫子沿 Z 形移动，可最有效地将种子刷入草丛内。播种和拖刷不应超出果岭表面，以免将种子带到果岭环。

表施土壤已成为果岭冬季交播的一项沿袭多年的基本措施。所施的土壤量在过去十几年间显著地下降，现在在某些情况下甚至不进行表施土壤也能成功建植。表施土壤的一般用土量每 100 m^2 为 0.21～0.35 m^3，除非床土是渗透性较差的黏土，表施的土壤应是与底部根层土壤一致的土壤混合物。表施土壤后，同样也用垫子拖刷一遍，以使表施材料进入土壤表面。

播种、拖刷和表施土壤完成后，应立即对果岭灌水。灌水时选用小喷头，以防喷出水量过大将种子冲出果岭。许多管理者在首次灌水时采用人工操作，以保证适当的表面湿度并尽可能减少种子侧向移动。需要注意的是，交播时不能施肥，因为施肥会促进杂交狗牙根的过度竞争。

三、交播后的养护措施

种子萌发以及苗期必须保持坪床湿润，这是交播成功的最基本的管理措施。因此，必须在午间进行一次或多次轻度喷水。保证充足的水分很重要，但喷水过度又会引起幼苗发生病害。管理者必须时刻警惕幼苗病害的发生，并准备喷施适当的杀菌剂。在土壤紧实、排水不良的果岭，湿度过高特别容易引起病害。

在建植初期，修剪高度一般保持在 5～8 mm，直到幼苗充分发育。这段时间大约需持续 6 周，也就是直到幼苗分蘖为止。最初几次修剪时不带集草箱，以免将撒在地表的种子收走。在交播的果岭干燥时（如在午间喷水前）修剪，对幼苗的潜在伤害会降到最低。修剪时刀片要锋利，并调到合适的高度。

交播后的首次施肥要延迟到幼苗发育完全之后，一般是在播种后 2～3 周进行，具体时间要看杂交狗牙根进入休眠的快慢。以后，每隔 2～4 周施一次肥，施纯氮 1.5～3 g/m^2。施肥后立即浇水，溶化肥料。交播一般在上下半场的 9 个洞上连续进行，有的球场在交播后关闭球场 2～4 周，尤其在渗透性差的高黏土果岭并进行了很重的表施土壤时，更应延迟开始打球的时间。但也有一些球场则在交播结束后即开始打球。交播后的建植时期内能否打球，要看预计的打球强度和果岭的排水状况。如果交播后即开始打球，一定要每天更改洞杯的位置，以尽量均匀地分散践踏压力。

四、春季过渡

一个成功的冬季交播随着良好的春季过渡而达到最佳状态。也就是说，一个均一的打球坪面是逐渐减少的冬季交播草种与春季返青的杂交狗牙根茎叶协调生长的结果。一些改良的草坪型多年生黑麦草，在秋季交播建植和冬季打球季节表现很好，但它持续的时间过长，即从春季到夏初。这种春季竞争对杂交狗牙根的恢复十分不利，甚至有时会造成杂交狗牙根植被大量减少。一般采用在交播草种生长仍然旺盛时不断地进行轻度垂直切割，以尽量缓解春季过渡问题。垂直切割最好安排在杂交狗牙根春季返青开始之前，以不至于因春季杂交狗牙根生长下降而使问题恶化。

第八节　果岭洞杯的更换

果岭上的球洞是每个球道击球的终点。球洞的直径为 10.8 cm，深至少 10.16 cm。通常球洞里放置一个金属或塑料洞杯。洞杯的外径不超过 10.8 cm。通常情况下，球洞中放置的洞杯杯口应比果岭草坪面低 25 mm。

一、洞杯的放置

洞杯的放置首先要体现公平的原则。洞杯所选的位置应该使在球道适当位置上打出的好球最易入洞。这需要考虑多种因素，其中主要包括：①坡度变换；②草坪质地；③视觉表现；④与果岭边缘的距离；⑤果岭的质量；⑥击球点到果岭的距离；⑦每天的盛行风向；⑧果岭球洞的设计；⑨打球比赛的类型。严格地讲，在球洞周围半径为 0.9 m 的范围内不应该有坡度变化。并不是这个区域必须很平坦，而是要求没有坡度角度的变化并且坡度不能太陡，不能让滚动的球加速。另外，若球洞设置在过陡的坡上，结果会由于果岭的干燥使球速加快而洞杯不能持球。

球洞周围最好没有球疤、其他污点和草坪质地的变化。球洞周围打球强度最大，所以球洞的位置选择要十分仔细。球洞区外观要尽量为打球者提供真实的视觉效果。高尔夫球是一项考验视觉的运动，视觉的焦点集中在球洞上。为更好地评估打球者的"眼光"，放洞杯者在挖洞前应拿一个球在所选位置击打，以保证所选的球洞区能较为客观地反映出打球者的水准。

美国高尔夫球协会果岭部建议球洞离果岭边缘要有 5 步（约 4.6 m）的距离，如果到达果岭的球必须越过果岭边缘的障碍物，这个距离还要大些。新球洞的放置要使进出果岭的人流至少远离旧球洞 4.6 m 左右。在湿黏土、土壤紧实和冬季打球淡季，应把球洞放在果岭的前面，这样会保护余下的部分免受磨损和土壤紧实。如果预测要下雨，球洞就不能设在低洼地，以防止球洞周围的土壤过度持水甚至积水。

当球场的管理人员对洞杯的放置缺乏经验时，可参照以下方法来做。果岭和发球台都有前、中、后三部分之分，果岭前部—后发球台、果岭后部—前发球台、果岭中部—中发球台，这三个组合之间的距离相等。另外，洞杯应在左右两边轮流放置。在一个 18 洞的高尔夫球场上一般的设置是：6 个洞在中间、6 个洞在前面和后面，或 9 个洞在左面、9 个洞在右面。采用这个方法会尽量保证球道的真实长度，减少打球者对球道过长或过短的不满。进行正规比赛时，洞杯的放置有特殊的要求。放置前不仅要分析球场，预先做好规划，而且还要在每个果岭上划定 4 个球洞区。在设置球洞时还要考虑天气状况、风向、草坪状况和比赛的特殊要求等。

比赛中每天球洞的设置要均衡，避免太多的左—右和前—后顺序的设置。比赛中球洞放置的一个常见的错误是：随着比赛的进行逐日提高球洞的难度，所有最容易的位置都设置在第一天，而所有最难的洞都设置在最后一天，这样的错误设置会破坏球场的平衡，同时对球手而言，第一天和最后一天的比赛会有不合理的差距。

在一个为期4 d的大型比赛中，每个果岭的4个球洞区的难度以4分制进行评价，最难的为1分，最易的为4分，中等的为2分和3分。每天设置的球洞总分不应是18分或72分，而应在45分左右。比赛前10 d，最好将球洞放置在比赛的4个球洞区之外。果岭的使用必须有周密的计划，以保护比赛用的球洞区。

二、洞杯的更换

洞杯的位置定期或不定期的移动称为洞杯的更换。更换洞杯是为了避免洞杯周围的草坪受到过度的践踏，保护原洞杯周边的草坪，以免长时间击打、践踏、摩擦，使土壤紧实，破坏草坪；移动洞杯还能增加赛事的刺激和竞争。

更换洞杯位置的次数依以下因素决定：①打球的强度、胶钉鞋印痕和球疤；②草坪相对的耐磨损性；③草坪受损的恢复率；④土壤的紧实度；⑤需要改变打球线路。洞杯位置更换根据具体运作决定，通常是周末来打球的人数多时，每天移动一次，平日两天移动一次；冬季打球人数少时，3～4 d移动一次或间隔时间更长。新的位置尽可能远离原位置。如遇大型比赛，则根据赛会要求和规则设定洞杯位置。18个洞中，难、易、中均匀分配。在一日的比赛中，洞杯的位置是不能改变的。

洞杯的更换、安放是一项要倾注耐心和认真的工作。因为洞杯不正确的放置会影响到果岭上推杆的质量。

换洞杯的工具如图4-12所示。挖洞器是用来挖球洞的，它能精确地挖出与洞杯直径一致的洞。挖洞器取出的心土正好可将旧洞填满，填入的心土表面应略高于周围，如有缺土，可在洞底垫少许沙，然后用手或脚将心土表面压平，并及时浇水，否则心土表面的草会失水死亡。一般果岭管理者用随身携带的水壶补水。

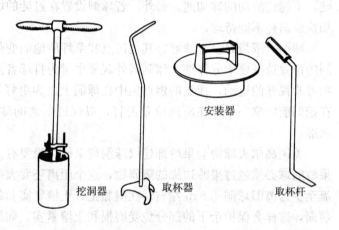

安装器

挖洞器　取杯器　取杯杆

图4-12　换洞杯的工具

（引自胡林，边秀举，阳新玲，2002）

洞杯用取杯器从旧洞取出后，放入新洞并保持合理的高度，放上洞杯安装器，踩一下安装器，使其外沿与推球面贴紧，再取出安装器，洞杯便安装成功。此时洞杯上口距地表2.5 cm。在这2.5 cm的根系层中，如有未被平齐切断的根茎伸出，应用小剪刀仔细地剪断，使洞口的草和根茎整齐。否则，根茎会对球入洞形成不合理的障碍。

三、旗　　杆

旗杆是指一个上面可附有或没有旗布或其他物品，用来插在球洞中心以标示其位置，且可移动的直的标志物。旗杆横断面必须是圆形。旗杆通常漆成纯白色、奶油色、黄色、红色或两色相间。旗帜选择鲜艳的、与果岭底色有较鲜明对比、球手从远处易于辨认的红、黄、蓝等几种颜色。旗杆通常在旗帜上以颜色显示，与发球台发球线标志颜色相配，或者在旗杆上装上一个可上下移动的圆球，圆球在旗杆上方表示洞杯在果岭的后部，下方表示在果岭的前部，中间则表示在果岭的中部。球的颜色有白、红色，与旗杆有所区别。

第九节　果岭环及果岭裙

一、果岭环

果岭环是果岭周围的草坪带，其修剪高度介于果岭和球道之间，一般在8～12 mm（图4-13）。如果球落在果岭环上，可直接使用推杆推球入洞。果岭环的宽度由最初的设计建造、管理设备、果岭的大小、果岭的造型、会员的喜好来决定。果岭环的宽度一般采用手推式果岭机留小于两个底刀的宽度，若使用三联剪草机则留小于一次修剪宽度的距离（0.9～1.5 m）。目前果岭环的设计灵活多变，较宽的果岭环以及果岭附近的低草区越来越普及。果岭环的草坪养护管理有其特殊性，所以其建造过程和所用土壤最好与果岭相同，以便使它们的施肥、灌水、中耕、覆沙和病虫害防治有可比性，还可简化果岭和果岭环的养护。

1. 所用的草坪草　果岭环最好使用与果岭相同的草坪草种或品种。气候冷凉的地带使用匍匐翦股颖，气候温暖的地带使用杂交狗牙根，这样可简化养护措施。

2. 草坪养护管理　果岭环的修剪高度高于果岭，这样会使二者有一个明显的边界。其修剪高度通常为10～16 mm。一般每周修剪 3 次，但在精细管理的球场中，则每周需剪 6 次以保持较低的修剪高度。草屑清除到场地外。果岭环及其周围要向外延伸，以便使果岭剪草机有足够的转弯半径，这对三联坐骑式剪草机尤为重要。

果岭环上应采用与果岭相同的施肥、中耕、覆沙和病虫害防治等措施。由于过分磨损使果岭环的某些部分变窄，此时施用高于果岭施用量的氮肥可促进其恢复。但发生枯草层和蓬松问题时，就不能采取这项措施。事实上，在留茬较高、人流较少的果岭环上，施氮量应比果岭低一些，以免发生枯草层危害。

灌溉系统要不仅能给果岭均匀灌水，也要保证果岭环

图4-13　果岭环的修剪高度
（引自 James B Beard，2002）

和果岭附近的高草区均匀灌水。在果岭环较高的地方可人工浇水以防局部干旱。在匍匐翦股颖和杂交狗牙根果岭环上，常常存在枯草层和草皮蓬松的问题，尤其是在践踏较轻的地方。匍匐翦股颖果岭环一般每年或每半年进行一次垂直切割，而杂交狗牙根果岭要求频繁一些，在生长旺季每2～4 周进行一次，刀片间距1.9～2.5 cm。

3. 低草区　一些高尔夫球场在一个或多个果岭附近设置了低草区（图4-14）。低草区草坪的养护与果岭环基本相同。

4. 践踏问题　果岭环上的许多地方常发生土壤紧实，接近沙坑及果岭环与球道相接的地方践踏最严重。养护机械的转弯也会使草坪草受损，并造成土壤紧实。因此，应进行定期打孔以减轻土壤紧实。中耕措施要求比果岭更频繁，在根层土壤为细黏土的果岭环，甚至每个月要进行一次。也可用绳子或在草坪上画线，或使用标志分散人流，或避开板结严重的地

区，使草坪有休养和恢复的时间。在沙坑
离果岭很近和离下一次发球台最近的窄果
岭环上，践踏问题最为常见。良好的设计
建造会将沙坑及果岭与发球台的连接路线
合理布局，以避免出现严重的践踏。

5. 沙子沉积 大力击球和风蚀都会
使果岭近沙坑的沙子沉积于果岭环，以致
果岭环逐渐升高。这种问题可通过如下方
法解决：将果岭环草皮铲起，取走一部分
下层的沙子，再将坪床整平并铺上铲起的
草皮或移植新草皮。这个方法可以矫正上
升的果岭环。每 3～8 年就要进行一次这

图 4-14　果岭附近的低草区
（引自 James B Beard，2002）

样的矫正。有时，沙子沉积也可延伸到果岭，这时应对果岭环和果岭同时进行矫正。

二、果岭裙

果岭裙是位于果岭前面与果岭环相接的球道的延伸部分，它通常由球洞的中线附近向外
延伸到主要障碍区，如沙坑、草丛。果岭裙向球道延伸，使果岭与球道有一个缓冲过渡带，
减轻了球道末端因养护机械的转弯而造成的草坪磨损和土壤紧实。

1. 所用的草坪草 果岭裙用的草种或品种一般与其邻近的球道或果岭环相同。在寒冷
气候区一般用匍匐剪股颖或草地早熟禾；在温暖气候区则用杂交狗牙根，有些地方也用结缕
草。一年生早熟禾常会侵入果岭裙，尤其在磨损严重、土壤紧实的细黏土果岭裙，应注意防
治一年生早熟禾。

2. 草坪养护 果岭裙所采用的养护措施与相邻的球道或果岭环基本相同。修剪高度一
般与球道或果岭环的修剪高度相同，为 10～16 mm。修剪频率为每周 2～4 次。一般用三联
式剪草机，与发球台使用的剪草机相同。剪下的草屑一般要收走，但也有些球场将草屑留在
原地。果岭裙的造型很重要，尤其与果岭相连的部分，其设计的坡度要能使用多联剪草机以
节省费用。果岭裙的实际大小和修剪方式与它在整个生长季节内在相邻球道的延伸长度有
关。果岭裙的这种变化是为了尽量分散所承受的践踏，减轻土壤紧实和草坪磨损。

果岭裙草坪的施肥、灌溉、中耕和病虫害防治等的养护水平介于与之相邻的球道和果岭
之间。果岭裙磨损严重的地方施氮肥可促进其恢复。由于果岭裙是球手进入果岭的通道，践
踏比较严重，所以灌溉不能过多，否则容易造成土壤紧实。如果果岭裙容易发生土壤板结，
应频繁进行打孔等养护措施。有些球场不允许手推车上果岭裙。果岭裙与其相邻区域不同的
修剪高度可作为区分果岭裙的自然边界，再加上恰当的标牌有助于球车绕开果岭裙。

第十节　推杆练习果岭

推杆练习果岭的推杆质量应该与正规的 18 洞球场的果岭相同。它的养护管理是高尔夫
球场管理者所面临的又一个难题，因为这种果岭所承受的践踏可能比球场中任何一个果岭都
要大，同时它又是球手首先看到和练习推杆的地方。因此，推杆练习果岭的外观和打球的感

觉给球手留下的第一印象可能会波及他们对球场其他部分的评价。

推杆练习果岭通常位于会馆和第一发球台附近。应该能够设置9~18个洞杯及它们的替换位置。它的实际大小依会员的想法、使用强度和可利用的状况而定。通常推杆练习果岭是在完成球洞和俱乐部的设计后才确定其位置。其实，推杆练习果岭的大小应在计划阶段就确定，而且设计时应留出足够的场地，最好能建一个单独的大练习场。如果推杆练习果岭太小，而使用强度又很大，会使其日益退化、磨损，不能代表整个球场果岭的水平。在某些情况下设置两个推杆练习果岭会有许多方便之处。如果其中一个练习果岭变得很糟，那么可以停止使用它，以进行一些必要的养护管理、修补或一段时间的恢复。

推杆练习果岭表面相对平整，但允许有一定的坡度。最好有3％的坡度，以利于表面迅速排水。所选用的草种应与常规球洞果岭上使用的一样。建植程序、根际层土壤混合物、地下排水系统的建造和养护措施与常规球洞果岭所采用的相似。因为践踏严重，推杆练习果岭常发生土壤紧实，所以要合理浇水和使用含沙量高的根际层土壤混合物，以尽量减少土壤板结。

更换洞杯的频率及其放置计划对维护推杆练习果岭质量是很关键的。更换频率应根据使用强度和草坪草的磨损状况而定。如果练习果岭使用强度很大，那么洞杯更换的频率也要比普通果岭高得多。

第十一节　果岭草坪备草区

一、备　草　区

果岭草坪的备草区是高尔夫球场的必备设施之一，其大小应与球场果岭的平均面积相近。但在一个18洞的球场，其面积不能少于465 m^2；亦不宜过大，太大的备草区会增加管理费用。在对果岭草坪进行更新和重建时，就要有一个较大的果岭备草区。

根据场地条件，备草区一般尽量呈近长方形或正方形，四角有一些弧度以易于修剪。表面最少要有2％的坡度，以利表面排水。备草区距离球场草坪管理部要近一些，以便于管理。果岭备草区有两个主要用途：一是作为修复果岭意外损伤的草皮来源；二是作为常规果岭上使用的新的杀虫杀菌剂、肥料、养护措施、新品种的试验地。试验的化学品或新品种以及它们的位置、施用时间、施用量和施用方法要做详细的记录。

在建植备草区之前，场地要有一段时间的闲置或进行熏蒸，以防止备草区内混入其他草种。备草区内使用的土壤混合物和地下排水系统与一般果岭相似。备草区内播的草种及实行的养护措施也与一般果岭相同。有时常规果岭的草坪包括了多个草种或品种及基因型，用种子播种很难保证备草区与其一致，这时可利用常规果岭打孔提取出的草柱来建植备草区，保证二者的一致性。另外，备草区要每天按常规果岭的修剪高度进行修剪，尽量避免备草区内及其周围的草坪草发生抽穗造成其他植物的入侵。备草区上践踏很少，因而其养护措施也应做一些调整。备草区也常出现枯草层问题，可通过低氮肥用量、高覆沙量以及频繁垂直切割进行治理。

二、匍匐茎备草区

果岭重建需要用大量匍匐茎或新建果岭所选的草种不能用种子建植草坪时，就需要建立一个匍匐茎备草区进行匍匐茎繁殖。进行匍匐茎繁殖的常用草种是杂交狗牙根。

匍匐茎备草区应靠近球场草坪管理部，并且灌水便利。其大小取决于要进行匍匐茎建坪的果岭总面积。建植坪床要排水良好、土壤湿润并且肥力高。床土准备与果岭的建植方法相似。种植后要耙平并压实。根据土壤测试结果，必要时要对 pH 进行调整，同时补充 10～15 cm 深的根际层土壤磷和钾的含量。一般要进行土壤熏蒸，以清除非目的草种和难以防治的杂草。

种植后，匍匐茎备草区应保持湿润，无杂草。修剪高度为 10～20 mm，保证匍匐茎的产量。建植期间，每个月施纯氮 5 g/m²。草坪建植后应及时拔除杂草，保证备草区不受其他植物的侵染。

常用收获匍匐茎的方法是垂直切割备草区草坪。切下的匍匐茎散落在地表，收集起来送到建植场地后即迅速栽植。垂直切割时应间隔地取掉一半刀片。增大切割间距可提高匍匐茎的产量，同时不会破坏草坪面而影响备草区的草坪恢复。用这种方法获得的匍匐茎要有一定的长度，至少应包括两个节，以便在果岭进行匍匐茎繁殖时容易扩散而且均一性好。匍匐茎收走后立即施肥，以促进草坪快速恢复并有效抵制杂草和非所需草种的侵入。

第五章 发球台

第一节 概　述

1. 发球台的作用　发球台（tee ground）是每个洞球手打球的起点和开球的草坪区域，是每个洞不可缺少的组成部分。高尔夫竞赛规则中对发球台并没有一个准确的定义，只是将其描述为"发球的区域"，是打高尔夫球的起始之地。早期高尔夫球场典型的发球台面积较小，设计上多为正方形或长方形，而且造型多高于四周地形，因此具有很陡的边坡。发球台两侧设置有可以移动的、限定发球区域的开球标记物，早期规定的两个开球标记物之间的距离是两球杆长，现代球场因打球人数的大量增加，两个开球标记物之间的距离已增加到 5～7 码（4.6～6.4 m）。两个标记物的连接直线称为发球线，球手站在线后发球。在发球台上，球手只能在限定的区域内开球，否则视为违反规则。

2. 发球台的面积　发球台面积的大小应根据球场的利用强度而定，一般单个发球台的面积为 100～400 m²，一个球洞发球台的总面积为 400～1 000 m²，但也应根据不同的球道类型、开球使用球杆的不同和布局位置的差别予以调整。一个 18 洞标准球场，其发球台总面积一般为 7 000～20 000 m²。加大发球台的面积可以增加打球的变化性和使发球台有充裕的轮换空间，但同样也增加了球场的建造费用和管理费用。

自 20 世纪 50 年代后，随着高尔夫运动的普及及养护设备的改进，发球台的面积也逐渐增大，趋于向大型发球台发展。一般来说，发球台的面积应能满足在强烈践踏下维持草坪盖度及频繁移动发球台标志物的要求。

3. 发球台的形状　发球台的位置和朝向根据不同球道类型和打球战略而定，但要对所有水平的球手都具有可打性和公平性。发球台的形状一般依现有地形而定，以简便经济为原则。其形状多种多样，常见的有长方形、正方形、半圆形、类圆形、圆形、椭圆形、S 形、O 形、L 形、不规则的自由式等，单个独立或多个连体的台阶式。

发球台的高度，以运动员在发球台上能看到果岭标志旗为宜。如球道长 500 m，地形无大的起伏，则发球台可高于四周地面 1～2 m。若地形起伏较大，果岭设在低处，则发球台可不必抬高。无论发球台是否抬高，都应与周围地形紧密结合，同时要有利于草坪的管理。

4. 发球台体系　现代高尔夫球场均使用多发球台体系，以适应不同水平球手的打球需要和进行大型国际比赛的要求。一个洞的发球台组成发球区，一个发球区至少要设有 4 个发球台，距果岭由近到远依次为女子发球台（红梯）、业余男子发球台（白梯）、业余男子发球台（蓝梯）和职业男子发球台（金梯或黑梯）。一般各发球台之间的距离不超过 40 码（37 m）。建造业余男子发球台时可以适当增加其面积，使草坪有充裕的休养生息的时间，保证发球台草坪的质量。

目前绝大多数高尔夫球场的男女发球台都分别设置，但也有个别高尔夫球场将男女发球台设在同一平台上，而将果岭分别设置，以满足男女球手对球道长度的设计要求。这样在一定程度上可增加高尔夫球场的美感，但球场的建造及养护费用却大大增加，因为果岭草坪建植及养护费用要远远高于发球台，因此一般不提倡这种做法。

第二节　发球台草坪质量标准

发球台是球手进行打球的第一个草坪区域，其草坪质量的优劣会给球手留下深刻的印象，球手在每个洞开球的质量会在很大程度上影响其打球杆数。因此，发球台草坪的管理是球场草坪管理中非常重要的部分。一个高质量的具有良好运动性能的发球台草坪应具有以下特性：

1. 坪面平整光滑　平整光滑对发球台草坪而言是至关重要的，平整光滑的草坪坪面能为球手提供一个稳固平坦的站位，使球手在发球台上能自如地舒展开球姿势，击出理想的球。如果草坪坪面凹凸不平，不仅会使球手感觉不适，难以舒适站位，而且会为发球台草坪的养护带来不便。

2. 坪面具有一定的硬实程度　如果发球台的草坪坪面过于蓬松，不仅会影响球手开球时的稳固站位，而且还会使草坪由于受到球杆的击打而容易产生严重的草皮痕问题，大大降低草坪质量。

3. 草坪具有一定的密度　草坪保持一定的密度可保证适当的叶面积，形成更加强健的草皮，使开球时形成的草皮痕得以迅速恢复，减轻草皮痕的危害，同时还可以增强草坪对践踏和磨损的抵抗能力。

4. 坪面具有均一性　发球台草坪在颜色、质地、修剪高度上应保持均匀、一致，既没有裸露的区域，又没有杂草生长，草坪外观整洁，使人赏心悦目，同时可提供质量良好的运动条件。

5. 坪面具有一定的弹性　为了使球座易于插入土壤，发球台的表层土壤应具有良好的弹性。过于硬实的根系层不利于球座的插入，因此，发球台草坪应具有一定厚度的根系层和相当的弹性。如果坪床根系层土壤是以质地相对粗糙的沙子为主，则草坪具有良好的弹性；而在干燥、紧实的黏性土壤上，草坪土壤弹性差，球座难以插入。

6. 草坪能耐适当的低修剪　发球台草坪的修剪高度介于果岭和球道之间，一般为1～2.5 cm。发球台草坪高度应以球放在球座上时离开草尖为宜，即球的周围没有叶片的围绕，以免妨碍击球。

第三节　发球台草坪坪床结构与建造

发球台草坪坪床结构的优良与否对草坪草能否正常健壮地生长起着至关重要的作用。因为发球台对草坪质量要求较高，且践踏较为集中，所以应在草坪建植之前根据球场的具体情况选择适宜的坪床结构，并做好坪床建造工作，为草坪草的生长创造良好的土壤条件。

一、坪床结构

由于面积有限，发球台通常会受到严重践踏，导致土壤紧实，草坪草生长不良，特别是没有对坪床土壤根际层进行合理改良的情况下。理想的发球台根际层土壤应具有不易紧实、良好的排水性、适当的持水性、适宜的弹性以利于球座插入，且无石子等杂物，否则不利于日后的草坪养护。发球台根际层深度一般为 20～45 cm，其坪床结构一般有以下三种（图 5-1）。

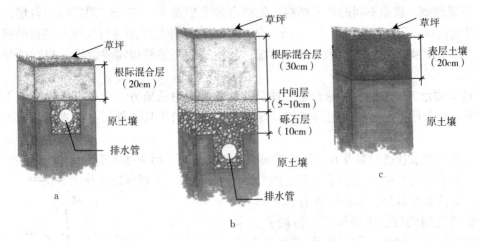

图 5-1　发球台坪床结构示意图
（引自 James B Beard，2002）

第一种坪床结构最上层为 20 cm 沙壤土，其下是原土壤层，在原土壤层中设有排水管道（图 5-1a）。这种结构投资较少，建造相对简单，具有一定的排水性，适于利用强度为低到中等的发球台。

第二种坪床结构剖面深 45～50 cm，最上层 30 cm 为沙质根际混合层，其下为 5～10 cm 的由粗沙构成的中间层，中间层下面为 10 cm 的砾石层。最下面为原土壤层，原土壤层中设有排水管道（图 5-1b）。这种结构投资大，建造程序复杂，对建造材料要求高，建成后排水性能优良，最适宜草坪草生长，适于利用强度大的匍匐翦股颖发球台。

第三种坪床结构是在原土壤上铺设 20 cm 厚当地的肥沃的表层土壤，要求表土是排水性好、不易紧实的沙质壤土，一般是由当地优质的表层土壤堆积而成，造型高于四周（图 5-1c）。这种结构投资最少，建造最简单，但排水性能相对要差，适于面积较大、利用强度低或中等的发球台。

这三种坪床结构各有特点，具体选择哪一种，要考虑到发球台的利用强度、面积大小、投资费用以及球场所处的气候条件等因素。

一般发球台均加高，以利于排水及提供可见性。如果发球台不加高，则应在根际层土壤与地基之间铺设砾石层，且最好在根际层土壤铺设前，沿发球台边缘竖起一圈塑料挡板，以防周围黏土混进发球台。发球台周边的土壤应为含沙量高、质地粗的优质表层土，以保证发球台内部土壤排水畅通。这对于边坡遭受集中践踏或车辆碾压的发球台尤为重要。

二、发球台建造

发球台建造与果岭建造过程相似，但没有果岭建造要求那么严格。具体建造步骤主要包括测量放线、基础造型、地下排水系统安装、铺设根际混合层、喷灌系统安装、表面细造型等。

1. 测量放线 在球场清场前进行的测量放线，已测放出各发球台中心桩的位置，在发球台建造中，应以这些设置好的中心桩作为基准点，按照设计师的设计标示出每个发球台的形状和轮廓，定出发球台的边界位置，并打上标桩，标出标高。

2. 基础造型 根据不同的坪床结构，发球台最上层是 20～30 cm 的根际混合层，因此发球台基础应该较最终标高低 20～30 cm，否则应按球场等高线图进行发球台基础的挖、填和造型工作，使基础造型与最终造型相匹配。具体的标高差要按需要铺设的根际层厚度来确定。

3. 地下排水系统安装 发球台是受球员践踏较为集中的地方，为尽可能地减少土壤紧实，改善发球台坪床土壤的通透性，使草坪草具备良好的生长条件，有必要铺设地下排水系统。

发球台的排水管道的布设方式常为炉箅式（图 5-2），即主排水管位于发球台的一侧，渗透进支排水管的水在重力作用下流入主排水管中，最终流入球场地下排水系统中。

主、支排水管多为富有弹性的有孔 PVC 波纹管，也可使用陶管、水泥管等，但陶管、水泥管的管材坚硬，弹性较差，在发球台建造过程中容易因大型机械的碾压而受损。排水管的管径根据排水量确定，一般主管管径为 100～110 mm，支管管径为 65～100 mm。支排水管间距根据具体情况确定，一般为 3～5 m。主排水管与出水口相连，出水口多设在邻近的次级高草区中，发球台的地下排水系统要连接到球场的整体地下排水系统中。

地下排水系统安装的第一步是用白石灰等标示出排水管道的位置，然后下挖深度和宽度为15～25 cm 的管沟，可以使用机械挖掘，也可以人工进行挖掘，但要保证管道具有 5% 左右的坡降，坡降最低不能小于 1%，以保证水流能以自然流的方式流向主排水管或出水口。沟底应干净，无建筑垃圾，并夯实到平滑、坚硬。而后立即在沟底铺设厚 5～8 cm 的砾石层（砾石直径 10～20 mm），夯实后沿管沟中心线将排水管铺设在砾石上，排水管周围用与沟底相同的砾石回填并夯实，直到回填料与相邻的地面齐平为止。

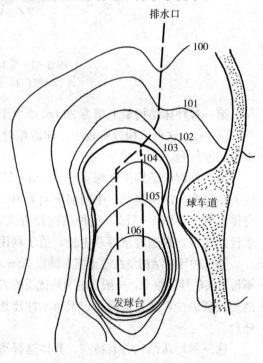

图 5-2 发球台排水系统示意图
（引自 James B Beard，1982）

4. 根际混合层的铺设 由于发球台面积有限，受到的践踏很强烈，如果根际层土壤使用不当，会引起土壤紧实，通透性差，草坪生长不良，从而严重影响发球台质量。理想的发球台土壤混合物应不易紧实，有良好的通透性，且富有弹性。若条件许可，发球台最好能使用果岭根际层混合物，铺设厚度一般为 15～30 cm，在安装好排水管的发球台基础上，铺设根际层混合物，铺设时要分层碾压。

如不安装地下排水系统，发球台可以不铺设根际层混合物，直接在发球台基础上铺撒 15～20 cm 厚的中粗沙（粒径为 1～3 mm），然后在其上铺设一层 5～10 cm 厚的球场原表土，再根据具体情况施入一定量的有机土壤改良物质和调节土壤酸碱度的无机土壤改良剂，用机械在现场进行充分混合，直至混合物均匀，即可形成发球台的根际层土壤。

5. 喷灌系统安装 大多数现代高尔夫球场的发球台都安装喷灌系统，以保证草坪的良好生长。发球台的喷灌系统应在草坪种植前安装完毕，如果安装及时，喷灌系统可在根际层土壤沉降中发挥作用。

喷灌系统的设计应满足不同发球台形状的要求。对于自由式发球台，喷头安装在发球台边缘，发球台形状应尽量满足三角形布置喷头的要求（图 5-3）。发球台喷灌系统除了满足台面喷灌的需要外，最好能覆盖球台周区。每个发球台的喷头最好为一个喷灌单元，设有阀门进行控制。此外，每组发球台还应接一个快速取水器接口，以便于人工补浇。

安装喷灌系统时，首先按照球场喷灌系统平面布置图，准确定位发球台的喷头和喷灌管线的位置，而后进行管沟的开挖，铺设喷灌管道，进行喷灌系统的安装。管沟和喷头的标高要根据球场喷灌设计图严格控制，以保证与球道的喷灌系统顺畅连接。

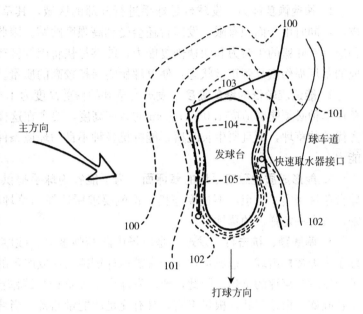

图 5-3 发球台喷灌系统示意图
（引自 James B Beard，2002）

6. 表面细造型 在发球台根际层混合物铺设后，经过一段时间的沉降，便可进行发球台表面细造型工作。发球台表面细造型的目的有两个：一是使发球台具有良好的地表排水系统。发球台表面一般坡度较平缓，以 1%～2% 的坡度为宜，发球台表面排水方向最好比较分散，使雨水向不同方向分流，但要避免使雨水汇集到球手进出发球台的通道上和球场车辆行走的路线上。二是使发球台表面充分平整，为球手提供良好的站立开球姿势。通过人工结合机械，将发球台表面细致地整形，使最终的表面均一光滑、变化流畅，无积水现象，并符合设计要求。

第四节　发球台草坪建植

发球台作为球场重要的草坪区域，其质量的优劣直接影响到球场的声誉和运营状况。要使发球台草坪保持高质量和持久使用，必须重视草坪的建植工作，为草坪的高质量打下坚实的基础。

一、草种选择

因地制宜地选择适宜的草坪草种是获得高质量发球台草坪的基础和关键。如果草种选择不当，不仅会影响草坪质量，还会增加球场养护费用。

（一）选择原则

发球台草坪草种首先要能抵抗当地不良气候、土壤、病虫害等不利的环境条件，同时，作为球场内具有特殊利用目的的发球台，其草坪草种还应具有以下特性：

1. 快速恢复能力　发球台是球手进行开球的区域，其草坪经常会被球杆铲掉，产生草皮痕，同时由于面积有限，发球台还会受到高强度践踏。因此，要求所选择的发球台草坪草种应具有旺盛的生命力和快速恢复能力，能够尽快将因挥杆产生的草皮痕及由于过度践踏造成的草坪损伤恢复到正常状态，使草坪始终保持较高的质量。

2. 能适应较低的修剪高度　发球台草坪的修剪高度为 1.0～2.5 cm，因此要求所选择的草坪草种必须能够适应 1.0～2.5 cm 的修剪高度，要求在这样的修剪高度下，不仅能形成整齐优美的草坪，而且要生长旺盛，能抵抗各种不良的环境条件，具有受到损伤后迅速恢复的能力。

3. 能形成质地致密平坦的草坪面　为了能够为球手提供一个稳固平坦的站位，要求发球台草坪密实、平坦，不过度蓬松。这就要求所选择的草坪草种能形成根系丰富、坪面致密、具有一定弹性的草坪。

4. 耐践踏、抗击打　发球台是球场中践踏强度大、践踏区域集中的地方，同时，由于球手大力挥杆击球，造成草坪草经常被球杆铲掉而形成严重的草皮痕，甚至会因此而不得不进行发球台草坪的重建。因此，要求发球台草坪草种耐践踏能力强，同时具有抗击打特性，生长旺盛，根系粗壮，根量丰富，具有充足的能量储备，当草坪草被铲掉后，能从生长点迅速萌发出新的枝条，恢复草坪质量。

5. 具有耐阴性　发球台周围一般需要种植一定数量的树木，以供球手在等待开球时乘凉，但这会对发球台草坪造成遮阴，在一定程度上影响其正常的生长发育。因此，在发球台周围种植有树木的情况下，要考虑选择耐阴性强的草坪草种。

（二）草坪草种和品种

发球台草坪草种选择的范围比较广泛，冷季型和暖季型草坪草中都有很多草种和品种符合发球台草坪的要求，在适当的养护管理条件下能够形成高质量的发球台草坪。

1. 冷季型草坪草　在发球台应用最广泛的冷季型草坪草是匍匐翦股颖和草地早熟禾。

匍匐翦股颖具有发达的匍匐茎，在修剪频繁、浇水良好、施肥及时的高水平管理条件下，依靠其匍匐茎的蔓延生长，可形成致密、平整、均一的草坪，非常适合发球台草坪的要求。只是在球杆铲击草坪时，容易产生较大的草皮痕，需要及时进行修补，否则会造成草坪的大片秃斑，严重影响草坪质量。在中等或较低的管理水平下，匍匐翦股颖形成的草坪质量较差，难以满足发球台草坪的要求。

目前适于发球台的匍匐翦股颖草坪草品种主要有 PennA-1、PennA-4、Pennlink、Penneagle、Penncross、Putter、Cato、SR1020、Seaside、Cobra、Toronto、Cohensey 等。其中，Toronto 较适应寒冷气候地区，Cohensey 则适应于过渡气候区，Seaside 对盐碱性土壤具有较强的适应能力。

草地早熟禾具有发达的根茎，叶片质地不及匍匐翦股颖柔嫩细软，但色泽深绿，根系分布较匍匐翦股颖深，根量也较丰富，密度大，在中等管理水平下即可形成较理想的发球台草坪，而且受到球杆铲击造成的草皮痕较轻，是目前我国北方地区应用最为普遍的发球台草坪草种。

草地早熟禾的品种繁多，适应发球台草坪要求的品种也很多，如 Nuglade、Blue Moon、Unique、Freedom、Opal、Haga、Conni、Rugby Ⅱ、Blue Star、Midnight、Eclipse 等。这些品种都具有低矮的生长习性，叶片质地较细致，具有再生性强、恢复速度快等特点。

此外，多年生黑麦草和紫羊茅等也常作为混播组合中的成分应用于发球台草坪中。其中，多年生黑麦草主要作为混播中的先锋草种进行应用，而紫羊茅在我国西北、东北及云贵高原的部分地区应用较为广泛，其耐阴性强，质地细致，生长低矮，要求的管理水平不高，是上述地区较为理想的发球台草坪草种之一。

在潮湿冷凉的沿海地区，某些细弱翦股颖品种也可用于发球台草坪，适于发球台草坪的品种有 Highland、Astoria、Exeter 等。

不管选用哪种草坪草种建植发球台草坪，一般冷季型草坪草极少采用一个品种的单播方式建坪，多采用混播或混合播种，以使草坪适应复杂的环境条件，增强草坪的整体抗逆性。

发球台草坪常用的冷季型草坪草的混播组合有：100％草地早熟禾（3～4 个品种），播种量为 12～15 g/m²；90％草地早熟禾（3～4 个品种）＋10％多年生黑麦草（1～2 个品种），播种量为 15～20 g/m²；70％草地早熟禾（3～4 个品种）＋30％紫羊茅（2～3 个品种），播种量为 12～15 g/m²；100％匍匐翦股颖（1～2 个品种），播种量为 5～8 g/m²；100％紫羊茅（3～4 个品种），播种量为 12～15 g/m²。

2. 暖季型草坪草　在发球台应用最广泛的暖季型草坪草是狗牙根，其杂交品种中的 Tifway、Midway、Midron、Ormond 以及 Santa Ana 等都是暖湿地区发球台草坪常使用的品种。其中，Tifway（Tif419）是比较理想的发球台草坪草种，因其修剪高度较低，茎叶密度大，受到损伤后恢复快，在南方及过渡带地区应用很普遍；Midron 是狗牙根杂交品种中耐寒能力非常强的一个品种，在气温较低时仍能继续生长，可形成强壮、致密、极耐践踏的草坪，是气候过渡区非常适宜的发球台草坪草种。

结缕草是北方地区和气候过渡区发球台常使用的草坪草种。可用于发球台草坪的品种有 Meyer、Emerald、Midwest、青岛结缕草、兰引 Ⅲ 号等。其中 Meyer 在暖季型草坪草中耐低温、耐阴性均较强，能通过强壮的根系和发达的匍匐茎形成极其致密、耐践踏性极强的草坪。但由于结缕草质地粗糙，色泽不理想，根茎和匍匐茎生长速度慢，对草皮痕的恢复能力较差，而且绿色期较短，成坪速度慢，因而在一定程度上限制了其应用。

由于暖季型草坪草侵占性强，草种之间共容性较差，因此一般采用单播的方式建植发球台草坪。

二、草坪建植

在发球台的坪床建造细造型完成后，应使根际层土壤有充分的时间进行沉降，以免日后发生不均匀的沉陷现象。可通过浇水、碾压等方法使根际层土壤充分沉降，形成一个比较稳定的坪床面。

发球台坪床建造完成和确定草坪草种后，其草坪建植主要包括坪床准备、草坪种植和幼坪养护等。

（一）坪床准备

发球台的坪床准备工作主要包括施基肥及改良土壤、坪床土壤消毒和坪床细平整等工作。在进行坪床准备前，应对发球台坪床土壤进行测定，测定项目主要包括土壤理化性质、营养成分含量、土壤酸碱度等，为坪床施基肥及改良土壤提供理论依据。

施基肥是坪床准备中的重要工作，应根据草坪草生长的要求和发球台坪床土壤营养成分测定结果，在坪床中施入适量的氮、磷、钾复合基肥。一般基肥以低氮、高磷、高钾为主，其中磷肥有助于幼苗期草坪草根系的生长发育，钾肥有利于草坪草抗逆性的提高，氮肥则主要促进草坪草地上部分的生长发育。草坪建植初期，需少量多次灌水以保证幼苗成坪，氮肥淋失较为严重，因此基肥应以磷、钾肥为主，氮肥为辅。一般来说，复合基肥的施入量为 $50\sim80$ g/m²，氮、磷、钾三种元素的比例为 $4:5:5$，但这也要根据坪床土壤营养成分测定结果来具体确定。除了复合肥，有机肥料如蚯蚓肥、膨化鸡粪、厩肥、堆肥等也可作为基肥施入，这些有机肥属长效缓释肥料，能够为草坪草的后期生长持续提供营养，其施用量根据坪床土壤营养成分测定结果而定，一般为 $1\sim2$ kg/m²。基肥施入土壤中的深度不能超过15 cm，可将复合肥或有机肥施入到坪床表面，而后用机械充分混拌，直至肥料与土壤混合均匀，否则易因肥料不均匀而造成草坪草生长不一致，甚至对种子及幼苗造成灼伤，为草坪质量及养护管理带来不必要的麻烦。

草坪草能适应较大的 pH 范围，然而绝大多数草坪草最适宜的 pH 是中性到弱酸性（$6.0\sim7.0$），在此 pH 范围内，草坪草生长最佳。根据坪床土壤测定结果，如土壤偏酸或偏碱，则需对坪床土壤进行酸碱改良。对于偏酸的土壤，其改良方法为在土壤中施入一定量的石灰，石灰要充分混拌于 20 cm 土层内，石灰可有效地改良土壤的原始酸性。对于偏碱的土壤，除了在草种选择中考虑选用耐盐碱性的草坪草种外，还应在坪床准备中施入酸性物质，如泥炭土、有机肥、充分腐熟的农家肥等，还可施入如硫黄粉、硫酸亚铁等呈酸性的化合物来改良土壤的碱性。

此外，如果发球台坪床土壤根际层采用球场原表土，为了保证土壤良好的团粒结构，提高土壤通透性和保水保肥能力，在坪床准备中往往加入一定量的泥炭土，为草坪草生长创造良好的条件。

如果需要，可对发球台坪床进行消毒工作，以杀灭杂草种子、营养繁殖体及病原体、虫卵等。最常用的消毒药剂是福尔马林、五氯硝基苯、氯化苦等。将药剂均匀注入干燥的土壤中，待药液渗入后，要用湿草帘或塑料薄膜进行覆盖，防止药液挥发，使之在土壤中充分发挥作用。经 $5\sim7$ d 后可除去覆盖物，并耕翻土壤，促使药液挥发，再经 $7\sim10$ d 待无气味后，再进行坪床的细平整工作。

发球台坪床的细平整工作，首先要清除坪床内的石块、树根等杂物，然后利用人工结合机械进行细平整。细平整过程中，不得破坏发球台在细造型时形成的造型，应确保发球台表面排水良好和有利于球手站立开球。要保证细平整后的坪床表面具有 $0.5\%\sim2\%$ 的排水坡度，其倾斜方向应前高后低，排水路线为多个方向，但要避免使水流向球手进出发球台及球车通过的区域。发球台周围边坡的朝向则根据地形而定。对于台阶式发球台，其排水坡度最好朝向右后方或左后方，以避免雨水汇集在台阶基部。最后，用人工和机械将表面处理平整、光滑，并压实，等待植草。在坪床的细平整中，可使用一些电子设备或水平尺等来检测坪床的平整光滑度，以获得一个理想的符合设计要求的发球台表面。

(二) 草坪种植

发球台草坪的种植分为种子直播与营养繁殖两种方式。冷季型草坪草及部分暖季型草坪草如日本结缕草、普通狗牙根等多采用种子繁殖，对于部分只能进行营养繁殖的暖季型草坪草，可采用播茎枝、直铺草皮等方法进行建坪。

1. 种子直播　采用种子直播建坪时，最好在播种前一天将坪床浇透水，使播种时坪床土层半干半湿，但地表无积水。此时用耙子拉松表土，在土层湿润时将种子播下，可以大大提高发芽率和出苗率。

冷季型草坪草播种时间以春季或秋季为宜，暖季型草坪草如狗牙根、结缕草等应在初夏气温稍高时播种。不同草种因种子粒径不同，其播种量也有所不同，发球台草坪草种的播种量参见表 5-1。

表 5-1　发球台草坪草种的播种量

草坪草种	播种量（g/m²）
草地早熟禾	12～15
匍匐翦股颖	5～8
紫羊茅	12～15
结缕草	20～25

如采用混播方法建植草坪时，不同草种或品种的播种量应根据在混播组合中所占的比例来确定。

按照每个发球台的面积和草坪草种的播种量，将种子分好。如为混播建坪，可根据混合比例将种子混合均匀，但如果种子粒径或千粒重差异较大，则不同草种应分别播种。

发球台面积有限，一般采用手推式播种机进行播种。由于发球台台面与周围所播种的草坪草种不同，因此播种时要特别小心，防止操作不慎将发球台草坪草的种子播到外围区域而成为杂草，造成草坪质量下降。为防止出现种子飞出发球台的现象，播种前应对播种人员进行培训，使其熟悉播种机的操作，播种时应选择无风天气，并在待播区域外围竖上挡板，或者在发球台台面最外侧 1～1.5 m 处用下落式播种机播种，内侧用旋转式播种机播种，可有效地防止种子飞出待播区域。为了保证播种均匀，应适当调整种子下落量，以便至少在垂直方向上将种子播两遍。播种时，应尽量减少闲杂人员在发球台上走动，以免留下过多的脚印。

播种后，可由人工用耙子将土壤轻轻地耙一遍，使种子与土壤混合在一起，或者用与坪床土壤相同的材料覆盖种子，厚度为 0.5～1 cm。而后用重为 300～500 kg 的压碾对坪床进行滚压，保证种子与坪床土壤紧密结合。如需要，可用农作物秸秆、草帘或无纺布覆盖坪床，以便为种子的萌发提供良好的生长环境，促进种子萌发更快更整齐，防止因水冲而造成出苗不均，影响成坪。

而后，需要对种子进行喷灌保湿，直至成坪。

2. 营养繁殖　有些暖季型草坪草需要进行营养繁殖，可通过播种茎枝或直铺草皮的方法来建植草坪。

播种茎枝时，可先将茎枝切割成 2～5 cm 长的短茎，每个短茎上至少要含有 2 个节，人工将切好的短茎均匀地撒在坪床上，用重 300～500 kg 的压碾对坪床进行滚压。而后用与坪床土壤相似的材料进行覆盖，厚度为 2～5 mm，然后再用压碾进行滚压，使茎枝与坪床土壤充分接触，以利生根，同时使坪床表面光滑。最后喷水保持坪床土壤湿润，直至成坪。

此种方法适用于匍匐茎较发达的匍匐翦股颖、狗牙根等。在撒播过程中，为减少人员走动在发球台上留下过多的脚印，可在操作区内铺几块纤维板，供人员来回行走。

需要注意的是，播种所用的茎枝段要保证新鲜、有活力，所有茎枝在采割后的 2 d 内应全部撒播完毕，贮放时要注意保持适宜的温度、湿度和通风条件，堆放发热变黄和失水变干的枝条不得用于播种，否则极易造成建坪的失败。

直铺草皮的方法主要用于发球台需要重建并且必须尽快投入使用时，这种方法成坪迅速，即铺即绿，养护管理也较为简便，但费用较高。铺植的草皮应没有杂草，所用的草种或品种应符合发球台草坪的要求。此外，待铺草皮的根层土壤与发球台根际层土壤要一致或相类似，草皮下带土厚度不能超过 1.5 cm。铺植前一天，坪床应浇透水。铺植时，草皮块应交错放置或进行方格式铺植，搬运草皮及进行铺植操作时动作要轻，不能撕裂或拉伸草皮，草皮边缘应完全衔接，但不能重叠。草皮铺植完毕后，在某些草皮块之间有缝隙的地方要撒土找平，保证坪面平整光滑，所用的土应与坪床土壤一致。而后用压碾对草皮进行滚压，使草皮与坪床土壤紧密结合，尽快生根。及时喷灌，保持坪床湿润，直至一周后新根长出，草坪投入使用。

（三）幼坪养护

草坪播种远成后，其后的养护管理对于能否成功建坪非常重要。在幼坪阶段，草坪草正处于生长发育的关键时期，需要进行精心的养护管理。发球台草坪幼坪的养护管理主要有以下几项措施：

1. 喷灌 对于幼坪来说，能否成坪及成坪快慢的关键因素是水分。如果水分保持不好，会造成幼苗萌发困难，出苗缓慢甚至出不了苗，从而导致建坪失败。对于以营养繁殖的方法建植草坪，浇水尤为重要，茎枝或草皮缺水时会因失水过多而干枯，失去再生能力。

播种后，初次浇水时应浇透根层，以后则遵循少量多次的浇水原则，保持坪床表面经常湿润，直至种子全部出苗。根据气温及空气干燥的程度，发球台幼坪每天要浇水 3～5 次，每次浇水以表面出现径流时为止，但坪床上不能形成积水，不要造成冲刷现象。水的雾化程度要高，冲击力不能太大，以免出苗不均。在幼苗出齐后，逐渐加大灌水量，减少灌水次数，以利于幼苗根系向土壤深层生长，提高草坪草的抗逆性。如坪床上有覆盖物，由于覆盖物具有保温保湿的作用，因此要相应地减少喷灌次数。

2. 除去覆盖物 坪床在播种后进行覆盖，可有效地提高种子发芽率和出苗率，促使种子更快更整齐地萌发。但种子出苗后，覆盖物如不及时清除，会对幼苗造成遮阴，叶片无法进行正常的光合作用，对幼苗的生长造成影响。如覆盖物为农作物秸秆，种子萌发出苗后，应将秸秆逐渐清除；如覆盖物为草帘或无纺布，则在幼苗生长到 1.5～2 cm 时，选择在阴天或傍晚时揭开草帘或无纺布，不要在阳光强烈的中午揭开覆盖物，否则幼苗会因难以适应强烈的光线照射而死亡。

3. 修剪 种子直播建坪的草坪，其修剪应在幼苗根系稳固后开始。首次修剪最好是在幼苗干燥、叶子不发生膨胀的中午或下午进行，且不能使用过重的修剪机械，以防对幼苗造成过度碾压。修剪前，应仔细检查坪床，清除石子、铁丝、塑料薄膜等杂物。如坪床土壤过于蓬松，可在修剪前用压碾进行镇压，使幼苗根系与土壤紧密结合，防止修剪时连根拔起。

剪草机的刀片要锋利，因修剪造成的伤口小，利于草坪草的恢复。从首次修剪至其后的 4 周内，其修剪高度可为 2~3 cm，4 周后至第 8 周逐渐降到 1~1.5 cm，最后达到 1 cm 左右的修剪高度标准。修剪时要遵循三分之一的修剪原则。最初几次剪下的草可以不必清理，留在坪床上的草屑有利于幼苗的匍匐茎扎入表土中生根，加速幼坪成坪。

修剪初期，每周可修剪 2~3 次，随着草坪草的生长发育，逐渐加大剪草频率，直到与成坪的剪草频率相同，即视草坪草生长状况，每 2 d 修剪一次。随着幼坪的逐渐成熟，剪下的草屑也越来越多，应将其清理出发球台。

4. 施肥　如果在坪床准备中施入了足够的基肥，一般在幼坪阶段不需要施肥。但如果坪床构造中以沙为主，肥料流失量较大，则需定期补充肥料，尤其是氮肥。为了防止肥料颗粒附于叶面上引起灼伤，肥料撒施应在叶片完全干燥时进行。新建草坪因根系的营养体还很弱小，施肥应少量多次进行。施肥后应立即浇水，防止肥料杀伤幼苗。

5. 杂草防治　如果发球台坪床在建植前进行了消毒处理，加之在幼坪阶段的频繁修剪，大部分杂草都已被清除掉，杂草问题不会很严重。有少量的杂草出现时，可采用人工拔除的方法进行防治，但应在坪床和幼苗较干燥时进行，以减小对幼苗的践踏伤害。如要使用除草剂防除阔叶杂草时，应在种子萌发 6 周后使用，防止除草剂对草坪草幼苗产生毒害作用。

6. 表层覆沙　对发球台进行表层覆沙不仅可以使发球台表面平整光滑，而且沙子可以覆盖幼株的匍匐茎，促进其分蘖和生根，从而加速幼苗的蔓延生长。在种子出苗 1 个月后，即可以进行覆沙作业，每次覆沙厚度以 2~4 mm 为宜，覆沙频率依据坪床的平整光滑程度来确定。覆沙时最好选用质量较轻的手扶式覆沙机，避免造成坪床土壤的过度紧实。覆沙所用的材料必须与坪床建造时的材料相同。

发球台幼坪通过上述培育措施，在种植后的 8~12 周即可成坪投入使用。不同草坪草种的成坪时间有所不同，如果以种子直播的方法建植发球台草坪，在适宜的条件下，匍匐翦股颖的成坪时间为 10~12 周，狗牙根的成坪时间为 8~10 周，草地早熟禾的成坪时间为 8~10 周，而结缕草苗期生长缓慢，成坪时间较长，12~16 周才能成坪，苗期要注意杂草防除工作。如果以铺植草皮的方法建坪，则成坪时间相对较短，在生长条件适宜的情况下，铺植的草皮在 15~20 d 即可投入使用。而以播种茎枝的方法建坪，在适宜的条件下，成坪时间为 30~45 d。

第五节　发球台草坪管理

草坪是高尔夫球场的生命，作为高尔夫球场重要部分的发球台，对其草坪质量有较高的要求，总体上说，发球台草坪养护管理的基本原则、管理技术及管理措施的具体操作与果岭基本相似，但发球台作为一个开球区域与果岭的利用目的完全不同，其草坪管理与果岭也存在一定的差异。

一、修 剪

1. 修剪高度　发球台草坪的修剪高度以球放在球座上时不被周围草坪的枝叶包围为宜（球座插入草坪面适宜深度），以免妨碍球杆杆面与球的接触。同时，修剪高度还要保证球手具有稳固的站立开球姿势。

一般发球台草坪的修剪高度为 1～2.5 cm，介于果岭草坪和球道草坪之间。草地早熟禾、多年生黑麦草、普通狗牙根草坪可通过频繁的修剪使修剪高度保持在 2 cm 左右，而匍匐翦股颖、结缕草及杂交狗牙根可适于更低的修剪，修剪高度可以保持在 1～1.5 cm。

2. 修剪频率　发球台草坪的利用目的与果岭不同，坪面质量也没有果岭要求得那么高，因此其修剪频率较果岭低得多，生长季节内可每 2～3 d 修剪一次。在草坪生长极其旺盛及施入氮肥后要增加修剪频率。修剪后的草屑应进行清理。

3. 修剪方式与修剪操作　发球台的修剪通常采用相互垂直的两个方向进行，尽量减少草坪纹理的形成。剪草前要检查发球台是否有石块、球手遗留下的球座及其他杂物，并及时清除，以防损伤剪草机刀片。对于因打球所致的草皮痕也要在修剪前覆沙或修复。

面积较大的发球台修剪一般使用三联式滚筒剪草机，但发球台的面积应足够大，以减少剪草机转弯时对草坪的伤害。面积较小的发球台可用手扶式滚筒剪草机修剪。此外，形状不规则、排水不良或遮阴处的发球台，一般也使用手扶式滚筒剪草机进行修剪。剪草机每次进出发球台时，要避免按单一的路线行走，最好避开从球道方向进入发球台，以减轻对发球台草坪的局部践踏。

二、施　肥

发球台草坪的施肥原则与果岭草坪稍有不同。为促进发球台上的草皮痕尽快恢复，需要施入较果岭更大的氮肥量。充足的氮肥有助于保持发球台草坪的颜色，促进草坪的分蘖与快速恢复，保持发球台草坪的质量。

匍匐翦股颖、草地早熟禾、多年生黑麦草和结缕草发球台草坪，每年需施氮 15～20 g/m²；狗牙根草坪发球台的需氮肥量较大，每年需施氮 25～50 g/m²，在生长季节每隔 15～30 d 需要施一次氮肥。具体的施氮肥量取决于草皮痕的严重程度，施氮肥的间隔时间也取决于氮肥的释放速度及根系层土壤的保肥能力。如果施用的是缓效氮肥，应适当延长施肥间隔时间。

同一球场不同发球台即使根系层土壤及灌溉措施相同，其施氮量也会有所不同。对于三杆洞、第 1 洞和第 10 洞发球台草坪，草皮痕比较严重，施氮量相应较多。而面积较大、利用强度较小的发球台则不需要过多的氮肥。一般三杆洞、第 1 洞和第 10 洞发球台草坪需要的氮肥量要比面积较大的发球台多 1 倍。

对于氮肥施入的季节、氮肥种类、施肥方法等，发球台与果岭基本相同。

发球台草坪磷、钾、铁、硫及其他营养元素的施用，要依据土壤化验结果和植物缺素情况适时施入。发球台的土壤化验每年至少要进行一次。钾肥有助于提高草坪的耐磨性，因此要注意对发球台草坪钾肥的施入。

发球台土壤酸碱度的调整也要根据土壤化验结果进行。若需要调整，在每年的春季或秋季施入农用石灰或硫酸盐，具体的施用时间、施用量和施用方法与果岭相同。

三、喷　灌

发球台草坪由于修剪高度高于果岭，其草坪根系更深、更发达，能够忍耐相对较强的干旱，可以在接受较少的喷灌量下保持旺盛生长。因此，为减小潮湿的土壤受严重践踏造成土壤硬实的可能性，发球台草坪应保持相对干燥。一般也不需要在炎热的夏季对草坪进行冲洗喷灌。

然而，由于较严重的草皮痕问题，发球台草坪需进行频繁的补播。因此，除正常的喷灌外，一般需每天中午进行轻灌，以保证种子的正常发芽和补播成功。

发球台喷灌原则和喷灌操作等参见果岭草坪管理的喷灌部分。

四、表层覆沙

定期给发球台草坪进行表层覆沙有利于快速修复草皮痕，尤其是草皮痕严重的三杆洞发球台，可使发球台草坪面光滑，为球手提供稳定站立的草坪面。发球台草坪因修剪高度高，其覆沙量一般比果岭大，视草皮痕严重程度，每次覆沙量每100 m² 可达到0.2～0.5 m³，每年至少进行一次。对于践踏强度大和草皮痕严重的发球台，每年需进行3～5次的表层覆沙。表层覆沙所用的混合物要与发球台建造时使用的根际层混合物相一致。覆沙材料的准备和覆沙方法及具体操作与果岭基本相同。

五、中　　耕

由于面积有限，践踏集中，发球台草坪的土壤紧实情况较果岭更为严重，尤其当发球台根际层土壤没有进行改良或改良不当时。

不同发球台因枯草层积累和土壤紧实情况不同，所需采取的中耕措施的种类和次数也不相同。对于三杆洞的发球台及使用强度较大的发球台，践踏严重，几乎不会产生枯草层积累问题，因此应减少如垂直切割等以控制枯草层积累为目的的中耕措施，而增加改善土壤通透性和紧实性的中耕措施如打孔等。而面积较大、使用强度较小的发球台，则应加强垂直切割、表层覆沙等中耕措施，以控制枯草层的积累。

对于面积小、践踏严重、根际层土壤为黏土的发球台，应在生长季内每4～6周进行一次打孔或划破草皮的中耕措施，以改良其土壤紧实性。而对于面积较大、使用强度又较小的发球台，可能从来就不需要进行改善土壤紧实性的中耕措施。

发球台草坪最常用的中耕措施是打孔和划破草皮，大多数发球台每年可进行2次以上的打孔或划破草皮耕作，一般安排在春、秋季进行。深度为25～30 cm的打孔可有效改善紧实的黏土。打孔后的土心一般要被打碎后再拖平到发球台草坪上，但在发球台根际层土壤质地较差时，需将土心清除，用覆沙材料填充留下的孔眼。其他的中耕措施如射水式中耕、人工刺穿草皮等，在发球台的管理中不太常用。

关于中耕的具体实施，发球台与果岭基本一致。

六、草皮痕的修补

由于发球台打球区域集中，以及球手的大力开球，发球台草坪常会出现严重的草皮痕，尤其是三杆洞、第1洞和第10洞的发球台以及练习发球台。因此，在草坪管理中必须采用一些预防性措施。其中经常变换发球台的开球标记是一项行之有效的措施，每天或每隔1 d变换一次开球标记的位置，可以减小对发球台草坪局部过分严重的击打与践踏，使出现草皮痕的草坪有一定的时间休养与恢复。对于使用强度较大的业余男子发球台，不仅面积要较大，一般还增设1～2个，使草坪有更充分的空间可供轮换。

修补草皮痕的基本方法有两个：一个是用土壤与种子的混合物填充草皮痕区域，另一个是在草皮痕上铺植草皮。第一种方法更为常用。

修补草皮痕所用的种子与沙子的体积比一般为1：9，最好使用发球台建造时所用的沙子与肥料的混合物。一般在草皮被铲掉后，及时将草皮放回到原处，并立即浇水，可以使草皮痕尽快恢复。若发球台草坪草皮痕极其严重，需考虑重新铺植草坪。重新铺植时，可将发球台分为两个部分，一部分进行铺植，另一部分用于打球。一个18洞的高尔夫球场一般需要建立1 000～2 500 m²的发球台备草区。

七、暖季型发球台草坪冬季交播

发球台草坪的冬季交播没有果岭那样普遍，在暖湿地区的狗牙根发球台草坪上有时需要进行交播。交播前要清除枯草层。交播最常用的草种是多年生黑麦草，播种量一般为40～50 g/m²。交播方法与果岭相似，只是播种后不需要覆沙。交播后幼坪的管理，与果岭冬季交播草坪的管理措施相同，但要注意经常变换发球台开球标志的位置，以减少由于长期的局部践踏与开球给发球台交播的幼坪带来过多的损伤。

第六节　发球台备草区

由于发球台草坪面积有限，遭受的球杆铲击及集中践踏又非常严重，而发球台草坪所选用的草坪草种与果岭和球道有所不同。为保证发球台草坪的质量，有必要建立发球台备草区，及时更换受到损坏的草坪，以及节省发球台重建时间。

在球场中设置发球台备草区有以下几个目的：一是用作修补击球后产生的草皮痕和草坪的部分更新；二是用于因严重遮阳、施肥不当、发生病虫害和剪草机漏油所致的发球台斑秃区域草坪的铺植和塞植；三是用于新型农药、肥料以及一些管理措施的试验场所。

为便于管理，发球台备草区一般设在草坪管理部附近，与果岭备草区、球道备草区设在一起。如球道草种与发球台草种相同时，二者可共用同一备草区。

发球台备草区的坪床准备、草坪建植及幼坪养护措施与发球台草坪基本相同，备草区根际层土壤、选用的草坪草种应与发球台草坪完全相同。但备草区的坪床厚度更大，因为备草区每年要生产1～2茬草皮，每茬草皮都会带走一部分根际层土壤。

发球台备草区养护管理水平应与发球台草坪相同，但氮肥的施用量要少得多，因为备草区没有强度践踏，也不会出现草皮痕，但可能枯草层积累问题较为严重，因此需定期进行垂直切割和表层覆沙工作。

备用草坪起挖后，若季节适宜，应立即播种建植新的备用草坪，以便为发球台及时提供可利用的草皮，并防止裸露的土壤被杂草入侵。

第七节　球台周区和练习发球台

一、球台周区

球台周区是指位于发球台下方、紧邻发球台台面的周围草坪区域。这一区域所种植的草坪草种及管理措施基本上与初级高草区相同，但由于该区域接受的喷灌多于初级高草区，其修剪频率也较大，接近于发球台草坪。

球台周区是球手进出发球台的通道区域，经常接受践踏，容易产生土壤紧实和草坪受践踏严重的现象，需要加强氮肥施入和打孔、划破草皮等中耕措施，促进草坪恢复，保证草坪生长正常。

球台周区的斜坡部分一般不能太陡，应利于剪草机的操作。如坡度太大，可用手扶式旋转剪草机或手提式打草机械进行修剪。如坡度较小，可使用三联式剪草机修剪。

发球台周围有时种有树木，为球手在夏季炎热的天气下打球提供一个较舒适的环境。但树木的遮阴和影响通风会使草坪易于感染病害，并降低草坪的耐践踏性。研究表明，清晨的阳光直射对草坪草的正常生长有着重要作用，因此在北半球，应尽量使树木位于发球台的北方或西方。而当发球台周围三面被树木环绕、遮阴严重时，草坪通常密度稀疏，生长不良，耐践踏性差，草坪恢复能力差，易于感病。应采取一些特殊的措施，如发球台和球台周区种植耐阴性强的草坪草种或品种，尽量用质量较轻的手扶式剪草机，提高草坪修剪高度，少施氮肥，保持浇水量适中，注意病虫害的及时防治，同时可使用适宜的草坪生长调节剂等。

另外，改善草坪生长环境，如砍除一部分遮阴严重和妨碍通风的树木，修剪树木的枝条，尤其是下部的枝条，及时清除落叶，用挖沟切根法切断进入发球台下部的树根，以减少树根对水分的竞争等。

二、练习发球台

挥杆练习场是高尔夫球场的一个重要组成部分，而练习发球台草坪则是挥杆练习场的组成部分，是供球手练习挥杆的场所，一般设在挥杆练习场的硬地打席台前方，设计为长方形或月牙形，造型高于练习场。练习发球台草坪不是每个球场都必需的，有的球场仅有硬地打席台，而无草坪打席台。练习发球台草坪面积要根据球场打球人数来确定，一般为 2 000～7 000 m^2 不等，每隔 3 m 放置一组清晰可见的大型开球标志，具有多个打位，可同时满足多人练习的需要。

练习发球台草坪的建造与球道中的发球台一样，包括地下排水系统的安装、根际层混合物的铺设、表面细造型等，其草坪的建植与管理也与球道中的发球台基本相同。

但是，由于练习发球台草坪的使用强度要高于球道发球台，因此，在以下三个方面练习发球台草坪与球道中的发球台草坪有所不同。

1. 开球标志的移动　练习发球台草坪践踏强度和使用强度都很大，必须定期进行开球标志的变动，以保证受伤的草坪尽快恢复和草皮痕的及时修复。在使用强度非常大时，甚至需要每天变动 1～2 次开球标志。

2. 草坪更新　练习发球台草坪的更新一般有部分更新和全部更新两种方法。

在每次变换开球标志时，可将种子与表层覆沙材料相混合撒播在暂不使用、进行休闲恢复的草坪打台上，以达到部分更新的目的。所用的种子应为草坪打台原有的草坪草种，但在草皮痕非常严重时，有时也在草种中混合一些成坪速度快、耐磨性较好的多年生黑麦草品种。

全部更新可以采用先杀灭原有草坪，再进行播种的方法。也可以不杀灭原有草坪草，而是在原有草坪的基础上进行表层覆沙，使发球台表面光滑平整，接着在坪床上从 2～4 个不同的方向进行打孔、中耕，然后进行播种、覆沙、滚压。如草皮痕严重，播种后需要进行大量的覆沙，覆沙量每 100 m^2 可达 0.2～0.5 m^3。覆沙材料应与草坪根际层土壤相同。播种完成后，进行适当的喷灌及幼坪培育等工作。土壤表层在 2～3 周内保持湿润，以保证快速、成功地建坪。如果喷头按喷灌单元进行设计和控制，则新建草坪在建植初期的 3 周内每天可少量喷水 2～3 次，而发球台的其他部分可进行正常浇水。

有些球场在开球标志移动后马上进行覆沙以修复草皮痕。如发球台草坪为冷季型草坪草，覆沙材料中可混合种子。

如果发球台草皮痕很严重，而发球台面积又较小，为使其表面迅速覆盖和成坪，可选用成坪快的多年生黑麦草进行建植。同时，对那些发芽较慢的种子采取催芽处理也可加快成坪。

3. 草坪施肥 练习发球台草坪因受到严重的践踏和破坏，需要更高的氮肥施入量。一般练习发球台草坪在生长季，每个月每 100 m² 需氮量为 0.5 kg，同时施入其他所需的营养元素。

如果草皮痕特别严重或相对于使用强度而言发球台的面积太小，为了保证草坪的恢复，一般要求球员暂时到硬地打席台上练球，直至草坪可以正常使用为止。

第八节　发球台开球标志及附属设施

一、开球标志

开球标志是放置在发球台上指示开球区域的标志。一个发球台一般放置一对开球标志。发球区是指现在准备打球之洞的起始处。它是纵深为两球杆长度、前面和两侧由两个发球区标志外侧边缘限定的方形区域。当球的整体位于发球区以外时，即为发球区以外的球。如果球整体置于开球标志的外面，则称该球为界外球。

开球标志是每个发球台最基本的特征，它用于特指某一天每个洞只能从这个发球区域发球。开球标志一般有四种颜色，即红色、白色、蓝色和金色或黑色，四种颜色的开球标志分别放置在不同类型的发球台上，指示不同的发球台类型（即红梯、白梯、蓝梯和金梯或黑梯）和不同的球道距离。开球标志物的大小、形状没有严格限制，各球场一般根据自己的需要而定，有的球场用简单、经济的木质标志物，有的用非常昂贵的雕刻物（图 5-4）。

图 5-4　三种典型的发球台开球标志

开球标志需要经常变动位置，以便变化打球的战略性和球道的难度。同时，在一个发球台不同的地方开球，可以有不同的障碍和自然景观效果，增加打球的趣味性和刺激性；也可使草坪管理者控制球手的分流和草皮痕的分布，减少由于局部践踏和击打严重造成草坪过分损伤；同时为损伤的草坪赢得恢复的时间，有利于草坪的再生与恢复。

开球标志的变更频率根据发球台的使用强度和草坪受损害的程度决定。一般用铁杆发球的三杆洞和第 1 洞、第 10 洞的发球台受损伤的概率大，因此需要变动的频率也较大，有时需要每天变动一次开球标志。有些发球台宽度很大，可以分为左、右两个部分，开球标志可分别在两个部分内进行前、中、后的移动，也可在左、右两部分之间进行轮换，这样可使草坪有更长的休养生息的时间，利于草坪的恢复。但要注意，两个开球标志之间的最佳距离是5～7 码（4.6～6.4m）。

在选择开球标志的放置地点时应注意以下两点：①草坪已由先前的损伤中完全恢复，生长良好，无草皮痕；②开球标志之后两球杆距离内的草坪应平整、坚实，能为球手提供站立开球姿势稳定、平衡的草坪条件。此外，在放置开球标志时还要考虑安全的因素，如前面发球台的开球标志不能放在后面发球台开球标志中球的飞行线上，表面坚硬、平整的开球标志不要面向球员放置。

开球标志变动应与果岭上球洞的变动相互结合进行，以保证球场的总长度相对固定。整个球场的开球标志变动计划要与果岭上球洞的变更计划相匹配，整个球场所有洞的开球标志需统一规划，进行轮换。

二、附属设施

每个发球台在建造完成后，根据实地对球洞长度的测量结果埋设一个永久的距离标志，作为球洞的长度标准。这个长度是从该发球台中心沿着球道中心线到果岭中心的距离，为球洞的准确长度，一般以码数表示。永久距离标志一般埋设在发球台一侧的中间位置。

发球台上通常还设有一些其他的附属设施，如球道标志牌、洗球器、烟灰缸、垃圾桶、休息凳、擦鞋器等。

球道标志牌是一个石制、木制或其他材料制成的牌子，牌子上通常刻有球洞的序号、球洞长度、球洞杆数、该球洞在整个球场中难度序号、影响击球的障碍物等。有的球场还将球洞的平面图刻在球道标志牌上，球手根据码数的多少、球道的变化情况来选择不同的球杆发球和决定该洞的打球战略。

洗球器一般隔一个洞设一个，供球手清洗污浊的球。洗球器应使用可移动式的，以便减少对草坪的局部严重践踏。每个洗球器还配有一个挂毛巾的支架，以便将球擦干净。

休息凳是供球手在等待开球时休息使用，一般为原木制造，造型比较古朴粗犷，适于在户外放置。一般置于发球台附近的阴凉处，但视野要开阔，能观察到球道的整体景观。烟灰缸一般放在休息凳旁边。

擦鞋器可供球手擦掉粘在球鞋上的草屑和泥土，擦鞋器常与洗球器、小型垃圾桶等组合在一起放置在发球台上。

每组发球台一般还设一个造型美观的盛沙器，内装过筛的与发球台坪床根际层土壤类似的沙子，供球手击球后为草皮痕覆沙所需。

此外，在球场中特定发球台附近（一般为 6 号球洞和 14 号或 15 号球洞）还设有凉亭或卖店，提供饮用水。

第六章　球　　道

第一节　概　　述

在高尔夫竞赛规则中，对球道（fairway）没有明确的定义，通常是指连接发球台和果岭之间、较利于击球的草坪区域，是从发球台通往果岭的最佳路线。球道草坪修剪高度一般为 1.5～3.0 cm，高于发球台和果岭，但比周边的高草区低得多。除三杆洞外，上果岭之前的正常击球都应在球道内进行。

在球场设计中，出于对球场管理费用的考虑，每组发球台之间的区域常作为高草区进行草坪的建植与养护，而在发球台和球道之间也常留出长度为 50～100 码（45.7～91.4 m）的距离作为高草区，其草坪的建植与养护均与高草区相同。

球道设计中一般都设有落球区，落球区是球道的一部分，是设计师为球手设计的较理想的落球和击球的区域。该区域一般较为宽阔、平坦，有利于球手击球和攻击下一个目标，但落球区附近的障碍物如水域、沙坑、树丛、草坑等也较多，以增加打球的难度，增强打球的刺激性。

球道面积广大，是最能体现球场风格的地方，其形状一般为狭长形，也有向左弯曲、向右弯曲或扭曲形。球道宽度随地形的变化而变化，一般为 30～60 m，比较普遍的是 40 m。

与果岭及发球台不同的是，球道不是每个洞必不可少的一部分，如有些三杆洞常常没有球道。球道长度由于每个洞杆数的不同而不同，标准 18 洞球场球道总长度为 6 000～6 500 m，球道总面积变化较大，一般为 10～20 hm²，这取决于球道总长度和平均宽度，也与球道前缘距离发球台的远近有关。设计良好的标准 18 洞球场球道总面积为 12～16 hm²，约占球场总面积的 18%。

球道的边缘线通过与其周边高草区草种的不同以及修剪高度的差别可以明显体现出来，一般是变化较多的曲线，这主要是提高视觉的美观效果和增加击球的战略性。另外，通过这种轮廓线的变化，也可以减少球道面积，从而节约草坪的养护管理费用。

与球道相邻的障碍除高草区外，还有一些水面障碍如海、湖、塘、河流、水池或其他开放式水面可延伸至球道中，甚至切断球道，其他障碍如草坑、草丘、沙坑、树木等，与水面障碍一起构成球道打球战略不可缺少的部分。

第二节　球道草坪质量标准

球道作为连接发球台和果岭的中间过渡击球草坪区域，不仅应具有优美的坪观质量，创造出良好的球场景观效果，更要符合球道击球所要求的运动标准。高质量的球道草坪应具备如下特点：

1. 适宜的修剪高度 适宜的修剪高度对于达到球道草坪所要求的密度、草坪对球的支撑性具有重要的作用。球道最佳的修剪高度在 2.0 cm 以下，但可因所选用的草坪草种、坪床土壤、气候、球道养护管理费用以及球员喜好而有一定的变化。一般要求球道草坪的修剪高度为 1.5～2.5 cm。

2. 草坪坪面具有较高的密度 高密度的草坪才能使球在草面上处于一个较好的球位，利于球手击打；由于球易隐于草坪中，稀疏甚至裸地的草坪不利于击打，增加了球道所不应有的打球难度。

3. 草坪坪面均一、平滑 坪面均一、平滑，使球手在整个球道上能准确掌握击球方式和力度，不致因球道草坪坪面的差异过大，影响球手的准确击球。

4. 枯草层厚度适中 枯草层过厚会使坪面变得蓬松，容易在击球时因球杆的铲击而在草坪上产生大块的草皮痕，也不利于球手的平稳站位，同时过厚的枯草层会影响草坪草根系的生长；但枯草层太薄的草坪面也不理想，难以使草坪具有相当的弹性。

球道面积广大，其功能与果岭和发球台不同，因此对球道草坪的坪面质量要求没有果岭和发球台那样严格，主要以能为球手提供一个较好的落球和击球位置，满足球手在球道上较好地控制击球为目的。

第三节　球道建造与草坪建植

球道是球手打球的重要区域，对草坪质量的要求较高，但其面积广大，是高尔夫球场建造过程中较难处理的部分。其建造时间和经费直接影响着球场建造进程和所耗经费，而球道建造时间的长短及所耗经费的多少则取决于场址中需要清除的树木、石块及其他障碍物的数量、球场的造型、挖方量及填方量的大小等。球道建造的主要步骤有测量放线与标桩、场地清理、表土堆积、场地粗造型、排水系统与灌溉系统的安装、坪床土壤改良、场地细平整等。具体建造过程可参考流程图（图 6-1）。

一、球道建造

1. 测量放线与标桩 测量放线是球场建造的第一步，同时也贯穿于整个球道建造阶段。建造球道时，首先进行测量，并沿着球道中心线每隔 30m 打一个标桩，标桩应坚固耐用。另外，在落球区及球道转点处应用特殊的标桩做出明显的标记。

2. 场地清理 根据清场图和已经测量定位的球道中心线，首先将球道中心线每侧 12m 内的树木和大块石头等清除，然后由设计师在现场根据需要，加宽清理区域，可以通过移动球道中心线或轻微改动原有的果岭、发球台或沙坑的中心点，以保留球道边缘重要的树木，并进行标桩或插上旗帜。如需要，设计师应再次到现场，仔细体会球道的战略性和球道的整体树木景观效果，进一步补充需要清理的区域，并最终完成球道的清理。已确定清理的树木，不仅要将树木砍伐、搬运，还要将树桩及树根挖除，以免影响草坪的建植及后期草坪的管理。清除大的树根及树桩而留下的深坑应及时填土夯实，以免日后发生沉陷。一般来说，大多数土壤每填 30 cm 深的土通常会下陷 5 cm 左右。

3. 表土堆积 表土堆积是在球道场地清理后，如场地表层土壤质地较好，较适于坪床土壤的要求（如沙壤土），可以将地面表层 20～30 cm 深的良质土壤堆积到球场暂不施工的

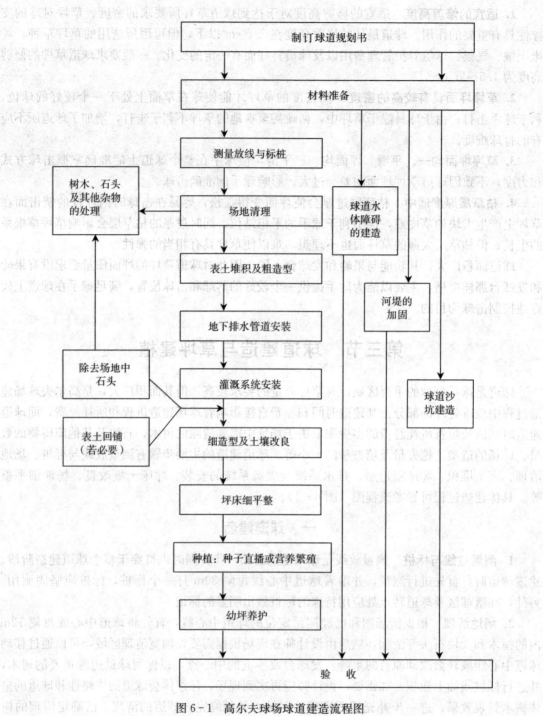

图6-1 高尔夫球场球道建造流程图

区域存放，用于以后的球道坪床建造时运回铺设，进行坪床改良。

4. 场地粗造型 球场中有的球道比较平坦，起伏较小，而有的球道可能起伏较大。在表土堆积工作完成后，要根据球道设计图对球道进行必要的挖方、填方工程，而后在形成一定的起伏造型基础上进行场地粗造型，即对球道和高草区等区域进一步进行小范围的土方挖、填、搬运和对造型局部加工修理，使球道和高草区的起伏造型更符合球场造型等高线图的要求，进一步体现设计师的设计理念和球场的设计风格。

由于球道和高草区面积占球场总面积的 40%～60%，因此场地粗造型的主体是球道和高草区，而二者的造型应是一个整体，需要紧密相连，一气呵成，不能人为地加以分割。在对球道和高草区实施粗造型时，要使造型起伏自然、顺畅、优美，既符合打球战略要求和高尔夫球场自身对造型起伏的内在基本要求，以及设计师的设计理念和球场风格，要利于草坪的建植和管理机械的操作，同时要利于地表排水，保证降水后产生的地表水能迅速排走，不发生积水现象。

5. 地下排水管道的安装　球道排水系统通常是一个或多个主排水管道以及按一定间隔排布的支排水管道延伸至球道中。支管直径一般为 100 mm 左右，主管直径为 150～200 mm，管材多为有孔 PVC 波纹管。如果球道较为平坦，地下排水系统可以是一组单独的通过低洼区域的排水管道，也可以是排水管以鱼脊式或炉箅式排列而成。一般排水管道铺设深度在50～100 cm，管间距离为 10～20 m。对于土壤渗水性较差的区域，排水管道埋设要比较浅，支管间距也应更小，以利于排水。在建造过程中，要注意防止因重型机械的碾压而造成管道破损。

挖好管沟后，可先在沟底填一些砾石，然后沿管沟中心线安放排水管，注意排水管至少要有 1% 的坡降，使水能够自然流动。在管道周围填充粗沙及透水性较好的沙壤土，直至与周围土面相平。排水管的出口最好设在球道周围的次级高草区中。

如果球道起伏较大，可通过适宜的地表造型防止球道积水，而仅在低洼地安装地下排水管道（图 6-2），或者根据情况采用渗水井、渗水沟等进行排水。

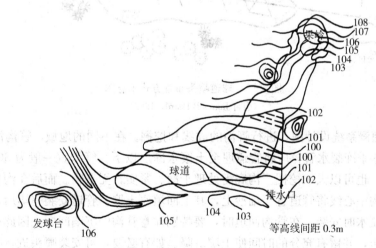

图 6-2　球道地下排水系统示意图

（引自 James B Beard，1982）

在球道中积水量大的地方，可以设集水井。但集水井最好位于非打球区，其排水管道的管径应足够大，以便能迅速排除大量流入井中的水。

6. 灌溉系统的安装　许多现代化的高尔夫球场球道都设有灌溉系统，灌溉系统应在草坪种植前完成安装并运行良好，以保证草坪建植时对土壤湿度的要求。球道灌溉系统的设计与安装应能保证水分喷洒均匀，没有盲区。要考虑到不同的地形条件和土壤类型对水分要求的不同，而这也与土壤的排水性能相关。因此，处于不同土壤类型、不同标高处的喷头应由不同的泵站或阀门进行控制，进行分区灌溉。球道中每个泵站或阀门所能控制的喷头数最多不能超过 3 个。

球道所采用的喷头射程一般较果岭、发球台远，也常使用地埋、自动升降式旋转喷头。球道喷头布置方式有单排式、双排式和三排式。单排式布置是喷头以一个单行布置在球道中心线上，适于较窄的球道。双排式是球道中布置两排喷头，喷头的间距依据喷头性能及风速的影响而定，其最基本的布置方式是正三角形和正方形（图 6-3）。三排式是在球道中布置三行喷头，喷头的布置方式一般采用正三角形，喷头的间距与其射程相等，即达到 100% 的覆盖面积，适于球道较宽的地方如落球区等。在一些管理水平要求较高的球场，为达到精确、均匀喷灌的目的，在所有球道中都使用三排式布置喷头。

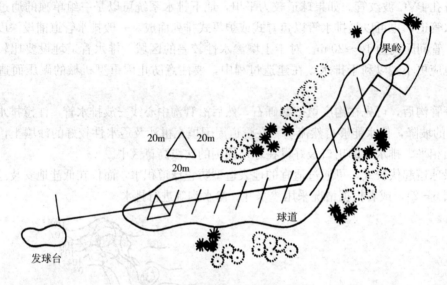

图 6-3 球道喷头布置方式示意图
（引自 James B Beard，1982）

按照球道灌溉系统设计图，进行管沟的放线和挖掘。在不同的地域，管沟深 60～100 cm 不等。为防止冬季冻裂水管，应将管道埋至土壤永冻层以下。管沟宽一般为 30～50 cm，可以用机械挖掘，也可以人工挖掘。沟底需处理干净、紧实，无杂物。而后在沟底铺一层细土或细沙，沿管沟中心线将管道置于细沙上，其上回填原土壤。管道安装完毕后，可先不安装喷头，待需要喷水时安装。在管沟回填时，要特别注意管沟的沉陷问题，因此应分层进行土壤的回填并碾压，并留有充分的时间使土壤沉降。如有必要，可安装喷头进行喷水，促进土壤沉降。

7. 场地细造型及坪床土壤的改良　球场的细造型工程是在场地粗造型的基础上进行的，是关系到球场日后运营难易及草坪质量的一项工程，对球场景观的优美、和谐也具有重要作用。因此，不仅要根据球道造型局部详图进行，而且还需要设计师进行现场指导实施，确定各球道及高草区局部区域的微地形起伏，并对所有的造型区域精雕细琢，使整个球场的造型变化流畅、自然，没有局部积水的区域，同时有利于剪草机及其他管理机械的运行。

坪床土壤的改良与细造型工程一般结合实施。在细造型进行到一定程度后，将原来堆积的表土重新铺回到球道中，并细致地修整造型。由于球道面积广大，出于对建造时间及经费的考虑，一般不会如同建造果岭及发球台那样对球道坪床进行精细的处理，而只是对球道坪床土壤进行必要的改良，因为草坪一旦种植后，很难再对其赖以生存的坪床基础实施任何改良措施。球道坪床土壤改良可采用全部改良和部分改良两种方式进行。

（1）全部改良 全部改良是重新建造坪床的过程，一般在场址的土壤条件极差的情况下实施。具体的操作方法是在原土壤上重新铺设一层 15~20 cm 厚的良质根际层土壤。重新铺设的土壤最好为沙壤土，含沙量在 70％左右，且以中粗沙为主。土壤铺设后，根据需要施入一定量的有机肥或复合肥及土壤改良剂如泥炭等，以改善土壤的物理性质。同时根据土壤化验结果，调整土壤的 pH。而后利用混耙机械将土壤与施入的肥料和土壤改良剂等充分混拌均匀，混拌深度应控制在表层 20 cm 以内。

（2）部分改良 部分改良是利用球场中原有的土壤，加入部分改良材料进行坪床建造的过程，适用于原场址土壤质地和土壤结构较好的情况。具体操作方法是将球场施工时堆积备用的表层土壤重新铺设到球道上，铺设厚度至少 10 cm，最好能达到 15 cm。根据表层土壤状况和球道草坪草的要求加入适宜的改良材料，如适量的中粗沙、有机土壤改良剂等。同时根据土壤化验结果和草坪草的要求调整 pH。而后将施入的改良材料均匀地混耙到表层土壤中，深度控制在 15 cm 左右。

进行坪床土壤改良后或铺设表土的球道，其造型要符合设计图纸的要求，并在设计师现场指导下进行局部的标高与造型调整，使之符合球道细造型原来的形状，最后将坪床处理平滑、压实。

二、草坪建植

（一）草坪草种的选择原则

球道草坪是高尔夫球场草坪的主体，面积广大，管理水平高于高草区，低于果岭和发球台。适于在球道种植的草坪草种很多，正确地选择适宜的球道草坪草种是整个球场草坪建植成功的重要因素。

选择球道草坪草种及品种时，首先要考虑草种的适应性和抗性，所选草种必须能够适应种植地的气候和土壤条件，具有抵抗当地主要病虫害及其他不良环境条件的能力。

其次要考虑日后投入的管理费用和草坪的养护水平，因为草坪建成后，随之而来的是需要投入大量的资金进行养护管理，而不同的草种所要求的养护管理水平差别较大。由于球道在球场中占地面积较大，要维持较高的养护管理水平需要投入大量的资金，如无法保证资金的投入，则应选择虽然坪观质量稍差、但较耐粗放管理的草坪草。

最后还要考虑到草坪草的使用特性，由于球道功能的特殊性，球道草坪草种及品种应具有下列特性：

1. 茎叶密度高，能够形成致密的草坪 高的茎叶密度，可将球支撑在茎叶的顶部，使球手有合适的击球点，有助于球手较好地控制击球。高密度的草坪还能有效地防止杂草的入侵。

2. 耐低修剪 能够适应球道 1.5~2.5 cm 的草坪修剪高度。

3. 垂直生长速度慢，形成的枯草层少 容易产生枯草层的草坪草会给日后草坪养护管理带来较多的麻烦，如需频繁的表层覆沙、打孔或划破草皮等。

4. 损伤后恢复迅速　球道尤其是落球区，因频繁的击球会产生大量的草皮痕，要求草坪草具有快速恢复能力，能使草皮痕或其他损伤尽快修复。

5. 对践踏和土壤紧实的抗性强　球道会频繁受到人为践踏、机械碾压，造成土壤紧实和对草坪的践踏胁迫，要求草坪耐践踏，具有抵抗土壤紧实的特性。

6. 草坪坪观质量好　球道作为高尔夫球场的重要景观区域，要求草坪生长整齐、均一，质地细致，叶色优美，坪观质量高。

（二）球道适宜的草坪草种

基于上述考虑因素及对草坪草的要求，不同地区不同球场的球道所选择的草坪草种也不尽相同。大体上，用于球道中的草坪草种主要有以下几种：

1. 草地早熟禾　草地早熟禾是在我国北方及其他冷凉地区球道上使用最为广泛的一个草种。它可通过地下根茎形成具有一定弹性和密度、适合球道要求的草坪，且具有较好的耐践踏性、抗寒性、抗旱性、耐低修剪性和快速恢复能力，叶片质地较细，叶色深绿，抗病性中等，对施肥量、喷灌水平、控制枯草层积累的措施等方面的要求都比匍匐翦股颖草坪低。因此，草地早熟禾在低到中高水平的管理下，可形成致密、浓绿、具有较好击球特性的球道草坪。

以草地早熟禾建植球道，一般采用种子播种的方式，既可以选用草地早熟禾的 2～4 个品种进行混合播种，也可以以草地早熟禾为建坪草种，与多年生黑麦草进行混播（混播比例不能高于 10%，高质量的球道一般只用草地早熟禾）。而在冷湿气候区的北部，可将草地早熟禾与细叶羊茅类草坪草如紫羊茅、硬羊茅、邱氏羊茅等进行混播。

草地早熟禾是目前冷季型草坪草中使用最为广泛的一个草坪草种，因此其培育的品种较多，常用于球道上的品种有 Blue Moon、Unique、Conni、Opal、Haga、Midnight、Freedom、Nuglade、RugbyⅡ、Impact、Bluechip、Blue Star、Merit、Nassue 等。

2. 匍匐翦股颖　对于管理水平较高、投入管理资金较大的球场，选择匍匐翦股颖作为球道草坪草是比较适宜的。它的生长特性及培育特点完全适合球道草坪的要求，但需要较高水平的养护管理。在沙质坪床和高水平的养护下如频繁的喷灌、修剪、表层覆沙等，匍匐翦股颖可形成非常致密、低矮、理想的球道草坪。因叶片质地纤细、柔嫩，其耐践踏性不及草地早熟禾。细弱翦股颖偶尔与匍匐翦股颖混播在球道上。

匍匐翦股颖常用于球道上的品种有 Penncross、PennA-1、PennA-4、Cato、Seaside、Penneagle、Washington、Putter、Cobra、SR1020、Prominent、Pennway 等。其中混合品种 Pennway 在球道中表现良好、色泽均匀、优美，质地细致，所要求的管理水平相对较低。

3. 细叶羊茅类　细叶羊茅类草坪草主要包括紫羊茅、硬羊茅、邱氏羊茅等草种，适于在冷凉气候区建植球道草坪，叶片质地细，抗旱性强，垂直生长速度慢，管理较为粗放。也常与草地早熟禾混播建植球道草坪。

4. 多年生黑麦草　多年生黑麦草适宜寒冷潮湿地区及云贵高原等地区种植，在加拿大东部、北欧等冬季寒冷、积雪覆盖地区的应用较为普遍。

5. 杂交狗牙根　杂交狗牙根是普通狗牙根与非洲狗牙根杂交而成的，在我国南方高尔夫球场的球道草坪上广泛应用，如 T-328、T-419、Tifway、Tiflawn 等。这些品种多采用营养繁殖方式建坪，具有质地细致、色泽深绿、耐低修剪、耐磨损、抗热及恢复能力强等特点。在频繁的低修剪下，可以形成致密、均一的草坪面，但枯草层积累问题较为突出。与普通狗牙根相比，对施肥、喷灌等管理水平的要求都比较高；耐阴性、抗旱性、抗病虫害能力都没有普通狗牙根强。

杂交狗牙根品种较多，多进行营养繁殖，适于球道草坪的品种有 Tifway、Tiflawn、T-419、Tifgreen、Snata Ana、Midway、Sunturf、Cope、Texturf、Sundevil 等。

6. 普通狗牙根　普通狗牙根在耐低修剪、高密度、质地细致等方面均不及杂交狗牙根，因其较强的抗旱性和抗病虫害能力、较少的枯草层积累、耐粗放管理等特性，也常用于温暖地区的球道草坪，尤其是要求养护管理水平不太高的球场。

普通狗牙根的品种如 NuMex Sahara、Sonesta 等可用种子播种建坪，耐旱性强；Midlawn、Vamont 等多以营养繁殖方式建坪，耐寒性强，可用于过渡带的北部地区；Flora Tex 只能以营养繁殖方式建坪，耐旱，在施氮量较少的土壤上生长良好。

7. 结缕草　结缕草属中，常用作草坪草种的有日本结缕草、沟叶结缕草和细叶结缕草等。日本结缕草由于极强的抗逆性、耐践踏、耐磨损、适于粗放管理等优点，在我国北方和过渡区的球道中应用广泛，但其草坪叶片质地粗糙、颜色较差、绿色期短、成坪速度慢、损伤后恢复慢等缺点在一定程度上限制了它的使用。此外，如施氮量较高时，枯草层积累问题也比较突出。

日本结缕草可用种子播种建坪，也可用营养繁殖方式建坪。如用种子播种建坪，其种子需经过处理，否则发芽率极低。某些改良的日本结缕草品种如 Meyer、Emerald 和 Belair 等在草坪质地和色泽等方面有明显的改进，可以适于球道草坪的要求。其中 Emerald 是日本结缕草和细叶结缕草的杂交种，质地较细，色泽良好；Meyer 质地中等，耐寒性较强。

沟叶结缕草和细叶结缕草适于暖湿气候区、热带气候区和过渡气候区。二者均以营养繁殖方式建坪，在频繁的低修剪下，可形成质地细致、茎叶稠密、色泽良好、适于球道要求的草坪。相比之下，细叶结缕草叶片更细、质地更佳，但耐寒性不及沟叶结缕草。沟叶结缕草的特性介于日本结缕草和细叶结缕草之间。

8. 海滨雀稗　海滨雀稗被认为是目前最耐盐的草种之一。海滨雀稗的根茎粗壮、密集，根系深，抗旱能力强，耐水淹。只能以营养繁殖方式建植草坪，建植速度快，在 $1\sim1.5\text{ cm}$ 的低修剪下可形成致密、优质的球道草坪。适应的土壤范围很广，特别适合于海滨地区和其他受盐碱胁迫的土壤。

海滨雀稗目前可在球道中应用的品种有 Adalayd、Futurf、Tropic Shore、FSP-1、FSP-2、Salam 等。

一般来说，冷季型草坪草中除匍匐翦股颖外，其他草坪草建植球道时多采用 $2\sim3$ 个草种混播，以提高草坪整体的抗逆性。有时为使草坪表面均一整齐，而使用单一的冷季型草坪草种建植时，也通常选择 $2\sim3$ 个品种进行混合播种。但暖季型草坪草通常采用单一草种或品种建植球道，一般很少用种间或品种间混合种植，因为暖季型草坪草匍匐茎生长旺盛，种间的共容性较差。

（三）坪床准备

球道占地面积大，应在草坪建植的最适季节前完成球场的建造工程，以便在最适宜的季节进行草坪建植工作。当球道最终造型完成后，应采集有代表性的土样进行土壤测试，为改良球道土壤酸碱度及球道施基肥提供科学依据。

球道草坪种植前，为了保证日后草坪表面的平整，需对坪床进行精细的准备工作，具体步骤如下：

1. 坪床清理 坪床清理的主要工作是清除石块、大土块等杂物，清理树木、草根及杂草等。球道坪床内的石块等杂物应全部清理出去，否则会对后期的修剪、打孔、划破草皮等管理机械造成损害，还会影响球手打球，损伤球杆面，甚至打球时飞出的石块有可能造成人员伤亡。另外，大石块还会造成土壤水分供给能力不均匀。

球道中的石块要进行多遍清理，可以使用石块清理机械结合人工进行。对于表层土壤 5～8 cm 内的如高尔夫球大小的石块都应彻底清理干净。

球道中的杂草、树根等也必须清理，否则会给后期草坪养护带来很多麻烦。如坪床上生长有杂草时，应使用非选择性除草剂进行杀灭，防止杂草在幼坪期对草坪造成危害。病虫害较多的地区应进行土壤消毒，杀灭土壤中的病原菌和虫卵等，防止苗期造成危害。

2. 坪床表面细平整 采用拖、耙、糖等方法处理坪床，使坪床表面光滑平整，起伏自然、流畅，没有局部积水区。同时还要使坪床土壤颗粒均匀，无直径大于 5 mm 的土壤颗粒。

3. 调节土壤 pH 及施入基肥 播种前，根据球道土壤样品测试结果，如土壤偏酸或偏碱，应进行土壤 pH 的调节，使之为草坪草的生长创造良好的土壤条件。有时可能不必调节土壤 pH，但必须在坪床施入一定的以磷、钾肥为主的复合化肥作基肥，施肥量一般为 $100～150 \text{ g/m}^2$，其中氮、磷、钾肥的比例应为 1：4：2 或 2：5：3，施入的氮肥中最好有一半左右为迟效氮肥。基肥的施用可使用撒肥机。基肥施入后，要与土壤充分混拌均匀，混拌深度控制在表层 15 cm 内。如土壤测试结果表明土壤中缺乏某些微量元素，可结合复合肥施入一定量的微量元素。

坪床准备工作完成后，要留出充分的时间使坪床土壤沉降，通常碾压和喷灌有助于坪床土壤的快速沉降。

（四）草坪种植

球道草坪的种植也有种子直播与营养繁殖两种方式。大多数草坪草可采用种子直播建坪，部分只能进行营养繁殖的暖季型草坪草，可采用播种茎枝、直铺草皮等方法建坪。

1. 种子直播

（1）种植时间 由于现代高尔夫球场的球道一般都设有喷灌系统，因此水分的限制因素较小，主要是需要有草坪生长的适宜的温度条件。对于冷季型草坪草如草地早熟禾、匍匐翦股颖等，其种植季节最好安排在晚夏早秋或春季，相比之下，晚夏早秋更佳，因为此时杂草危害小，有利于快速成坪。而暖季型草坪草如狗牙根、结缕草等，其种植季节最好安排在晚春和早夏，以使草坪草在夏季进行充分的生长。

（2）种植前的准备工作 球道面积大，草坪种植所需要的时间也较长，因此在草坪种植前应做好充分的准备工作，提供足够的人力和物力条件。主要准备工作包括检查喷灌系统及运行状况；准备好充分的种子；调试播种机械，使之操作正常；对人员进行培训，使之能熟练操作播种机械和掌握种植技术等。

（3）播种方法 球道播种一般采用机械播种，播种机可为大型种子撒播机、手推式播种机及液压喷播机等。采用带有耕耘镇压器的播种机效果更好，播种后随即覆土压实，使种子与土壤充分接触，且有助于坪床表面的光滑，也节省人力和时间。液压喷播机较适宜于球道播种，它将播种、施肥、覆盖等工序一次完成，大大提高播种效率。

采用种子直播建坪时，应尽量做到播种均匀、深度适宜、种子与土壤紧密接触。球道草坪播种量及播种深度见表 6-1。

表 6-1 球道草坪播种量与播种深度

草坪草种	播种量（g/m²）	播种深度（mm）
草地早熟禾	12～18	5～10
匍匐翦股颖	5～7	2～5
狗牙根	15～20	5～10
结缕草	15～20	5～10

如果高草区与球道草种不同，播种球道与高草区相接处时，应使用下落式播种机，防止种子飞进高草区而成为杂草且破坏球道轮廓线。因球道面积较大，播种时，可划分成多个小区进行，且最好能在相互垂直的方向上播两遍，以保证播种均匀。

如球道坡度较大，播种后应进行覆盖，可使用无纺布、植物秸秆等覆盖材料。若喷灌良好，水的雾化程度高，且坡度较小，喷灌不会对土壤和种子造成冲刷，可以不进行覆盖。

2. 营养繁殖 细叶结缕草、沟叶结缕草及部分狗牙根品种一般进行营养繁殖。球道中最常用的营养繁殖方法是播种茎枝法和插植法。播种茎枝法与果岭相似，只是播茎量比果岭少 20%～30%。球道进行插植时，可使用枝条插植机进行。先用枝条插植机在坪床上开沟，然后将枝条插入到 2.5～5 cm 深的沟中，而后将沟周围的土壤抚平、压实。枝条间距一般为 7～10 cm，行距为 25～45 cm。株行距越小，成坪越快。

因球道面积大，一般在建植时不使用铺植草皮的方法。

采用营养繁殖方法建坪，茎枝播种后或插植后要及时灌溉，防止茎枝脱水而导致建坪失败。

三、幼坪管理

为了获得理想的球道草坪，种植后幼坪的养护非常重要。幼坪养护措施主要有以下几项：

1. 浇水 适宜的喷灌是使种子出苗和幼坪快速成坪的关键。营养繁殖方法建植的草坪，必须尽快喷灌。种子直播方法建坪时，播种后需保持坪床表面湿润，浇水遵循少量多次的原则。根据气温及空气干燥的程度，每天进行 1～2 次的喷灌。灌水量不能太大，每次浇水以地表面出现径流时为止，防止对种子和土壤造成冲刷。当播种 2～3 周后幼苗出齐时，可逐渐减少喷灌次数，加大每次的灌水量。播种后进行覆盖的草坪可适当减少浇水量和浇水次数。

2. 修剪 球道幼苗生长到 5 cm 左右时要进行第一次修剪，此时修剪高度一般为 2.5～4.0 cm。这一修剪高度要保持 7～10 周，以后再逐渐降低修剪高度，直至达到球道草坪要求的标准修剪高度 1.5～2.5 cm。修剪频率依据"三分之一"的修剪原则来确定。每次修剪时要与上次修剪的方向不同，以提高草坪的平整性和均匀性。幼坪的修剪时间以在中午幼苗干燥时进行为宜。

3. 施肥 球道幼坪在生长到 4～5 cm 时，可进行第一次施肥，施氮量为 2～3 g/m²。以种子建坪的幼坪可以每 3 周或更长时间施入一次氮肥。以营养繁殖方法建成的幼坪，每隔

2～3周施入一次氮肥，施氮量为3～5 g/m²，以促使其尽快成坪。施肥后要立即浇水，防止肥料对幼苗造成"灼伤"。球道的幼坪阶段一般不缺乏磷肥和钾肥。

4. 杂草防除 由于草坪尚未成坪，对除草剂敏感，使用除草剂除杂草的时间应尽量向后推迟。如早期杂草严重，可通过人工拔除。防治阔叶杂草的除草剂至少要在种子萌发后4周才能使用，而防治一年生杂草的有机砷类除草剂至少要在种子萌发后6周才能使用。除非万不得已，尽量不要在幼坪期使用除草剂。

在幼坪期，草坪还很脆弱，此时应防止受到践踏和碾压，在播种后6～8周内要禁止管理机械外的其他机械进入。在进行幼坪管理操作时，也要尽量减少对幼苗及坪床的践踏。

其他幼坪培育措施如镇压、覆沙等，球道的幼坪几乎不使用。如需要，可参照果岭幼坪管理措施。

第四节　球道草坪管理

高尔夫球的位置与草坪表面和土壤表面的状态相关，而球的位置与球手在球道上击球的控制能力有很大的关系。球的位置由草坪草的支撑力和草叶的数目所决定，而某种草坪草的叶片数目主要由修剪高度、氮肥水平、灌溉水平所决定，叶片的支撑力受灌溉和钾的水平影响。如果球道草坪管理不当，不得不降低修剪高度来获得对球的良好的支撑力，而此时球是由土壤而不是草坪表面支撑，但这种低修剪下不仅会对草坪造成严重破坏，而且会降低草坪对土壤胁迫、杂草侵入、病虫、害发生等的抗性，造成草坪恢复能力的下降。而某些草种如匍匐翦股颖、杂交狗牙根等修剪高度过高，则会使枯草层加厚。

球道草坪面积较大，其质量要求相对果岭和发球台低，主要养护管理措施有修剪、喷灌、施肥、表层覆沙、中耕等。

一、修　剪

1. 剪草机 球道面积较大，一般选用三联以上驾驶式滚筒剪草机修剪草坪，滚筒刀片一般为5～8个，工作幅宽为2～4 m。目前，国内外已出现液压驱动的旋转式剪草机，可紧贴地面修剪，修剪质量优良。在土壤湿润条件下，尤其是在陡坡条件下可选用一些改进型的剪草机进行球道草坪的修剪。

2. 修剪频率和修剪高度 球道草坪的修剪频率取决于草坪草的生长速度。灌溉条件下的草坪通常每周修剪2～5次，而当草坪草生长的温湿度条件最适宜、草坪草垂直生长速度快及高水平的氮肥施入后，则需相应增加修剪频率。一般球道草坪最高修剪频率为每周5次。

在确定球道草坪修剪高度时，既要考虑球手在球道上很好地控制击球的需要，又要考虑草坪草所能忍耐的修剪高度和管理强度。综合考虑，球道最佳的修剪高度为2 cm。根据草坪草种及品种不同，可将球道草坪修剪高度拓宽到1.5～3 cm，但最好控制在2.5 cm以下。目前最好的球道通常是每2 d修剪1次、修剪高度为1.3 cm的匍匐翦股颖或杂交狗牙根草坪。

在夏季不良环境条件下，冷季型草坪草修剪高度应提高3～6 mm。暖季型草坪草如狗牙根，在早秋，球道草坪进入休眠前，应停止修剪，以使其具有较多的茎叶，利于越冬。草坪休眠前停止修剪利于草坪根茎的生物量增加与积累，可以提高球道草坪在冬季打球的耐磨性，起到保护草坪根系的作用，从而减少冬季低温致使草坪死亡或失水干枯。

3. 修剪时间与修剪方式　球道的修剪常在凌晨打球之前进行，但为了达到最佳的修剪效果及减少土壤紧实问题，修剪时草坪应比较干燥。因此，一般球场举办大型赛事时，通常在傍晚进行修剪。如球道草坪必须在清晨进行修剪时，则应在修剪前将露水清除掉。

球道草坪修剪方式可分为纵向条带状和横向条带状两种。纵向条带状修剪指剪草机沿球道的方向进行修剪；横向条带状修剪指剪草机垂直于球道方向修剪，仅在修剪球道边缘轮廓线时顺球道方向修剪（图 6-4）。

比较而言，横向条带状修剪增加了修剪时剪草机转弯的次数和操作难度及剪草时间。因此，球道是否进行纵横轮换修剪方式取决于球场管理费用预算、球场是否使用轻型液压剪草机，以及剪草机在初级高草区的转向能力等诸多因素。许多高水平管理的球场已在球道上应用液压轻型剪草机以方便球道的横向修剪，做到纵横轮换修剪。在管理费用较低的球场，球道至少每隔 10 d 进行一次横向条带修剪，以减少修剪对草坪带来的践踏损伤和促使草坪直立生长。

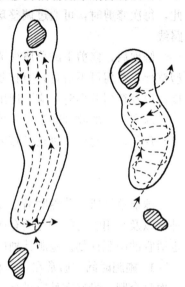

无论采取哪种修剪方式，每次草坪修剪时，要以与上一次修剪的方向相反的方向进行，这有利于草坪草的直立

图 6-4　球道修剪方式示意图
（左：纵向条带状，右：横向条带状）
（引自 James B Beard，1982）

生长，从而使球在球道上具有一个较好的球位。同时，有利于减轻剪草机的重复碾压造成土壤紧实和对草坪草的践踏胁迫，并能使球道形成优美的条带形外观，提高视觉的美观效果。

球道边缘轮廓线一般是不规则的曲线，这既可增加球道的美观，指示球手击球，也可减小球道面积和降低管理费用。无论球道采取纵向还是横向修剪，都要保持球道轮廓线的形状。

4. 修剪操作　优秀的修剪操作人员在修剪时要保持均匀一致的剪幅，剪幅之间少有重叠。剪草机的行走速度和行走是否均匀是影响球道修剪质量的主要因素。进行修剪操作时，不要超过剪草机规定的修剪速度。若修剪速度过快，会导致剪草机刀片不间断地弹起，其结果是在草坪上出现波浪状条纹，并造成剪草机的过度磨损。修剪速度还受剪草机类型、草坪草种类、土壤湿度、球道的平整程度等因素的影响。剪草机的修剪速度以 6.5～8.0 km/h 为宜。剪草机在修剪过程中，不仅要保持适宜的速度，还应保持均匀的行走速度，不得忽快忽慢，否则，会使修剪后草坪面出现参差不齐和产生草坪剥皮现象。

进行修剪操作时，要密切注意修剪线路上是否有石块等杂物，喷头是否露出地面，发现杂物需立即清理，以免对剪草机刀床和滚筒造成损害。此外，应定期进行剪草机的维护和检修工作，使其处于良好的运行状态，防止因机械故障使球道草坪出现剥皮现象，以及因漏油对草坪造成污染和损害。

剪草机转弯时，应将速度降低，同时要有充分的转弯半径，以免剪草机的滚筒会挫伤或撕裂草皮。在剪草前，应对每个球道的修剪方法、修剪路线进行具体的规划，以便在提供充分的转弯半径的同时，修剪线路亦不重叠，提高工作效率。采取横向修剪时，为使剪草机具有充分的转弯半径，可以采取间隔条状法修剪，即每隔一个剪幅进行一次修剪，在完成第一次修剪后再补剪留下的区域。

在纵向修剪时，如果剪草机总是从球道的一侧边缘开始剪草，会出现剪草机按上一次剪草时相同的行走线路修剪的现象，造成轮胎的重复碾压而增加土壤硬实度和损坏草坪。因此，每次修剪时，可通过调整球道边缘第一刀修剪的剪幅，来改变剪草机在球道内的行走路线。

修剪后，修剪下的草屑视情况进行清理或留在原地，如修剪频率高，产生草屑少的暖季型草坪，草屑可不清理，直接返回到草坪中。但如球道草坪根际层土壤比较黏重、排水不良，以及草屑较多时，应清理出去。冷季型草坪修剪的草屑，一般也要清理出去。

球道草坪的纹理问题没有果岭那样严重，但如长时间持续进行同一方向修剪时也会产生纹理现象，此时可通过轮换修剪方式和改变修剪方向来减轻纹理现象。

二、施　肥

球道草坪所需营养随着土壤类型、土壤保肥力、灌溉强度、气候条件、草坪草种及品种，以及利用强度的变化而有所不同。因此，应针对具体的球场或每个球道的具体情况而制定适宜的施肥计划。施肥计划应包括肥料种类、施肥时间、施肥量、施肥方法等内容。

1. 施肥时间　通常在春季和夏末早秋施用包含氮、磷、钾的全价肥料。如果全年只施一次复合肥，最好在秋季进行。在整个生长季节里，要定期给球道草坪补充氮肥，钾肥和铁在需要时施入。

施用氮肥的时间间隔取决于氮素的载体、施肥量、肥料利用率以及需要的草坪色泽和生长速率等。暖季型草坪草如狗牙根，除冬季休眠前的低温阶段和春季返青后2~3周内草坪根际衰退期外，在整个生长季都需要定期施用氮肥。而冷季型草坪草在炎夏和秋末低温期则应减少氮肥施用。冷季型草坪草球道通常每年施用2~4次氮肥，但细叶羊茅类草坪草球道每年只施用1~2次氮肥即可。

通常草地早熟禾和匍匐翦股颖球道在夏季需补施钾肥或铁。但二者不能同时施用。狗牙根球道草坪春季返青后经常出现因缺铁而导致褪绿，另外，生长在强碱性土壤上的狗牙根和草地早熟禾草坪，在仲夏也易出现缺铁而褪绿。草坪缺铁时，通过将含铁化合物与杀虫剂或杀菌剂混合在一起，进行叶面追肥。施用铁后，可提高草坪光合作用能力，维持草坪色泽。而钾在逆境胁迫前施用，可提高草坪耐践踏性和对炎热、寒冷及干旱的抗性。因此，冷季型草坪草施入钾肥的最佳时间为春末夏初和秋末，暖季型草坪草则为晚夏早秋草坪休眠前。

2. 施肥方法　球道施用的肥料可以是固体的颗粒状，或液体肥料。固体肥料可用施肥机进行施肥。如果草坪密度非常大，肥料水溶性好，且肥料易造成叶片灼伤时，最好先将肥料溶于水而后进行叶面喷施，尤其是当草坪土壤较干燥时。

夏季，在冷季型草坪上可以用叶面喷施的方法施入氮肥，每次施入量每 $100 \ m^2$ 为 $20\sim45 \ g$。如果草坪缺铁，可将铁与氮肥结合起来施入。也可以将含铁化合物与杀虫剂或杀菌剂混合一起，进行叶面追肥。

液体肥料可以采用喷雾器和喷灌施肥的方法施入。喷灌施肥是一种新型的液体施肥方法，即肥料经过喷灌管道，与灌水一起通过喷头施入到球道草坪上。这种施肥方法不仅要求球道设有喷灌系统，而且喷灌系统设计要合理，保证肥料能全面均匀地覆盖球道草坪。

3. 肥料种类与施量

（1）氮肥　为保证球道草坪适宜的密度、良好的再生能力和适宜的颜色，在生长季节必须施入足够的氮肥。氮肥的施入量因草种而异（表6-2）。

表6-2　球道草坪不同草种需氮量

草种名称	每100m² 生长季节每月施氮量（kg）	草种名称	每100m² 生长季节每月施氮量（kg）
匍匐翦股颖	0.13～0.25	草地早熟禾	0.15～0.30
杂交狗牙根	0.20～0.40	草地早熟禾（无灌溉条件）	0.10～0.20
普通狗牙根	0.13～0.25	海滨雀稗	0.15～0.30
细叶羊茅类	0.05～0.15	结缕草	0.10～0.20

但在仲夏炎热时期，冷季型草坪在高温胁迫下应少施或不施氮肥。当球道土壤含沙量高、养分淋溶严重，以及球场利用强度大时，应采用上述施肥量范围的上限。

冷季型球道草坪与暖季型球道草坪的氮肥施肥频率差异较大，冷季型草坪每4～10周施入1次氮肥，而暖季型草坪需3～6周施入1次。质量非常高的冷季型球道草坪可每2～3周施入1次氮肥，一般每100 m² 施氮量约为0.13 kg。而具体的施肥频率受氮肥种类、肥料水溶性、土壤淋溶程度、载体释放氮肥的快慢等因素影响。

一般来说，氮肥施入的总体原则是少量多次，既保持球道草坪具有适宜的生长速度和较强的恢复能力，又要尽量降低不必要的修剪次数。对球道中的落球区，由于使用强度稍大，会出现草皮痕较严重的现象，要适当加大施氮肥量和施肥频率，以促进草坪的再生和快速恢复。对于那些球车经常行走、践踏严重的区域也应加大氮肥的施用量和频率。春季降水频繁、降水量较大时，要减少氮肥施入量，以控制草坪生长速度，减少土壤在湿润条件下草坪修剪次数，同时避免肥料过多的淋溶。在草坪修剪后草屑进行清理的球道，其施氮量应稍高一些。

（2）磷、钾肥　磷肥和钾肥的施入要依据球道土壤的测试结果来确定。磷肥一般每年只需要施入1～2次，在春季和晚夏至早秋施入，最好以复合肥的形式施入。

由于钾肥有助于增强草坪的耐磨性和对炎热、寒冷、干旱的抗性，因此，一般来说，钾肥的施入量为氮肥的50%～75%，或者更高些。最适宜的施用时间为春季、晚夏至早秋的季节。在夏季草坪受到炎热和干旱胁迫时，也需要施入部分钾肥。氯化钾（含58%～62% K_2O）和硫酸钾（含48%～53% K_2O）是两种常用的钾肥，硫酸钾更佳，因为其不易造成草坪叶片灼伤，并同时将硫元素也施入了草坪。

（3）铁和其他微量元素　铁是球道草坪最易缺乏的一种微量元素，对于生长在碱性土壤上的匍匐翦股颖、狗牙根、草地早熟禾球道草坪，以及处于春季根系衰退期的狗牙根草坪，都极易产生缺铁现象。草坪缺铁时，可施入含铁的全价肥料，或施入含铁化合物如硫酸铁、螯合铁、硫酸亚铁铵等，可与杀虫剂或杀菌剂混合施用，进行叶面追肥。在草坪严重缺铁时，每隔3～4周进行一次叶面追肥，每次每100 m² 施入硫酸铁30～120 g。

氮、钾、铁是球道草坪普遍缺乏的营养元素，其他营养元素仅偶尔出现缺乏，通常只在一些特定的土壤类型中缺乏。硫是球道中第四种较易缺乏的营养元素，有时，球道草坪的需硫量几乎与需钾量相当。出现缺硫症状时，可施用硫酸铵（含25％硫）或硫酸钾（含17％硫）有些复合肥中也含有一定量的硫，通过施入复合肥也可以在一定程度上缓解缺硫问题。

钙和镁在球道草坪中很少缺乏，但镁元素在一些沙质土壤上偶尔会出现缺乏现象。可以通过施用含有白云石的石灰石（含12％镁和22％钙）予以调节。当狗牙根生长在碱性、含沙量高的土壤上时，铜和锰在球道草坪中偶尔出现缺乏。在含沙量高的土壤上钼可能也会偶尔缺乏，通常可通过叶面喷施来予以调节。

（4）调节土壤酸碱度　球道草坪建植前的土壤改良中已对土壤pH进行了调节，对于匍匐翦股颖、草地早熟禾、细叶羊茅类草坪草，最适宜的pH为5.5～6.5，而狗牙根、结缕草则为6.0～7.0。在草坪管理中，当降水量大、土壤质地粗糙、原基层土壤呈强酸性以及喷灌用水呈碱性等情况下，土壤酸碱度容易发生变化，需要在管理中进行相应的调整。施用农用石灰（$CaCO_3$）可改良酸性土壤，而施用硫黄粉可改良碱性土壤，经常施用酸性肥料如硫酸铵也有助于降低土壤的pH。

上述改良土壤酸碱度的材料施入量要根据土壤测试结果确定。通常，一次性施入农用石灰的量可以达到$120\,g/m^2$，含硫量为90％的硫黄粉的一次性施入量不能超过$25\,g/m^2$。施入调节土壤pH材料的最佳时间为冬季草坪休眠期、早春、晚秋，或者草坪进行中耕打孔操作后。施用方法与施用其他肥料相同，施用后应立即浇水，以免造成草坪叶片灼伤。

三、喷　灌

喷灌是球道草坪管理中最难计划的管理措施。球道内设置的喷灌系统一般都可实现小区域控制，保证每个球道局部按地形、土壤质地、践踏程度的不同接受不同的喷灌。

1. 喷灌频率　由于草坪草种与生长季节的变化，球道草坪的喷灌频率从每天一次到每两周一次不等。根系较深的球道草坪如草地早熟禾，在干旱的生长季节可以每周进行2～3次喷灌，而根系较浅的球道草坪如匍匐翦股颖，则需要较高的喷灌频率，在干旱季节需要每周进行3～5次喷灌，甚至每天都需要进行喷灌。

2. 喷灌适宜时间　球道草坪在一天内任何不影响打球的时间都可以进行喷灌，最适宜的时间为清晨。清晨进行浇水有利于清除草坪叶面的露水，减少病害的发生，同时又不影响打球。

3. 喷灌量　球道草坪每次浇水应充分湿润草坪的根际层。草坪的浇水量受季节、草坪草种类、土壤类型、土壤水分蒸发蒸腾量等多种因素影响。一般情况下，球道草坪每周浇水量为2～4cm。过度浇水会导致地表积水，土壤紧实，影响打球，还会诱发病害等。

球场的球道一般都设有自动喷灌系统，可将球道全面覆盖。但由于风力、水压的原因，喷灌系统漏浇的区域也应及时进行人工补浇。

四、表层覆沙

球道草坪一般不进行表层覆沙措施，因为球道面积大，需要的覆沙材料量大，且需时较长。但有时可通过表层覆沙来控制球道枯草层积累和使草坪平滑。球道草坪根据枯草积累的情况和坪面光滑情况，有时需要进行局部表层覆沙。另外，打孔操作后的土心打碎后返回到草坪表面，在一定程度上也起到了表层覆沙的作用，可以增加坪面的平滑程度。

五、中 耕

球道草坪进行中耕措施的目的是控制枯草层积累和缓解土壤紧实问题。其中耕措施种类与果岭大体相似，但中耕所使用的机械、耕作频率与时间都与果岭有很大差异。

1. 垂直切割 垂直切割在球道草坪上不常使用，仅在枯草层积累严重时才进行。对于需要进行冬季交播的暖季型草坪，每年在交播时都要进行垂直切割。

以控制枯草层为目的的垂直切割，一般在草坪生长旺盛时期进行，以有利于垂直切割后草坪的恢复。垂直切割后需要立即施入氮肥，以加速草坪的恢复。

2. 打孔 球道草坪打孔常采用滚筒式的打孔机。打孔机一般由拖拉机牵引，作业宽度一般为 1.5～3 m，打孔锥的直径为 1.5～2.5 cm，打孔深度为 8～12 cm。

如果坪床土壤质地较好，空心打孔后的土心可以留在草坪上，利用拖平机械打碎后，拖回到草坪中去。

球道草坪打孔的最适宜时间为草坪生长的最佳时间，对于冷季型草坪草，晚春季节比较适宜；对于暖季型草坪草，春季和初夏都是较适宜的时间。球道草坪的打孔次数要根据土壤硬实的情况来确定，每年最多实施 1～2 次。而对于球道中某些易出现土壤硬实的区域，如高尔夫球车经常行走的路线，要增加打孔的次数。

3. 划破草皮 球道划破草皮耕作通过安装在圆形滚筒上的 V 形刀片完成，这种中耕措施只是给草坪划开裂缝，没有土壤的移动过程。球道上使用的划破草皮机械一般工作幅宽为 1.5～2.0 m，由拖拉机牵引。划破草皮耕作的季节和次数与打孔相似，也可与打孔耕作结合进行，解决土壤的硬实问题。

其他中耕措施如射水式耕作和刺穿草皮等在球道草坪管理中很少使用，射水式耕作可用于球道落球区的草坪管理中。

六、暖季型球道草坪冬季交播

对于热带和亚热带湿润地区的暖季型球道草坪如狗牙根和结缕草，可以在球道草坪冬季休眠前实施交播措施，以延长草坪的使用时间，冬季暖季型草坪休眠时提供一个可供利用的打球场所。但球道草坪的冬季交播不及果岭那样普遍，仅在娱乐观光性球场或要求管理水平高的球场以及在举办大型比赛时进行。

球道由于面积广大，对草坪质量的要求也远比果岭草坪低，因此其交播前的处理措施也较简单。如在冬季易发生病虫害的区域进行交播，可在交播前施用一些杀虫剂、杀菌剂等。有的可以不进行处理，直接将种子撒播到原有草坪坪面上。

球道冬季交播所使用草种一般是多年生黑麦草和一年生黑麦草。播种量一般为 30～40g/m² 。交播后需用拖网等将种子拖入草坪中。而后经常进行喷灌，保持坪面湿润，促进种子快速萌发和成坪。球道交播后幼坪养护措施及春季过渡参见果岭部分。

七、其他辅助管理措施

1. 清除露水 球道管理中每天清晨清除露水可有效地降低生长季节内草坪病虫害的发

生，因为夜间形成的露水有利于诱发草坪病虫害。球道草坪清除露水可以沿球道横向方向拉一条软管，沿球道纵向行走，打掉草坪叶片上的露水，可以使用机器或人工进行该项工作。清晨进行少量的喷灌也可达到清除露水的目的。

2. 草皮痕的修补　球道草皮痕一般在落球区较为严重，需要进行定期修补，其他区域一般不需要修补，产生的草皮痕可通过草坪草的自然生长而恢复。

3. 落叶等杂物的清理　春、秋季定期清理落叶等杂物是球道一项必不可少的管理措施。对于在高草区中大量种植落叶树木的球场，清理落叶的工作尤为繁重，否则不仅影响球场景观，也会妨碍打球及草坪草的正常生长。

在人力充足而设备缺乏的球场，球道的落叶清理一般人工进行，如配备了粉碎机，可先将落叶收集粉碎再返回到土壤中，较为常用的方法是用吹风机将落叶从球道吹到高草区，保持球道草坪的光滑平整。

第五节　挥杆练习场

高尔夫球场中一般都设有挥杆练习场，以供球手练习球艺以及球手打球前进行热身运动。挥杆练习场通常设在靠会馆较近的位置，并且距上、下半场开始的一洞也较近，同时距离球道要稍远，以免球手打球失误，球从练习场中飞出而伤人。为安全起见，练习场一般都设有围网防止球飞出。练习场的大小没有具体的规定，一般根据打球人数来确定，长度为280~320 m（包括发球台在内），宽度为90~180 m，总面积3~6 hm²。

练习场的表面应比较平坦，为了排除地表多余的水分及利于球的收集，表面应有1%~3%的坡度。如果土壤排水性好，可以不安装地下排水管道。练习场的坪床建造与草坪建植程序基本与球道相同，并设有灌溉系统。而其草坪的养护管理措施应与球场中的中间高草区或初级高草区相似，以有利于球的收集。

练习场内一般设有一个或多个小型的目标果岭，为球手提供攻击的目标、测试击球距离和击球的准确性。目标果岭大小从 100 m² 到 300 m² 不等，常设置在距离打席50、100、150、200 码的位置。目标果岭不是真正意义上的果岭，只是在练习场内通过草坪修剪形成的，并没有真正果岭的建造过程，其养护管理措施也远低于真正的果岭，而与练习场草坪相同，只是修剪频率稍高，修剪高度稍低，给球手指示目标果岭的位置。

练习场中的发球台有的是草坪打席台，有的是硬地打席台，有关练习场中草坪打席台的管理已在发球台草坪管理部分做了介绍。

第六节　球道草坪修复区及备草区
一、修　复　区

球道草坪修复区是球道内被明显标示出来的、不能进行打球的草坪休闲恢复区。球道草坪的某些区域，由于过度践踏，草皮痕严重，以及因病虫害等因素导致草坪出现秃斑时，需要封闭管理，进行休闲恢复。修复区内的草坪避免打球。

草坪修复区的标示有多种形式，如用绳子和木桩围起来，用草坪涂料在草坪上喷涂等。后者操作简单易行，并且不妨碍草坪的修剪、施肥等管理措施的操作。喷涂的线条一般能在草坪上持续保留 2～3 周时间。

二、备 草 区

球道备草区是在草圃中培育的、用于球道草坪被破坏时修补使用以及作为新型农药和化肥的试验基地、草坪新品种测试和将在球道草坪实施的新型管理措施的试验场所。一般与果岭和发球台备草区设在同一区域。一个 18 洞高尔夫球场一般需要 1 500～2 500 m² 的球道备草区。

球道备草区的草坪草种、坪床处理过程以及种植方法与球道草坪相同。幼坪养护管理与球道草坪基本一致，所不同的是，有时为了加速成坪、缩短收获时间，常增加施肥和喷灌措施。成坪管理与球道草坪的成坪管理措施相同。

球道备草区在高尔夫球场并不非常普遍，很多球场不设球道备草区，在需要进行球道草坪修补时，从初级高草区切取生长较好的草皮或从场外购入草皮，但这种草坪来源会将杂草、其他种类的草坪草种和病虫害引入球道草坪中。因此，如有条件，还是应该设置球道备草区。

第七章　高草区

第一节　概　述

高草区（rough area）是位于果岭、发球台、球道外围的修剪高度较高、管理较粗放的草坪区域，用以惩罚球手的过失击球以及增加打球难度。高草区内除了种植有草坪草外，一般还有树木、花卉等园林植物。高草区对过失击球惩罚的严厉程度取决于高草区的修剪高度、草坪密度和园林植物的多少等因素。

由于球场占地面积和设计要求的不同，高草区的面积差异很大，一般一个标准18洞球场的高草区占地面积为15～35 hm²。高草区内一般都种有树木，是设计师进行球场树木景观布置的重要区域。

根据草坪修剪高度、管理水平和距球道边缘远近，高草区分为初级高草区和次级高草区。紧邻球道两侧、修剪高度较低的区域为初级高草区，宽度一般10～15 m，主要取决于树木离球道的距离、洞与洞之间的距离、是否有隔离带存在等，其养护水平近似或稍低于球道草坪。除了典型的海滨球场和沙漠球场外，通常在初级高草区内分散种植一些园林树木，增强园林景观效果。初级高草区的内缘线与球道轮廓线相重合，但与球道形成较明显的反差，二者较易区分。初级高草区的外缘线一般与周围的景观融合在一起。

次级高草区是在初级高草区之外、修剪高度更高的草坪区域，管理非常粗放，有时甚至不需任何管理，其内种的林带较密集。高尔夫球车道路和管理道路一般都设置在次级高草区中。有些球场不设置初级高草区或面积很小，尤其是在大众化球场，甚至没有初级高草区。

在管理水平极高的球场，有时在初级高草区和球道之间还留有中间高草区，中间高草区的草坪修剪高度介于球道和初级高草区之间。

高草区的使用强度较果岭、发球台及球道要小得多，管理水平及管理强度也低得多，然而这并不意味着高草区在球场中无关紧要。它是体现球场风格和设计理念的重要区域，对于球场的整个景观起着重要作用。为打球的需要，高草区草坪仍需要进行一定程度的粗放管理。

第二节　高草区建造与草坪建植

一、高草区建造

高草区的建造与球道建造相似，重要的建造步骤有：测量放线、场地清理、场地平整、地下排水系统的设置、灌溉系统的设置、细造型等。具体建造程序可参考高草区建造流程图（图7-1）。测量放线、场地清理、表土堆积及场地粗平整等已在球道建造中进行了介绍。

1. 地下排水系统的设置　一般来说，高草区不需要大面积安装地下排水系统，而仅在

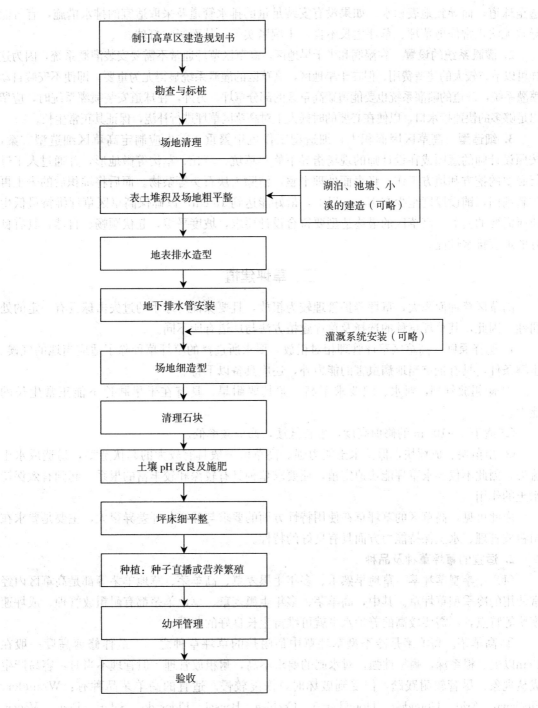

图 7-1 高草区建造流程图

需要的地方安装地下排水管道、集水井、渗水井等，以利于迅速有效地排除过多的水分，尤其是在需要排水的沙坑和球道附近。为了排除过量的水分，排水口的数量要充足，排水管道的管径也应足够大。因高草区造型起伏较大，且与球道相接，因此在高草区斜坡底部与球道相邻的部位安装地下排水管拦截斜坡渗流的水分是非常必要的，它可以防止斜坡的地下水渗透至球道，而导致地表积水。如果没有安装足量的排水管道及采取适宜的排水措施，有可能导致无法正常修剪草坪、草坪生长不良、土壤紧实等，从而影响打球。

2. 灌溉系统的设置　在湿润和半干旱地区，高草区草坪通常不需要安装灌溉系统，因为这样可以节省较大的建造费用。但在干旱地区，高草区的灌溉系统显得尤为重要，即使不安装自动喷灌系统，球道的喷灌系统也要能覆盖高草区的部分草坪。另外，在球道安装喷灌系统时，应留出足够多的快速接水口，以便在必要的时候人工对高草区草坪进行补浇，保证其正常生长。

3. 细造型　高草区因面积大，细造型工作也很繁重。首先应制定高草区细造型方案，按照设计师的意图或在设计师的现场指导下修建草坑、草丘、草沟等微地形，并通过人工进行必要的挖方和填方工作，将表面处理平整，清除大块石头等杂物。而后将堆积后的表土再重新铺回，铺设厚度至少在 10 cm 以上，最好能达到 15 cm，以确保高草区草坪维持最低生长所需要的营养。高草区的最终造型要符合设计要求，坡度平缓，起伏顺畅、自然，具有良好的地表排水性能。

二、草坪建植

高草区草坪面积大，草坪养护管理较为粗放，且要保证对球手的过失击球具有一定的处罚性。因此，其草坪草种的选择及草坪建植方法与球道有所不同。

1. 选择原则　高草区草坪管理相对粗放，要求所选择的草坪草种除了适应当地的气候、土壤条件，具有抵抗当地病虫害的能力外，还应具备以下特点：

①耐粗放管理，对水、肥要求不高，尤其要耐旱，具有在干旱胁迫下能正常生长的能力。

②适于 4～10 cm 的修剪高度，生长低矮，修剪频率低。

③出苗快、成坪快，保持水土能力强。高草区一般具有较大的起伏造型，易造成水土流失，因此不仅要求草坪能快速定植，还要求草种具有较深和较丰富的根系，起到有效保持水土的作用。

由此可见，高草区的草坪草在使用特性方面的要求与球道草坪差异很大，主要是要求在耐粗放管理、水土保持能力方面具有良好的特性。

2. 适宜的草坪草种及品种

（1）冷季型草坪草　草地早熟禾、多年生黑麦草、高羊茅、草地羊茅等都是高草区内经常使用的冷季型草坪草。其中，高羊茅、多年生黑麦草、草地羊茅都有耐粗放管理、成坪速度快等特点，不需要较高的养护水平就可维持生长良好的草坪。

①高羊茅。高羊茅是冷季型草坪草中最耐热的草坪草种之一，最佳修剪高度一般在 4 cm 以上。根系深，耐旱性强，对水肥的要求不高，耐粗放管理。但管理不当时，容易产生成丛现象；尽管较耐践踏，但受到破坏时，恢复较慢。适宜的高羊茅品种有：Wrangler、Finelawn、Arid、Houndog、Houndog 5、Cochise、Bonsai、Eldorado、Safari、Pixie、Vegas、Barlexas、CrossfireⅡ、Mini-Mustang、Water saver、Wolfpack 等。

②多年生黑麦草。多年生黑麦草在适宜的条件下出苗快，成坪快，与其他冷季型草坪草混播的共容性好。因使用年限较短，一般不用于单播建坪，主要用于混播中的先锋草种。用于高草区时，应注意选择具有低矮生长习性、耐粗放管理的品种，如 Taya、Premier、Pinnacle、Cutter、Figaro、Panther、Barcelona、Ph. D. 等。

③ 草地早熟禾。草地早熟禾大多数品种需中等以上的管理水平，因此在高草区中应用较少，但也有部分品种具有低矮生长习性、耐粗放管理，如 Baron、Bartitia、Rugby、Newport、Nassau、Merit、Newport、Kenblue 等。

在有些地区，当地的野生草种也可以作为高草区的草坪草，如野生冰草、麦冬、薹草等。这些草种对当地气候、土壤条件非常适应，极耐粗放管理，经过适当的养护管理即可成为较适宜的高草区草坪。

高草区的草坪由于不要求具有均一性，大多数情况下采用两个以上冷季型草坪草种的混播。如草地早熟禾＋高羊茅；草地早熟禾＋高羊茅＋多年生黑麦草；高羊茅＋多年生黑麦草；高羊茅＋细叶羊茅类等。

（2）暖季型草坪草 普通狗牙根、假俭草、地毯草、巴哈雀稗、钝叶草、结缕草、沟叶结缕草和野牛草是较常使用的高草区草坪草。其中尤以种子繁殖的普通狗牙根最普遍，它具有耐炎热、耐干旱、管理粗放等优点，较适于高草区草坪的要求。

暖季型草坪草一般不用于混播。野牛草、结缕草也常用于北方地区球场的高草区中。

3. 坪床准备 高草区草坪的坪床标准较球道低，可以适当减少坪床改良材料的投入量。尽管如此，高草区草坪的建植仍需对坪床进行必要的整备工作，主要包括以下几项：

（1）**坪床清理** 将高草区内的石块、树根、树枝、杂草等杂物通过人工或机械清理出场外，确保坪床干净。如杂草较多，可施用非选择性除草剂进行杀灭。在病虫害多发区域，可考虑进行坪床土壤的消毒。

（2）**调整土壤酸碱度** 取出高草区内有代表性的土壤样品并送交实验室进行理化分析和营养成分分析，根据测试结果及所选草坪草种对土壤酸碱度的要求决定是否对土壤 pH 进行调整。如土壤过酸，可施入农用石灰；土壤过碱，可施入硫黄粉及一些酸性肥料等。

（3）**施入基肥** 根据高草区土壤营养成分测试结果，确定肥料的种类及施量。一般基肥以氮、磷、钾肥为主，尤其是磷、钾肥更为重要，氮最好有一半以上是迟效氮肥。基肥一般以全价复合肥的形式施入。如土壤测试结果发现缺乏某些微量元素，可随基肥一同施入。基肥施入后要进行充分的混拌，与表层土壤混合均匀，深度控制在 $10\sim15$ cm。

（4）**坪床表面的细平整** 通过耙、耱、拖平、碾压等方法，将坪床表面的土块打碎，使土壤颗粒大小均匀、适中。将坪床处理光滑、紧实、平整，起伏流畅、自然。

4. 草坪种植

（1）**种植时间** 由于高草区一般地形起伏较大，草坪在种植时最好避开雨季。如在雨季种植草坪，种子及幼苗很容易受到降雨的冲刷造成出苗不均匀，影响成坪速度。一般冷季型草坪草在夏末秋初和春季种植较为适宜，暖季型草坪草则以晚春至夏初为宜。

（2）**播种量** 不同草种因粒径不同，播种量也有所差别（表 7-1）。如果播种后难以保证水分供应，播种量应适当加大。

表 7-1 高草区草坪草种播种量

草坪草种类	播种量（g/m²）
草地早熟禾	$10\sim15$
高羊茅	$40\sim45$

（续）

草坪草种类	播种量（g/m²）
多年生黑麦草	30~35
紫羊茅	10~15
普通狗牙根	10~15
结缕草	20~25
野牛草	10~12
巴哈雀稗	40~45

（3）种植方法　高草区草坪的种植方法一般为种子直播法、播种茎枝法及液压喷播法。

种子直播法和播种茎枝法建植高草区草坪可参考球道草坪建植方法。液压喷播法在高草区草坪建植中比较常用，因高草区起伏较大，种子直播方法建坪有一定的难度。如果条件允许，最好采用液压喷播法。

液压喷播建植草坪是近年来发展起来的一项植草新技术，广泛应用于高速公路边坡、水库堤坝等边坡地带的草坪建植中。将种子或切割好的茎枝段与水和着床材料等加入到液压喷播机中，利用液压将种子或茎枝段的混合物喷到待播的坪床上，不仅速度快，工作效率高，不破坏坪床表面细造型，而且出苗快，成坪快，抗水冲和风蚀。

如播种在雨量较多的季节，且部分坪床有较大的坡度，播种后应进行覆盖（营养繁殖及液压喷播建坪除外）。覆盖材料为无纺布、农作物秸秆、草帘等，以便为种子萌发和幼苗生长提供良好的小生态环境，加速草坪成坪。在幼苗生长到 2 cm 左右时，可于阴天或傍晚没有阳光直射时揭开覆盖物，以免因遮阳而影响幼苗生长。

三、幼坪管理

高草区草坪的幼坪管理措施比较简单，主要有以下几项：

1. 喷灌　高草区草坪大多没有安装自动喷灌系统，在播种后需要灌溉时，最好使用移动式喷灌设备，将移动式喷灌接口接入球道附近的快速取水器上，对播种后的坪床进行均匀灌溉。如无移动式喷灌设备，可用人工进行灌溉，但注意水量不能太大，不要形成积水和地表径流。第一次灌溉时应充分湿润根际层的土壤，如使用喷灌设备，应调节喷灌速度，使水分有充足的时间缓慢渗入土壤中，以免引起水土流失。在幼苗出齐前，应少量多次地进行灌溉，一般每天需要灌溉 1~2 次，保持坪床土壤表面湿润。幼苗出齐后，可逐渐减少灌溉次数，而加大每次灌溉的水量，促使草坪草根系向土壤深层生长。

2. 修剪　当幼苗生长到 6~10 cm 时，可进行第一次修剪，修剪时遵循 1/3 修剪原则，使草坪保持 4~8 cm 的修剪高度。以后的修剪时间和修剪频率根据 1/3 修剪原则和草坪草的生长速度来确定。

3. 施肥　为促使高草区幼坪尽快成坪，应及时对幼坪进行施肥。在幼苗坪生长到 4~5 cm 时，需要施入氮肥，施氮量为 2~3 g/m²。施肥后立即浇水，以免叶片灼伤。在幼坪阶段一般不需施入磷、钾肥。

播种后 6~8 周内除了必要的管理机械，其他机械禁止在高草区通行。如高草区出现杂草，尽量人工拔除，推迟除草剂的使用时间。至少在种子萌发后 4 周再喷施除草剂。其他幼坪管理措施如镇压、覆沙等，不需要在高草区幼坪中进行。

第三节 高草区草坪管理

高草区草坪的管理强度和管理水平取决于所种植的草坪草种或品种、践踏强度、需要的打球速度、球场管理费用等。尽管高草区草坪质量要求较低，但为了打球的需要，仍需进行一定程度的粗放管理。主要管理措施有修剪、施肥、灌溉及其他管理措施（如清除落叶）等。

1. 修剪 高草区草坪一般不需要修剪，但如果致密的草坪不修剪，球落入其中很难找到，势必影响打球速度，而且也加重了对球手过失击球的惩罚。因此，应根据需要对高草区尤其是初级高草区草坪进行必要的修剪。

（1）初级高草区的修剪 初级高草区紧邻球道边缘，球落入其中的概率很大，其修剪高度和频率取决于球场投入的管理费用、要求的打球速度和打球的难易程度。初级高草区的修剪高度变化很大，有的球场将其修剪至 2 cm，有的为 10 cm，甚至不修剪。但一般球场的初级高草区修剪高度为 4～8 cm，每 1～2 周修剪 1 次。修剪时要注意球道边缘轮廓线，使轮廓线清晰易见。

（2）中间高草区的修剪 某些管理精细的球场，在球道和初级高草区中间保留有中间高草区，其修剪高度为 2.5～5 cm，介于球道和初级高草区之间，一般每周修剪 1 次。设立中间高草区可降低打球难度，但大多数球场出于管理费用的考虑不设置中间高草区。

（3）次级高草区的修剪 多数球场的次级高草区是不进行修剪的，尤其是球很难到达的区域。靠近初级高草区边缘的次级高草区可进行轻度修剪，不修剪的区域，有时还种植一些花卉和树木来增加球场的景观效果。

（4）陡坡地区的草坪修剪 高草区内的一些陡坡区域，剪草机无法操作，如果这些区域也需要修剪，可以使用割灌割草机进行修剪或使用植物生长抑制剂进行化学修剪。

2. 施肥 高草区草坪在成坪后的第一个生长季节内，要给予与球道草坪相近的施肥量，以保证草坪充分、快速地定植。大多数球场，高草区成坪后的施肥计划是每年施入一次全价复合肥。冷季型草坪草在秋季进行，而暖季型草坪草在春季施入。对于某些不进行修剪等管理措施的次级高草区，可 2～3 年施入一次全价复合肥。

高草区的施肥水平主要由草坪草种、土壤、气候条件等因素决定。在相对肥沃且营养成分不易损失的高草区几乎不需施肥，特别是种植的是那些营养需要很少的草种如巴哈雀稗、结缕草、野牛草和普通狗牙根等。

3. 灌溉 初级高草区可以定期进行少量喷灌，次级高草区一般不需灌溉。在干旱和半干旱地区，当草坪严重缺水而出现萎蔫症状时，可以进行一次性大量喷灌，充分湿润根际层土壤。

4. 杂草防除 大多数进行修剪的高草区都必须进行阔叶杂草的防治，以避免杂草种子传播到球道上去。防治阔叶杂草时，冷季型草坪草在夏季使用除草剂较好，暖季型草坪草则在春季较适宜。此外，要注意采用合理的除草方式防除一些单子叶杂草。进行修剪或灌溉的初级高草区内生长一年生杂草如马唐时，可人工拔除，如杂草过多，可考虑使用萌前或萌后除草剂，在杂草幼小时防除。

5. 其他管理措施

（1）中耕　在高草区内球车经常行走的区域、经常接受践踏的区域以及坡度较大的坡面，可以根据土壤紧实情况进行打孔或划破草皮耕作，其他区域不必进行改良土壤紧实的操作。一般也不需要进行表层覆沙。

（2）清除落叶　一般球场在高草区内都种有较多的树木，以丰富园林景观。当树木中落叶树较多时，清除落叶的工作就必不可少。在秋季 4～6 周内必须将大量的树叶清除掉，否则不仅会因遮阳而影响草坪草的正常生长，而且也使落入其中的球难以找到。

清除落叶的方法可参考球道草坪管理。

（3）清除杂物　环境优美、管理精细的高尔夫球场应没有树枝、落叶和垃圾等杂物，即使是在高草区也如此。因此，应在发球台和高草区附近设置足够的垃圾箱或垃圾袋，每天进行垃圾的清理。

第四节　高草区外围

1. 果岭周区　果岭周区是紧邻岭环与岭围外的草坪区域，一般由较陡的斜坡和沙坑边的草丘、草坑所组成，属于高草区的一部分。在果岭周区可以种植树木或花卉等园林景观植物，其草坪草种与初级高草区相同。在管理水平上要比初级高草区稍高，其修剪高度与初级高草区相同，修剪频率较初级高草区大，因为果岭周区草坪接受的喷灌较多。果岭周区也需要定期进行打孔和划破草皮的耕作，以改善土壤紧实状况，增加土壤的透水性，防止径流的形成。

2. 非修剪自然高草区　远离球道的次级高草区草坪，一般处于自然生长状态，不进行任何修剪、灌溉等管理措施，这些区域即使过失击球也很难到达。也称为非打球区。

非修剪自然高草区是集中体现球场景观的最佳场所，也是园林设计师精心布置园林树木、花卉等园林植物的区域。其内野草高度可以达到 60～120 cm，其间的树林、花卉、野草、起伏的山丘相映相辉，可形成层次分明的自然景观。这里也是很多野生动物经常出没的场所，为野生动物提供了良好的栖息地。

3. 高草区界外标志　根据高尔夫竞赛规则，每个洞都应具有明显的界外标志线，用以提示球手的打球区域和范围。界外标志一般设在球道两侧的高草区内或高草区之外，都是距离球道较远、球不易被打出的界线。

球场中常使用的界外标志有围栏、桩子、在草坪上喷涂染色剂等。界桩一般涂成白色，木桩的尺寸一般为 5 cm×5 cm×160 cm，留在地面上的高度约 90 cm。也可以是永久性的水泥桩。界桩的间隔以球手站在两木桩中间容易发现和确定球是否出界为宜，一般在 25m 左右。界桩周围最好没有灌木丛或树木遮挡。一般每年对界桩进行一次重新涂色。在举办大型比赛前，也应检查界桩位置并重新涂色。

为更好地确定球洞的边界线，可以使用染色剂将界桩间的草坪带喷涂上颜色，使界桩连接成线，也可用围栏将界桩连接起来，形成界线。界桩、界桩间的连线及围栏都属于界外。每一个洞的界线应标示在记分表的球道平面图中，以便于球手在打球前了解。

界外标志线通常用白色线条表示，侧面水障碍常用黄色线条表示，水障碍则用红色界线标示。

4. 距离标志 在很多球场中，为给球手提示球道中某点到果岭中心点的距离，常设置一些指示距离的标志物，标志物通常设置在距果岭中心点 150 码（137.16 m）的初级高草区内。也有些球场不设置这种标志，以测试球手自己判断距离的能力，增加打球的刺激性。

标示距离的标志物有很多种，如指示的树木、有色的木桩、埋设的有色水泥桩、标志牌等（图 7-2）。标志物一般设置在初级高草区内不影响打球的区域，有些球场也将标志物设在球道中，将之埋设于地下，顶面几乎与草坪面相平，在顶部涂上颜色。有的利用喷头作为距离标志物，在接近需要设置距离标志的喷头上涂上颜色，书写上离果岭中心点的距离数字。

有些球场在记分卡上绘制球道平面布置图，并在每个球道上标明距离标志物的位置（如树木、沙坑、标志牌等）和标志物到果岭中心点的距离。

图 7-2 三种典型的 150 码标志牌

第八章　沙　　坑

第一节　沙坑概述

沙坑（bunker）是高尔夫球场中最传统的一种障碍形式，也是现代高尔夫球场中应用最为广泛的一种障碍。关于高尔夫球场沙坑的起源，最普遍的解释是由于苏格兰海滨的一系列环境所致。据说从北海吹来的冷风掠过该地时，草地上的羊群为躲避寒冷就在低洼的沙地里挖洞，并在其中卧踏，这就是沙坑的雏形。挖出的沙子被风吹走，羊不断地挖，风不断地侵蚀沙子，使得这些小洞扩大，演变成现在所说的沙坑。高尔夫运动历经几个世纪的演变和发展，现代高尔夫球场上沙坑形式多样，在美化场地景观、体现打球战略等方面尽显其独特的作用。

一、沙坑的定义及作用

在高尔夫竞赛规则中，沙坑定义为将一块地面区域去除草皮和泥土后代之以沙或沙状物而制作成的障碍区，多呈凹状。通常为一个覆盖着沙子的坑。沙坑边缘或沙坑内被草覆盖的地面，包括由草皮码放而成的斜面（不论有草覆盖还是土质），不属于沙坑的一部分；未被草覆盖的沙坑的侧壁或内缘是沙坑的一部分。沙坑是球场障碍区的一个重要组成部分，是构成打球战略的一个重要部分。

著名设计师 Tom Doak 把沙坑的功用归纳为以下五种：第一，作为对击球失误的惩罚；第二，引导球员避免进入更糟糕的情况，如旁边是一个溪流或者峡谷等；第三，视觉上的效果；第四，如果遇到盲洞的时候，帮助球员确定第二杆的击球线路；第五，有些时候作为一种障碍，"吓唬"球员远离一些危险的区域，比如两个球道交接的区域。沙坑作为球场中的障碍，具有障碍所具有的所有功能，但是沙坑也有与其他障碍不同之处，其主要作用体现在球场战略性和美化景观两个方面。

沙坑之所以被称为障碍，是因为在沙子上打球要比在球道的草坪上打球困难，惩罚球手的过失击球，增加比赛的难度，提高其挑战性。与水障碍和树木相比，沙坑为球手提供了补救的机会，对球手的惩罚性要小得多。沙坑的另一作用就是能够美化球场环境，是高尔夫球场中非常重要的景观元素。沙坑中沙子的色泽与绿色的草坪、蔚蓝的水面和色彩缤纷的树木可以形成强烈的反差，给人一种强烈的视觉震撼。沙粒的粗犷与草地的柔和可以创造出鲜明的对比，突出刚柔并济的美感。由于沙坑在景观方面突出的特性，球场设计师通过对沙坑的巧妙运用，使球场产生独特的景观效果。

二、沙坑的组成

沙坑一般由沙坑前缘、后缘，沙坑边唇，沙坑面和沙坑底等几部分组成。

沙坑面是球手在击球位置所能看到的沙坑的沙层面。沙坑边唇是沙坑边缘从草坪植草面到沙面的垂直边缘部分。边唇部分一般被草坪草所覆盖。沙坑底位于沙坑的最低部位，其下埋设有排水管（图8-1）。

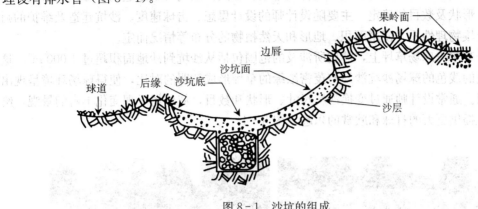

图8-1 沙坑的组成

（引自梁树友，2009）

三、沙坑的类型

根据所处的位置，可将沙坑分为果岭沙坑（green bunker）和球道沙坑（fairway bunker）两类。果岭沙坑也叫护卫沙坑，指的是分布在果岭周边的小沙坑，用于护卫果岭，一般小而深（图8-2）；球道沙坑设置在球道两侧或高草区内，多在落球点附近，一般大而浅，起伏平缓，是体现设计师设计理念的重要组成部分，也是影响球手打球战略战术选择的重要因素（图8-3）。

图8-2 果岭沙坑

图8-3 球道沙坑

第二节 沙坑设计

一、沙坑设计思想及限制因素

沙坑的主要作用就是对击球失误的扣分和惩罚。沙坑的设计和建造的指导方针是使沙坑有适当的深度和合适的形状，形成具有一定的策略战术的布局，制造击球难度。一般来说，沙坑建造得小且深，很难将球从中击出，以防高尔夫球手像在球道和发球台击球那样容易地将球从沙坑中击救出来。

　　沙坑的大小、形状和数目没有固定的限制，有小型的"罐状"沙坑，小而深，欲将球从中击出比较困难；也有大型的沙坑，延伸而平缓。在具体的场合下建造何种形式的沙坑，沙坑的大小、形状及数目的确定，主要随设计师的设计思想、击球速度、沙坑建造及维护的财政预算、土壤物理性质、使用面积、地形和天然植物的分布等情况而定。

　　在一个高尔夫球场草坪上，沙坑所涉及的范围包括从沙坑到沙地面积超过 4 000 m²。这些相当规模的浅色的球场沙坑沙地与茂密浓绿的草坪形成鲜明的对比，使得球场环境呈现出美丽的景观。通常设计师通过变换沙坑尺寸、形状和数目，使球场呈现变化丰富的景观，给球员和观众提供更大的打球和欣赏的乐趣（图 8-4）。

图 8-4　沙坑的各种形状

　　1. 击球速度　击球速度是公共高尔夫球场沙坑设计和建造时所考虑的一个主要因素。

一般情况下，在强调比赛战略战术的球场上，球手为使球飞掠形式多样、难度不同的沙坑障碍，往往击球凶猛，球速过快，这样在人员众多的公共球场上就存在安全隐患，易击球伤人。因此，弱化沙坑的数量及战略价值，适宜于公众高尔夫球场的实际情况。在这种场合下，沙坑只局限地分布于某些区域，且沙坑的设计简单缓和，球手击球力度平缓，球速较慢。而限定会员数量的私人高尔夫球场或专门用作比赛的高尔夫球场上，沙坑鲜明突出，在设计中尽量体现其战略思想，使比赛具有一定的挑战性和难度。这种场合下对沙坑建造和维护的财政预算的考虑是其次的。

2. 地形特征　一个地区的特定地形条件是决定沙坑的构造及其应用的另一个主要因素。平坦地带不管有没有植物，在缺少山地三维景象的情况下，大型、轮廓清晰的土丘状沙坑的设置可以减轻平原单调的感觉，增强球场的立体感，同时可以体现击球时的战略战术。若没有沙坑，某些打球战略就难以很好地体现出来。相对来说，在凹凸不平的地区，球场景观不仅丰富有趣，而且能更充分施展球手们的较高的击球技术和力度。在这些地区，沙坑可能不需要或不必要。例如，美国佛罗里达州南部的高尔夫球场，那里地势平缓，球场上建造有数目相当多的大型障碍区；而建在美国东北部的一些崎岖地区的高尔夫球场上的沙坑则相对较少。开阔地的沙坑通常比球道狭窄的密林区的沙坑要大且轮廓清晰。树木稀少区域内的沙坑往往被设计成大型土丘状。如果这些地方面积有限，那么沙坑也可作为两个相邻球洞间的分界线。如美国北卡罗来纳州平博斯特乡村俱乐部著名的 2 号球场，那里树木浓郁，足够大面积的场地上设有非常宽的球道，并且在球道两侧分布着宽广的高草区，兼有数目多、面积大的沙坑。现代高尔夫球场很少有足够的面积使球道的分布广阔，一般球道沙坑较小且与球道平行。而在茂密的林区，设计师们倾向于依靠树木而不是数目多的沙坑设置障碍、制造战略布局。

3. 沙坑面积和洞数　沙坑的面积变化很大，可以从几十平方米到几千平方米，没有一个固定的要求。从建造角度来说，沙坑的大小应有利于造型机操作；从管理的角度来看，应有利于沙坑耙沙机械的操作。因此，一般来说，一个沙坑占地面积为 $90\sim370\ m^2$。有些球道沙坑面积会高达 $2\,323\ m^2$，但一些"罐状"沙坑的面积很小，甚至有些沙坑小得使球手在该沙坑中几乎无立足之地。现代高尔夫球场沙坑一般具有大型且开放的特点。在维护费用适当的情况下，这便于耙沙机的应用，以进行沙坑的保养和维护。在一些资金充足、养护水平高的高尔夫球场上，往往用人工进行沙坑的维护，人工耙出的沙面非常漂亮、整洁和均匀。

目前大多数标准 18 洞的高尔夫球场建有 40～80 个沙坑。因为沙坑的维护费用高，所以在过去 20 年里，球场的沙坑数目已逐渐减少，但在具体的场地中可根据实际需要设置沙坑。

二、沙坑构造特征

1. 沙坑面　沙坑面是指沙坑的斜坡或凸地，也就是打球时能使球员看到的部分。位于果岭正前方的沙坑，其沙坑面比较明显，在球道上容易观察到。而果岭后面和两侧的果岭沙坑以及球道两侧的球道沙坑，其沙坑面一般不明显，可见程度取决于沙坑位置上土丘的高度、沙坑面的朝向和沙坑深度等。

设计沙坑面的主要目的是增加击球难度，使得球手从沙坑中将球救出比较困难。沙坑面的设计还在于给球手指示沙坑的位置，有利于球手制定打球战术。现代高尔夫球场的设计，重在沙坑正面，旨在提醒球手注意障碍的存在，相应地制定出击球策略。另外，现代高尔夫球场上设置有许多令球手意想不到的隐藏沙坑，增加比赛难度，提高比赛的挑战性和趣味性。

球道沙坑朝向果岭一侧的沙坑面高度，一般随地势及设计师的设计理念、击球需要而变化。果岭侧面的沙坑通常被建得很高，其沙坑面也比球道沙坑的要陡。正面斜坡越陡，则沙子保留在原位置的可能性就越小。从维护管理的角度来说，35°或更小的斜坡更适合。沙坑面越陡，打球难度越大，会给球员带来更大的挑战。但这种情况下沙坑面易被雨水冲蚀，因而会增加对沙坑面斜坡的维护费用。需要强调的是，沙坑面斜坡的沙子不能太松、太厚，否则高尔夫球很容易被埋进沙子中难以发现，而且会增加球手在沙坑中击球时的稳定难度。

沙袋堆筑是沙坑面建造的常用方法，在袋顶上有草皮覆盖并形成了近似垂直的正面，稳定性好。苏格兰历史上的许多球场都是用这种方法来建造沙坑面的。这种方法适用于沙地高尔夫球场，可以有效抵御风对沙坑面的侵蚀。构建这种沙坑面需要很多的劳动力和大量的草皮。因此，用沙袋、草皮建造沙坑面的做法在美国很少采用。

另外，早期的苏格兰高尔夫球场通常使用木板作为沙坑面的一部分，现在这种方法已很少使用了。该方法不仅费用高，而且潜在的危险大，球容易弹回而伤人。

2. 沙坑边唇　沙坑边唇是沙坑沙面之上的草皮的垂直边缘。也就是沙坑边缘从草坪面到沙面的垂直边缘部分。边唇是沙坑与草坪衔接处的草皮的一部分，沙坑边唇一般被草坪草所覆盖，边唇的上沿就是沙坑的边缘。有些沙坑具有明显的边唇，或部分具有明显的边唇，而有些沙坑没有边唇。围绕在沙坑周围的边唇一般比沙面高 5~10 cm，沙坑边唇具体准确的高度随组成其草种的不同而不同。沙坑边唇具有以下功能：①防止球手将落入沙坑中的球推到果岭上去。②防止打入沙坑的球从沙坑中滚动到草坪上。③可以明确地确定沙坑的边界，利于草坪修剪操作。

果岭沙坑一般具有明显的边唇，而球道沙坑则没有明显的边唇或没有边唇，只是通过铺设的沙子与沙子周围的草形成沙坑边界（图 8-5）。

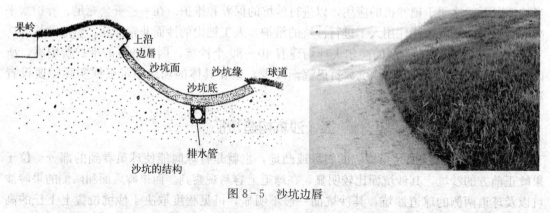

图 8-5　沙坑边唇

沙坑边唇的草坪草的茎枝经常向沙坑内部生长，为保持边唇的形状，避免沙坑出现不整洁的杂乱外观，需要经常修剪沙坑边缘的茎枝，从而增加了沙坑管理的费用，这也是球道沙坑一般不设置边唇的原因。

3. 沙坑位置　沙坑位置的布局是高尔夫球洞设计的一个重要部分。沙坑的布局依据设计师对击球的构想，同时考虑到将球打入果岭球洞时采用的不同击球方式所需要的难度等。球道沙坑的设计一般依据其自然属性而展现一定的战略性能，使得球手选择合适的击球位和击球方式。通常球道沙坑位置的确定由发球台的距离而定。

沙坑位置的确定还要依据该地的排水情况而定。沙坑需要良好的地上和地下排水条件，沙坑排水必须畅通无阻，在地势低凹区域土壤渗水状况较差的情况下沙坑位应设置得高一些，使其与周围地势形成一个坡度，以利于排水。反之，地下排水良好的地方，沙坑可以建在地平面以下。在建造和设置沙坑时也应注意从果岭斜坡和边缘流下的水不能进入沙坑，也不能聚集在果岭内或果岭附近。

从维护管理的角度来说，果岭一侧的沙坑应设置在距离果岭 3~3.7 m 的地方。在沙坑和果岭之间留有充足的距离便于大型剪草机械的操作，从而避免机械对果岭的损伤。这种适宜的距离还会减少从沙坑吹到果岭中的沙量。有些设计师把沙坑设置得离果岭较近，用以保护球洞。在这样的沙坑位点的设计中，球手欲将球击入球洞比较困难，这种设计需要球手有非常高的击球准确性和良好的体力，也要求高尔夫球场管理者投入较多的沙坑建造和维护费用。同时，果岭沙坑的沙子质量也是非常重要的一个因素。

果岭周围的沙坑的形状、大小明显影响着果岭和下一个发球台之间通道的状况，进而影响到果岭周围草坪的磨损状态和该处土壤的紧实性。设计师必须权衡出最佳的设计意向，以适应实际需求和有效的场地维护。不要在果岭周围设置大沙坑，避免其堵塞果岭与下一个发球台之间的自然通道，影响球手们从一个球洞果岭到另一个球洞发球台之间的出入。解决这一问题的最好办法是将大沙坑改建为两个以上的彼此分开的沙坑，它们之间留有足够大的草坪区域。这样一来，草坪区域开阔了，将高尔夫球打入果岭就更容易些，打球速度也就提高了，诸如通道狭窄、堵塞等状况缓解了，接下来的草坪磨损、土壤紧实等问题也就迎刃而解了。

4. 沙坑沙层深度　在高尔夫球场上，果岭沙坑底部的沙层深度至少为 10 cm，沙坑面沙层深度一般为 5 cm 以上。在干旱地区，沙坑面通常浅些。选择沙坑面沙子深度为 5 cm 左右，有以下几点益处：高尔夫球落在 5 cm 厚的沙子上通常不会被埋进沙子里，仅滚落在沙子表面上，因此，掘沙以及沙坑面的修补管理强度就会减少；可以加快比赛速度；减少换沙费用等。预期的沙深一般要比最终深度浅 10%。球道沙坑的沙子深度一般比果岭沙坑浅。

第三节　沙子的选择

1. 沙子颗粒大小　沙子颗粒的大小合适与否会影响击球的质量。确定沙坑所用沙子颗粒的大小，通常是让沙子能通过 16 孔筛，保留在 60 孔筛上。选择沙子颗粒的大小时还应考虑沙床、地面平均硬度、地面最小硬度、内部排水状况、沙坑维护管理等相关的因素。较粗的沙子易损坏球杆，粗沙洒落到果岭上则会影响推杆和果岭剪草作业。太细、过软的沙子则易使球埋入沙中，难以救出。颗粒大小合适的沙子形成的沙坑球床应该是使球陷下去其本身直径的 1/2。一般地讲，沙坑用沙应避免使用颗粒同一大小的或大小变化小的沙子。

粒径在 0.25～1 mm 的沙子可以达到较满意的效果，其中 0.25～0.5 mm 粒径（中粒沙）的沙子应该至少占 75% 左右。该粒径的沙子能达到较好的效果，主要因为：①粒径超过 1.0 mm 的沙子会在沙层中向上移动而聚集到沙层表面；而小于 0.25 mm 的较细的沙粒则会向下移动到沙层底层，从而出现沙子分层现象。②粒径超过 1.0 mm 的沙粒被风吹或击球带到果岭上后，会对草坪管理机械造成损伤，同时会对人员产生意外损伤；而小于 0.25 mm 粒径的沙粒所占的比例太大时，会导致沙坑的排水不良、沙层板结和其他不良问题。

在多风地区的高尔夫球场上，可以考虑使用大颗粒的沙子作为沙坑用沙（如大于 1 mm），以防止沙坑中的沙子被吹走。在这种情况下，需要反复进行试验，确定适宜的沙子粒径，以利于沙坑中沙子的稳定性。同时，在沙坑设计建造过程中要适当增加沙坑的深度和沙坑周边土丘数量，以防沙子流失。

2. 沙子的形状　沙粒形状是非常难以确定的一项指标，沙坑选用的沙子以多角或半多角形的棱沙为最好，形成沙床时，棱形沙子比规则圆滑的沙粒要好。这种形状的沙子在打球时易被踏实。而圆滑的沙粒不太适宜，因为其具有不稳定性，在施加外力的情况下极易发生滑动，球手站在沙坑中打球时，会产生下沉的感觉，脚面会因沙子的流动没入沙层之中，不利于挥杆击球；另外，落入沙坑的球也会因沙子的流动被掩埋。圆沙在风力作用下，还会产生流动现象。多角形状的棱沙有很多平面，颗粒内能交叉连锁，快速稳定下来，并能保持长时间的良好状态，比较适合沙坑用沙的要求。但过于尖锐的沙粒也不太适宜，不仅会损伤球杆，还会交接得过于紧密，加大在沙坑中的击球难度，也不利于排水。

3. 沙子的颜色　沙坑中的沙子常使用的颜色有白色、褐色、黑色、灰色和黄色等。浅颜色的沙子与周围的绿草形成鲜明的对比，从而使场地背景更加优美。选择沙粒时，沙粒大小及形状的考虑应优先于颜色的考虑。如果一种沙子仅仅是白色，而在形状及大小上都不理想，而另有一种黑色的沙子，其大小和形状都很合适，那么应选黑色沙子。再者，选沙子颜色时应避免沙子太白，纯白色的沙粒对人的眼睛有刺激作用，在某些情况下还不易发觉落入沙坑中的球；在管理上，白色沙子容易被污染变色。当地的沙源也是影响沙子颜色选择的因素之一，应尽量选择当地可以提供的沙子。总之，沙坑沙子颜色的选择要因地制宜，确定比较适宜球场自身条件的沙子颜色。

4. 沙子的质地　沙粒应具有一定的密度和硬度，具有不易被风化、分解的特性。石英砂是比较好的沙坑用沙。在沙坑中最好不要使用质地较软的沙子，这种沙子容易被风化分解，而分解的粉末会黏合在一起，产生排水不利的问题。另外，最好不要采用石灰熔岩质沙子。沙子质地可以变化，硬的硅酸盐沙子比软的钙质沙如珊瑚沙要好。质地越稳定越好。为防止沙坑沙子变得过硬，不得不每日进行耙沙工作。

5. 沙子的纯度　沙子中不应掺杂其他物质，包括黏土和淤泥，否则易使沙子固化而导致过硬，同时有可能使有生活力的种子生长发育，进而引入杂草。在卡车装运来沙子时应检验其纯度，在确保纯度合格后方可卸下。沙子在放入沙坑前要充分冲洗，并捡除杂物，尽量避免沙子中含有黏粒、粉粒及其他杂物。沙子中杂草种子含量较多时，要使用土壤消毒法对沙子进行消毒处理。

在进行沙坑沙子选择时还要考虑价格因素和当地沙源的情况，价格高的沙子不一定就是非常适宜的沙子，有时当地的沙子经过筛选与清理就可以满足要求。

第四节　沙坑建造

　　沙坑建造包括以下几个方面的内容：测量放线、基础开挖、粗造型、排水管安装、边唇建造、细造型、沙坑上沙。

　　根据沙坑边唇建造和沙坑边缘草坪建植的先后顺序的差别，沙坑建造可分为两种方式：一是先建沙坑后进行边缘草坪建植；二是先进行沙坑边缘的草坪建植，后进行沙坑边缘建造。两种建造方式具体的操作流程如图8-6所示。

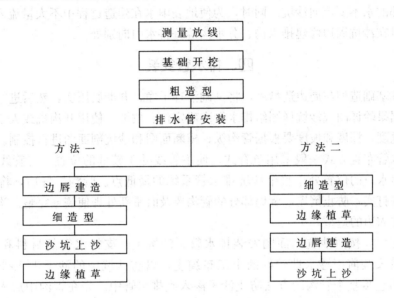

图8-6　沙坑建造施工流程

一、测量放线

　　果岭沙坑按照果岭详图和果岭中心桩基础点进行放线；球道沙坑以球道中心线桩为基础点，按沙坑详图进行放线。两种沙坑均可采用极坐标法和网络法进行放线。

　　前期放线工作主要是给沙坑定位、定界，确定沙坑的边界线。在沙坑边界上每隔4～5m打一个标桩，标出沙坑边界。另外，还需要对沙坑周边的造型轮廓线和等高线放线，为沙坑周边的粗造型提供依据。

二、基础开挖

　　在球场土方工程和粗造型阶段，沙坑区域的挖、填方工作基本完成。因此，在进行沙坑建造时，一般不存在大量的土方移动。若沙坑挖方工程在前期未进行，则在沙坑放线后首先要进行沙坑的基础开挖工作，开挖深度、沙坑周边造型高度均可通过标桩控制。挖掘出的土方用于沙坑周边的造型，多余的挖方要直接运送到球场其他需土区域，较深的沙坑可以使用小型挖掘机开挖，较大而浅的沙坑可使用小型推土机进行基础开挖。果岭护卫沙坑基础开挖与果岭基础开挖同步进行。

三、粗 造 型

沙坑粗造型是对沙坑基础和沙坑周边进行的整形工作。果岭护卫沙坑的粗造型要根据果岭详图实施，一般与果岭周边造型同步进行。球道沙坑的粗造型要依据球道沙坑详图进行。

与果岭基础造型一样，沙坑粗造型一般也使用小型造型机实施，由富有经验的造型师根据图纸或设计师现场指导进行造型。应使基础造型和周边造型既符合设计图纸要求又起伏流畅，并且与果岭和球道的造型紧密衔接。操作过程中，要充分考虑沙坑的地表排水问题，尽量使沙坑外部的水不要流向沙坑。同时，为使地表雨水在建造过程中不大量流入沙坑，根据实际情况，可在沙坑周边修建排水沟、分水沟等，将水引向别处。

四、排水管安装

完成沙坑基础造型与周边造型后，将基础清理干净，并彻底压实，然后进行排水管线测量放线。依据果岭详图或沙坑详图给排水管准确定位、放坡。使用开沟机或人工进行管沟开挖。管沟的宽度、深度和坡度要根据管沟纵、横断面图和沙坑剖面图进行控制。

沙坑排水管布置方式一般采用鱼脊式，使主管线处于较低的位置，支管线向主管线倾斜，主管线出水口的位置处于整个沙坑排水管系统的最低点。管沟挖好后，将沟底清理干净，管沟侧壁打实，防止倒塌，倒塌部分的管沟要及时重新处理使侧壁完整。沟管中挖出的土方用于沙坑周边的造型。

管沟挖好后，按照沙坑剖面图安装排水管。沙坑主、支排水管的材料和管径与果岭相同。排水管安装前用透水性较好的土工布缠裹，以防沙坑中的沙子进入排水管中，也可采用土工布包裹整个管沟的方法防止沙子渗入到排水管中。先在管沟中放入 2~5 cm 厚的碎石，然后铺设排水管，并调整排水管线的坡度，使排水流畅，符合沙坑详图所要求的管线标高，一般主排水管的排水坡度不小于 1%，支排水管的排水坡度不小于 0.5%。安装时要注意排水管接头的连接，以防渗漏。最后，用碎石填平管沟，即完成排水管的安装工作。

沙坑的渗排水应引向就近的球场地下排水系统中，从沙坑通向排水系统的排水管一般为直径 110 mm（φ110）的无孔 PVC 管，其埋设深度不得小于 30 cm。

同果岭排水管铺设一样，沙坑排水管铺设的过程中，也应于沙坑外预留冲泥口。

五、边唇建造

沙坑具有边唇的目的是让球手不能将球从沙坑中推到果岭上去，果岭护卫沙坑一般都具有边唇，并较沙坑的沙面高出 7~10 cm，而球道沙坑可以没有边唇。

1. 先建沙坑，后进行边缘草坪建植　需要在沙坑边缘草坪种植前完成沙坑边唇的建造，具体做法如下：

① 在沙坑粗造型和排水管安装完毕后，依照沙坑详图（图 8-7），给沙坑边界准确定位，并由设计师在现场进行复查与调整。

② 在确定好的边界线上向内向下挖 10~20 cm，没有边唇的部位下挖 10 cm，边唇最深的部位下挖 20 cm，边唇以下的沙坑内部挖掘深度要根据沙坑最终的沙层面与边唇的高度确

定，挖掘深度从沙坑边唇线向沙坑内部渐浅，注意不要破坏沙坑的基础造型。

③ 对挖好的边唇要进行保护，以防止施工过程中雨水冲刷和施工操作导致边唇倒塌，一般采用塑料板、三合板、金属网等沿边唇贴到边壁上予以保护。

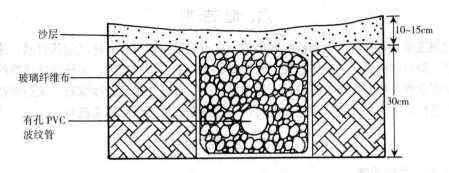

图 8-7　沙坑的剖面图

2. 先进行沙坑边缘的草坪建植，后进行沙坑边缘建造　沙坑边唇在草坪建植后进行修建，一般在球场建造基本完成、开业前进行，具体操作步骤如下：

（1）沙坑边界线的确定　开业前一个月设计师在现场对每个沙坑划出边界线并做相应的调整。可以使用在草坪上喷涂染料或使用除草剂等方式划定沙坑的边界，如果担心使用喷涂染料会在草坪修剪后消失，在上沙时找不到沙坑边界，可以使用非选择性的除草剂喷洒沙坑边界线，杀死边界线的草坪草，使边界线永久定位。对于沙坑边缘一些水土流失严重和草坪建植不良的部位，可以通过沙坑边界线的调整，使之纳入沙坑内部，以减少这些部位的草坪修补工作。

（2）建边唇、清理草皮　沙坑边界线确定下来后，沿沙坑边界线人工建造沙坑边唇，自边界线向沙坑内下挖，边唇处下挖深度为 15～20 cm，而自边唇向沙坑内挖深渐浅，一般向内延伸 0.6～1.5 m 处挖深变为零。边唇挖好后，人工将之处理硬实、稳定，即完成边唇的建造。然后，清理沙坑内部的草皮。沙坑边缘植草过程中，沙坑内部可能也种植了草坪，或沙坑周边的草坪生长蔓延到了沙坑内部，可使用铲草皮的机械将这些草皮铲起，用于其他被损坏区域的草坪修补。生长在沙坑内部的草坪一般不使用除草剂杀除，因为除草剂同时会对沙坑周围草坪产生伤害，并且留在沙坑中枯死的草根层会对沙坑排水产生不良影响。

（3）基础清理　沙坑内部草坪清理完成后，清除沙坑中的其他杂物，然后人工用耙子将整个沙坑内部耙平，使之平滑、压实。最后检查沙坑的地下排水管，并进行清理，为沙坑上沙做好准备。

采用第二种方法修建沙坑边唇具有以下优点：①建造速度快，有利于机械操作。沙坑建造可全部使用机械来完成，沙坑的细造型与草坪建植工作不受沙坑边唇的限制，施工操作方便。②减少了沙坑的清理工作与边唇修补工作。由于边唇建造在草坪建植后进行，可以减少施工过程中由于雨水冲刷将泥沙带入沙坑中而导致反复清理。另外，后期建造沙坑边唇，避免了施工中对边唇的反复修复。③由于草坪的存在有利于沙坑边唇的定界和调整沙坑边界等。

修建沙坑边唇还有一种方法是铺植草皮法。操作方法：在需要建造沙坑边唇的部位，用土垫起边唇，然后自边唇向外铺植草皮，从而形成沙坑的边唇，边唇垫土时，垫土厚度要从沙坑边缘处向内渐浅。这种方法常用于球场改造过程中沙坑的重新建造，新建的球场若计划在沙坑边缘铺植草皮建坪，也可采用这一方法建造沙坑边唇。

六、细 造 型

沙坑细造型是对沙坑周边和沙坑底部造型进行局部修理工作，使其起伏自然、流畅。沙坑细造型一般与沙坑周边的坪床处理工作同时完成。细造型完成后，复核沙坑造型的设计标高，并彻底清理杂物，拔除放线时钉下的木桩。第一种方法是建造沙坑时，细造型在沙坑边唇建好后进行；第二种方法是建造沙坑时，细造型在沙坑边唇修建前进行。

七、沙坑上沙

（一）沙坑内部清理

采用第一种方法建造沙坑时，沙坑边界在植草前已存在，沙坑上沙前不必确定沙坑边界线，只需要对沙坑内部进行清理。在上沙前，仔细检查沙坑边缘和边唇，若有被破坏的部位，进行人工修补。同时，还要将沙坑边唇建造过程中使用的木桩、金属网等建造材料清理出去，将沙坑内部的土块、石块等杂物彻底清理干净，并耙平、压实，为沙坑上沙做好准备。

采用第二种方法进行沙坑建造时，沙坑上沙距沙坑边唇修建的时间很短，沙坑的清理工作与边唇修建同时完成。

（二）沙坑上沙操作

1. 沙坑衬垫层的铺设　为防止沙坑中的杂草问题，有时在沙坑上沙前于沙坑底部铺设一层透水的土工布。这种方法对于采用人工耙沙方法进行管理的沙坑很适用，通过用力耙沙，耙到一定深度可有效地控制沙坑中的杂草生长，但如果沙坑沙子铺设厚度太薄，耙子会耙入衬垫层中，将土工布拖到沙面上，造成不良的沙坑外观。因此，若需要铺设沙坑衬垫层时，最好使用抗撕裂强度较大的材料，并保持一定的覆沙厚度。

另外一种铺设沙坑衬垫层的方法是：先在沙坑底部铺设塑料或橡胶沙网，然后在网上面铺设一层较细的土壤。这种方法不仅不会影响沙层的排水，还有利于防止沙坑基础的石粒向上移动到沙层中。采用这种衬垫层方法时，沙坑中也需要铺设相当厚度的沙子，防止进行耙沙时耙到土层中或打球时球杆触及土层，引起沙坑的杂草问题。

2. 沙坑覆沙厚度　沙坑的覆沙平均厚度一般为 8～15 cm，果岭沙坑的覆沙厚度相对较厚，一般在沙坑底的部位厚度为 10～15 cm，而在沙坑面的部位可以减少到 5 cm；球道沙坑的覆沙厚度相对较浅，一般为 8～10 cm，因为球道沙坑覆沙较浅可以给球手提供一个较稳定的站位，利于球道的长距离击球。

3. 沙坑上沙方法　根据不同的情况，沙坑内上沙可以选择采用以下三种方法：

（1）沙子从场外直接运到沙坑内　这种方法比较适合于沙坑边唇在覆沙前尚未建造，或沙坑没有边唇的情况，减少了沙子的二次搬运，节省上沙费用。

（2）先用大型运输工具将沙子运到沙坑周围堆放，然后用小型运输工具再运到沙坑中　这种方法较适于沙坑边唇在上沙前已经建好或球场进行沙坑改建的情况，由于沙坑边唇事先已经存在，草坪已经建植，使用大型运输机械给沙坑直接上沙会严重破坏沙坑的边唇、沙坑边缘的造型以及沙坑周边的草坪，只能采用二次搬运的方法上沙。在沙坑周围堆放沙子时，要事先选择好几个适合的堆沙点，尽量避免大型运输工具对沙坑周围造型造成破坏。

（3）在高草区中安装喷沙机，将沙子从高草区直接输入到沙坑中　这种方法对沙坑边缘和边唇的破坏最小，并对输送到沙坑中的沙子具有一定的压实作用。

无论采用上述哪种方法给沙坑上沙，在上沙前要仔细复核所用的沙子质量，运输沙子的工具要清理干净，以防将杂物带入到沙坑中。

运入沙坑中的沙子可以用人工与机械方法相结合进行铺设，所用的机器为前面装有耙子的小型耙沙机。沙坑底部散沙可以使用耙沙机进行铺设，沙坑边缘和坡度较大的沙坑面部位可以通过人工使用铁锹与耙子铺散，要保证沙子铺设均匀，使沙坑底部沙层厚度保持大约10 cm，沙坑面沙层厚度保持在5 cm左右。沙子全部铺设完后，使用耙沙机或人工将整个沙坑沙层耙平滑。进行上述操作要谨慎，避免破坏沙坑的边唇和边缘造型。

第五节　沙坑维护与管理

尽管一轮球赛中在沙坑中击球的次数很少甚至没有，但是沙坑是体现一个球场战略、景观和风格的重要组成部分，良好的沙坑维护是十分必要的。美国高尔夫球协会认为，沙坑养护至少要达到三个基本要求：①沙坑边界清晰，球手或者裁判容易判断球是否属于沙坑中的球。耙沙时将沙带出沙坑边缘或者草坪长入沙坑都会造成沙坑分界不清，比赛时容易导致规则难以处理的尴尬局面。②沙坑中沙量足够，球手从沙坑中救球时不会受伤或者球杆受到损坏。美国高尔夫球协会建议沙坑底的沙层厚度应为10～15 cm，沙坑面的沙层厚度为5～10 cm。③落入沙坑中的球陷入沙中，形成"荷包蛋"的可能性小。

让沙坑保持良好状态需要耙沙、沙面维护、杂草防除、杂物清理等日常养护措施，这些养护措施由于沙坑尺寸大小不一、形状不规则及周边造型等因素使其实际操作受到限制，大多无法使用机械简单快捷地进行，只能通过人工方式完成，因此沙坑的养护费用相当高。

一、耙　沙

维持沙坑良好的击球条件的首要养护措施之一就是耙沙。沙坑耙沙分为整个沙坑耙沙和仅对球手打球后没有耙平或者耙过但没有达到要求的部分沙坑进行耙沙。机械耙沙机被应用之前，沙坑的维护由人工进行。当时的沙坑维护成了高尔夫球场上最费力、耗时、高成本的一项工作。20世纪50～60年代，国外高尔夫球场维护中由于人工费用的提高，于是就有一种减少沙坑数量的趋势。有些球场减少了50％～60％的沙坑。20世纪60年代耙沙机的发明和在高尔夫球场上大规模地成功应用，使得这种趋势又反过来了。这种机械极大地节省了人力，工作效率高。现代高尔夫球场普遍使用耙沙机进行沙坑的维护。

通过耙沙作业来维护沙坑中的沙层，使其保持松软和水平状态。通过耙沙，使沙面达到以下要求：①经常保持半松软状态。沙面紧实不利于击球和排水；沙面过于松软，球埋入沙中不易找到，也影响球员击球的稳定性。②具有一定的干燥和光滑程度。沙坑沙层表面可以保持平整和纹理均一。对于有条纹的表面，沟不能太深，脊不能太高。沙坑沙面的状态还取决于耙沙的操作步骤和使用的耙沙工具。③没有杂草生长。④没有石块等杂物。

1. 耙沙频率 耙沙的频率主要取决于灌溉、降水量、沙粒大小、沙粒质地、沙坑使用强度和击球强度等因素。耙沙作业需根据情况定期进行。

灌溉及雨水易使沙子致密，沙面板结变硬，沙坑应在每次降水和灌溉之后进行耙平。

沙粒中粉粒和黏粒过多而易风化时，则应加大耙沙频率，防止板结而出现排水不良现象。

在打球强度高的周末或节假日，沙坑应每日耙一次，而在一周内和打球少的季节应根据打球强度、灌溉及降水情况每2~3 d耙1次。比赛时需要良好的击球条件，包括沙坑应有好的沙面状态，需每天耙一次沙。

2. 人工耙沙 在没有耙沙机的情况下或对沙坑局部进行细致修整时用人工进行耙沙作业。

人工耙沙的具体操作是将耙子放在沙面上前后往返移动。操作时要仔细，防止每次提起和放下耙子时在沙面上形成隆起。耙沙时可以从一侧耙向另一侧，或环绕进行。耙沙速度不要过快，耙沙加快会在沙面留下波纹。

在沙坑四周耙沙时，应特别注意将沙坑中间的部分沙子用耙子耙向沙坑边缘，要使耙子从沙坑底向上移动，将部分沙子耙到沙坑面上，或在沙坑底将沙子推到沙坑面上，不要使耙子从沙坑面向沙坑底方向移动，使沙坑面的沙子过多地滑动到沙坑底，造成沙坑面的沙子越来越薄，而沙坑底的沙子越来越厚。

人工耙沙时可以使用耙子或刮板。较重的短齿耙（5 cm）比长齿耙（7.6~10 cm）具有省力、速度快的优点。短齿耙通常适合于沙子干松的情况，而在沙层较湿、硬沙面和生长杂草时其效率极低。长齿耙因其在耙沙时费力且价格高而不被经常使用，但长齿耙耙沙深，其松沙效果及对杂草的耙除效果均很好。

3. 机械耙沙 机械耙沙是使用耙沙机进行耙沙作业。耙沙机由小型拖拉机和相应的部件组成，拖拉机前面装有推沙板，后面带有耙子，耙子有硬齿和软齿两种形式，沙层较紧实时，安装硬齿耙；沙层较软时，安装软齿耙。

具体操作时，驾驶耙沙机以一定方式通过沙坑表层，通过安装在耙沙机后面的耙子达到耙沙的目的。耙沙机在沙坑中行走的线路一般有两种形式，即环状形式和8字形式。操作耙沙机时，速度不要太快，以免因耙子跳动在沙层表面形成沙岭；耙沙机进出沙坑的通道应经常更换，防止单一的行走线路给沙坑边缘造成过多的践踏，损伤草坪。耙沙机每次完成耙沙作业离开沙坑时，要逐渐提升耙子，避免在沙坑边缘草坪上留下沙堆。机械耙沙完成后，沙坑上若留下沙堆或沙岭，需要人工耙平。对于较陡的沙坑面或沙坑局部较窄区域，耙沙机无法进行耙沙操作时，应人工补充耙沙。沙坑进行一段时间的机械耙沙后，沙坑面的沙子会滑落到沙坑底，也需要人工耙沙，将底部多余的沙子耙回到沙坑面上。尽管耙沙机可以利用推板将沙子推到沙面上，但不能对沙面进行精细整形。

人工耙沙具有耙沙质量好、不易破坏沙坑底面的防渗膜、不易损坏沙坑的边唇、能够对坡度较大的沙坑面进行耙沙等优点，但是人工耙沙费时、费力且成本高。机械耙沙方便、快捷、耙沙效率高且费用低，但是机械耙沙效果差，坡度较大的沙坑面无法进行机械耙沙，同时机械耙沙容易破坏防渗膜，耙沙机进出沙坑容易破坏沙坑边唇或边界。所以采用何种方式进行耙沙，需要根据球场沙坑数量、沙坑形状和造型以及养护预算等实际情况进行选择。多数球场采用人工和机械耙沙相结合的方式来完成沙坑耙沙工作。

二、沙面维护

由于雨水及灌溉的侵蚀和耙沙、打球等原因，沙坑面上的沙易流向沙坑底部，因此须由专人在耙沙后定期用工具将沙从沙坑底部推回到沙坑面上。尤其在雨后的耙沙作业中，沙面维护是必须实施的养护措施（图8-8）。

三、杂草防治

沙坑中任何时候都不应有杂草的滋生，沙坑中杂草的防除是沙坑维护的一项重要措施。生命力旺盛的匍匐型杂草的防除是尤为麻烦的问题。

沙坑杂草的防除方法有物理防治和化学防

图8-8 沙坑沙面维护

治两种方法。在具体的实施中，往往将两种方法结合起来应用。

物理防治是通过日常的沙坑耙沙措施来实现的，通过人工和机械的耙沙，防除沙坑中生长的杂草。耙沙是防治杂草的有效方法之一。大功率的耙沙机是沙坑杂草防治的最有效的手段，其翻沙深，防除效果好。没有耙沙机或因沙坑设计而不能使用耙沙机时，通常使用人工耙沙除草的方法。

沙坑中杂草严重时，则应用化学防除法进行除草，即使用适当的除草剂来防治杂草。

选择除草剂进行沙坑杂草防除时应特别注意以下几点：①对沙坑周围草坪草的毒性最小；②具有好的化学降解性且残留量最小；③具备低的水溶性，以减小对表面水污染，同时防止除草剂被雨水带到周围草坪上。

在喷洒除草剂时要注意，除草剂不能喷到沙坑外面去，否则会对邻近草坪造成危害。除草剂应有最小的化学毒性，因为当从沙坑往外击球时容易带出沙子，若沙子上已黏附了除草剂，将会损伤草坪。除草剂只能应用在沙坑的沙区而避免侵害边沿及沙坑四周。

现使用的除草剂类型有：①苯氧基除草剂，防治阔叶杂草，施用时定点施入。②使用周期短、残留物少的非选择性除草剂，如百草枯。这种除草剂的施用，可避免地面流失物及带出的沙子对周围环境污染的问题。③苗前除草剂，这种除草剂只是偶尔在杂草种子发芽前施用，可有效防除刚发芽的杂草，但对生长成熟的杂草无效。

四、换 沙

从沙坑中击球易带出沙子，再加上风的侵蚀和定边等因素会引起沙坑中沙的损失，因此需要对沙坑进行阶段性补沙换沙作业。沙坑补沙的频率依风蚀的严重情况和沙坑击球时沙子损失情况而定。一般1～5年需要进行补沙换沙作业。若沙坑内沙子深度小于10 cm，沙坑面低于5 cm时，就应补加新沙。补沙选用的沙子应与以前沙坑所用的沙子在颗粒大小、形状、颜色上基本一致。

换沙计划应定期进行。一般在球场很少使用的季节进行。一项重大比赛前一个月应在沙坑中填上厚度2.5 cm或少一些的新沙。在填沙过程中应特别注意，尽量减少对沙坑边唇和边缘的破坏，防止沙坑面和边缘沙子的滑落。

具体操作时，为减少对沙坑的破坏，一般需要采用两次搬运的形式加沙，先用大型运输工具将沙子运到沙坑周围堆放，然后用小型运输工具将沙子再运到沙坑中散开。换沙时应灌溉浸湿沙子，使沙子下沉、压实。

五、沙坑定界

1. 沙坑边缘和边唇的草坪修剪与沙坑的定界 沙坑的边缘应阶段性地进行修整、重建，这是沙坑维护的一项重要工作。沙坑边缘与边唇的草坪草由于枝条或根茎的生长会蔓延到沙坑中去，使得沙坑边唇不明显，破坏沙坑形状，减弱其美观效果，同时会缩小沙坑面积。因此，沙坑边缘和边唇的草坪要经常进行修剪。边缘草坪修剪的频率要依据边缘草坪草蔓延的速度具体确定。在切边机发明以前，球场管理者只能用人工的方法进行沙坑切边或者定界，因而耗时、费力，成本也很高（图8-9）。但是由于切边机和草坪生长调节剂的出现，草坪管理者有了更加高效的方法来进行沙坑定界工作（图8-10）。以下介绍几种沙坑边缘和边唇草坪修剪、沙坑定界的方法。

图8-9　人工修剪沙坑边缘　　　　　图8-10　切除草坪定界沙坑

（1）人工修剪沙坑边缘及边唇草坪草　沙坑边缘及边唇草坪的修剪不能用机械进行操作，只能人工操作，人工修剪常使用剪草用剪刀。人工操作时，以原沙坑边缘为界限，用剪刀剪掉蔓延到沙坑内部的草坪枝条，垂直的沙坑边唇以其垂直面为界限进行修剪。修剪掉的草坪枝条要用耙子从沙坑中耙出。沙坑边缘和边唇草坪的修剪是一项费时、耐心细致的工作，需防止破坏沙坑边缘的形状。

（2）化学方法抑制沙坑边缘和边唇草坪草　沙坑边缘和边唇草坪草向沙坑内部蔓延的问题也可通过预防性措施加以控制，可以使用植物生长抑制剂进行化学剪草。通过给沙坑边缘和边唇上的草皮定期施入植物生长抑制剂，抑制草坪枝条向沙坑内部生长，施入一次抑制剂可以使草坪生长速度降低 50％，从而减少沙坑边唇人工修剪的频率。

（3）在沙坑边缘铺植生长缓慢的草坪草 控制沙坑边缘和边唇草坪草的生长蔓延，也可采用在沙坑边缘铺植生长缓慢的草坪草的方法来达到目的。通过在沙坑边缘铺植 50～100 mm 宽的生长速度较慢的草坪草，减缓草坪草向沙坑内部生长蔓延的速度，从而降低人工修剪次数。如在温暖地区，在沙坑周边种上结缕草以减慢向沙坑的侵入。

（4）重新进行沙坑边线定界 如果沙坑边缘或边唇的草坪草向沙坑蔓延严重，并且在沙坑中已经定植，就需要采用重新进行沙坑边线界定的改良措施。

人工使用铁铲或草坪切边机将沙坑边缘和生长在沙坑中的草皮铲掉，重新给沙坑边线定界，把铲掉的草皮和枝条清理出去，并给沙坑加沙，使沙子与新的沙坑草坪边缘相接。切除沙坑边缘草皮时，一定要注意使新的沙坑边界与球场建造时的沙坑边界相一致，并注意保持沙坑原来的边缘和边唇的造型。重新进行沙坑边线定界与沙坑建造过程中的沙坑边线定界的方法相同。

沙坑边线重新定界措施一般每 2～3 年进行一次，如果沙坑边缘草坪生长蔓延速度较快，可以缩短时间间隔。另外，球场在不进行沙坑边缘草坪修剪操作的情况下，也要相应地缩短重新定界的时间间隔。

2. 沙坑周围区域草坪的建植与修剪 沙坑周边区域的草坪属于高草区草坪，其草种选择、坪床准备、草坪建植及草坪养护管理与高草区基本相同。

沙坑边唇已经建好、沙子已贮放到沙坑中之后进行草坪建植时，一般通过直铺草皮的方法进行沙坑边缘线周围的草坪建植。边缘线以外的沙坑周边区，采用种子直播或枝条插枝的方法建坪。对于较陡区域的草坪也通过直铺草皮的方法进行建植。进行草皮铺植时，为了防止草皮在陡坡上滑动，可以使用 15～20 cm 长的小木桩固定草皮，将木桩钉入草皮内，木桩顶部应埋入草坪面之下，以免影响管理操作。待草皮完全定植后，将木桩拔出，若使用软质木桩，木桩会在原地腐烂，不必拔出。直铺草皮的具体操作同高草区草坪的建植过程。

对于沙坑边唇事先未进行建造，而需要在沙坑周边和边缘草坪建植完成后进行边唇建造和沙坑上沙的情况，其草坪可以采用种子直播和枝条插枝的方法建植。球道沙坑周边草坪种植可以与球道草坪建植同时进行，果岭沙坑周边草坪的建植可以与果岭草坪建植同时进行。种植草坪时，将沙坑内部、沙坑边缘以及沙坑周边同时进行种植。待草坪成坪后，确定沙坑边界，修建沙坑边唇，进行沙坑内部的清理工作。沙坑边缘线以内的沙坑底部草皮可以用机械或人工铲起，用作其他部位的损伤草坪的铺植和修补。

沙坑边缘线以外的沙坑周围草坪也需要经常修剪，其具体修剪操作与高草区草坪的修剪措施相同。对于突入沙坑的窄草丘和沙坑周围较陡的草丘，不利于驾驶式剪草机的操作，要用手扶式剪草机进行修剪。新型气垫式草坪修剪机与传统的行走式修剪机相比，具有动力要求低、操纵轻便、对草坪损伤小和噪声低等明显优点，一般的剪草机无法修剪坡度大于 25° 的草坪，而气垫式草坪修剪机由于操纵轻便，突入沙坑的窄草丘和沙坑周围较陡的草丘大多采用其进行修剪（图 8-11）。

沙坑周边的草坪修剪后，会有部分草屑落入到沙坑中，应将其清理出沙坑。如果不清理，会影响沙坑的击球质量，而且草屑分解腐烂会影响沙坑沙的颜色，改变沙的理化性质，给沙坑中杂草生长提供营养空间。由于新剪下的草屑比沙粒轻，可选用吹风机，通过调节其出风强度将草屑吹出而不吹出沙粒和破坏沙坑面（图8-12）。

图8-11　利用气垫式剪草机修剪沙坑周围草坪　　　图8-12　利用吹风机清理草屑

六、清理石块

沙坑中石块的清理是沙坑维护管理中另一项重要措施。从打球和维护的角度来说，沙坑中不应存在石块。若沙坑中有石块，球手从沙坑中击球时会将石头击出，易伤及他人，被打到果岭上的石块，在进行剪草作业时会损坏剪草机。

沙坑中石块的清理有以下几种方法：①人工捡出。石块少时，在每次耙沙操作前后人工捡出。②使用细密的齿耙，耙到沙层一定深度，将沙层中的石子耙到沙层表面后，清理出去。在沙坑较干燥时使用此种方法很有效。③沙层中石块较多，不易采用耙子耙除时，则使用过筛的方法进行清理。将沙坑中的沙子堆到沙坑一侧，利用6.3 mm筛孔的筛子过筛沙子，并将筛好的沙子按沙坑沙深标准重新铺置到沙坑中，筛出的石块运出场外。必要时还需加一些新沙子方可使沙层厚度达到标准。

如果沙坑中的石块太多，可以重新更换新沙。将沙坑中的沙子全部清理出去，在沙坑中铺设不易腐烂的衬垫层如玻璃纤维等，以防止未处理干净的沙坑底部的石子再向上移动到沙层中去。最后按沙坑建造中所述的沙坑上沙的方法重新铺沙。

七、植物及其他装饰物

在国外有时会看到一些高尔夫球场在沙坑中设置有装饰物等，装饰物包括大片的丛状草、树木、石栏或花卉等。装饰物提高了沙坑的美学价值，还增加了沙坑在高尔夫比赛中的战略性能。

草丛是建造在沙坑中间、四周环绕沙子的突起的地面上的部分草坪，似乎是沙海中的一块绿岛，给沙坑甚至整个球场增加了一定的情趣。草丛面积一般为 $30 \sim 100 \ m^2$，其草坪管理同高草区草坪的管理。所选草种一般是一些耐旱的密丛型禾草。

沙坑中也可种植一些树木，常选择常绿的针叶树种。

沙坑中还可设置一些装饰性的花卉和石块等。

第六节　沙坑草坪养护管理常见问题及其对策

　　沙坑是球场特有的战略、景观元素，沙坑及沙坑周围草坪的养护成为所有草坪管理中特有的养护工作。由于沙坑造型变化多样，沙坑面深浅不一，甚至不同设计师设计的沙坑风格迥异，有的宽大宏伟，有的精致细腻，有的长、深、窄、曲折多变，使得大多数沙坑的养护需要人工完成。从沙坑养护管理的角度讲，要养护好沙坑，体现沙坑的障碍、景观价值和艺术风格，绝非易事。在沙坑的日常养护管理过程中，经常会出现沙坑排水不良、沙坑边唇草坪蔓延入沙坑、沙坑中的沙因风蚀减少、沙坑因为某种原因需要重建等诸多问题，如何采取恰当的措施解决这些问题非常重要。

一、沙坑排水不良

　　沙坑需要良好的地上和地下排水条件，沙坑排水必须畅通无阻。在地势低凹区域土壤渗水状况较差的情况下，沙坑位应设置得高一些，使其与周围地势形成一个坡度，以利于排水。反之，地下排水良好的地方，沙坑可以建在地平面以下。在建造和设置沙坑时也应注意从果岭斜坡和边缘流下的水不能进入沙坑，也不能聚集在果岭内或果岭附近。

　　由于沙坑形状变化多样，并且沙坑底大多低于地面，使得降水或者浇水时地表径流容易流入沙坑中，如果沙坑排水不良，会带来沙坑造型被破坏、沙坑积水或者沙被污染等问题（图8-13、图8-14）。沙坑排水不良可能是由于球场设计时全局考虑沙坑的位置与沙坑周边的造型造成的，也有可能是沙坑建造时没有铺设地下排水管道或者排水达不到要求等原因造成的。此时就要根据实际情况进行分析，如果

图8-13　沙坑因排水不良而积水

是设计不合理，就要改变沙坑的位置或者在沙坑周围地势较高的一面设立地下排水沟，阻断可能流入沙坑的地表径流（图8-15）。如果是沙坑内部地下排水达不到要求，就需要对沙坑进行改造，重新铺设地下排水系统。

图8-14　沙坑因排水不良被污染

图8-15　在沙坑地势较高一侧设立排水沟
阻断流入沙坑的径流

在球场的运营过程中，沙坑周边的土壤颗粒、黏粒、粉粒或者其他杂物由于风、人员进出沙坑等原因容易进入沙坑污染沙坑中的沙。而沙坑中的沙被污染变色的另一个重要原因是地表径流流入沙坑。由于这些地表径流水中带有泥土，对沙坑中的沙的纯净度、颜色以及排水性能造成极大影响。在更换被污染沙坑沙的基础上，阻断地表径流和提高沙坑的排水能力是唯一的解决方法。

二、沙坑边唇草坪蔓延

沙坑的边缘与边唇的草坪由于枝条或者根茎的生长会蔓延到沙坑中去，如果不定期切边，就会破坏沙坑的形状和视觉效果，因而沙坑边缘和边唇要经常修剪。

如果沙坑长时间不修边或者废旧的沙坑重新利用，此时就要对沙坑进行重新定界。如果沙坑边缘或边唇的草坪草向沙坑蔓延严重，并且在沙坑中已经定植，就需要采用重新进行沙坑定界的改良措施。

人工使用铁铲或草坪切边机将沙坑边缘和生长在沙坑中的草皮铲掉，重新给沙坑定界，把铲掉的草皮和枝条清理出去，并给沙坑加沙，使沙子与新的沙坑草坪边缘相接。在切除沙坑边缘草皮时，一定要注意使新的沙坑边界与球场建造时的沙坑边界相一致，并注意保持沙坑原来的边缘和边唇的造型。重新进行沙坑边线定界与沙坑建造过程中的沙坑边线定界的方法相同。

三、沙坑风蚀

由于大风的侵蚀，沙坑中的沙会不断被吹走损失，造成沙坑的沙逐渐减少，这种现象在风大的球场比较严重。沙坑的风蚀不仅造成沙坑中沙的损失，还会导致沙坑周边草坪以及果岭环区域草坪内沙子不断累积，使其高度上升，给草坪管理带来一系列不良问题（图8-16）。

防治沙坑风蚀问题可以采用以下几种办法：①尽量使用粗粒沙。这种大颗粒的沙不易被风吹走。②设置防风屏障。在赛事较少的冬季，在沙坑周围或一侧设置遮风屏障，防止沙的流失。如给沙坑设置栅栏等。③重新设计沙坑造型，降低易于遭

图8-16 沙坑风蚀

受风蚀的沙坑面高度，增加沙坑边唇与边缘的高度。深的锅底形沙坑有助于减少沙坑中沙的风蚀问题。

四、沙坑重建

在球场沙坑的养护管理过程中，由于排水不良、沙坑形状发生改变、沙坑遭暴雨冲毁等原因，有需要对沙坑进行重建。沙坑重建是一项精细、费时、费力的工作，需要在弄清造成沙坑需要重建的原因基础上，采用适当的方法重建沙坑。以德克萨斯州瑞奇伍德乡村俱乐部（Ridgewood Country Club）沙坑重建为例，解析沙坑重建的步骤。

（一）沙坑损坏原因分析

　　瑞奇伍德乡村俱乐部的沙坑多年来养护十分困难，主要有以下三个原因：一是排水不良，尤其是雨后相当长的一段时间内沙坑内积水无法排除（图8-17），沙坑击球条件很差，球场只能用便携水泵抽干沙坑中的积水。

　　二是由于沙坑面较高，沙坑沙经常被雨水冲到沙坑的底部，球场需要花费大量的人力、物力将沙耙回沙坑面，确保沙坑面沙层厚度。高频率地耙沙使得沙坑沙十分松软，球落入沙坑中极易形成"荷包蛋"。同时由于耙沙工作量大，使得球场其他的养护措施人员调配受到

图8-17　瑞奇伍德乡村俱乐部沙坑积水

影响。如果单次降水超过12 mm，瑞奇伍德乡村俱乐部草坪总监就需要100工时以上、大约1 000美元的劳力成本来完成球场全部沙坑的耙沙工作。

　　三是由于经常有径流流入沙坑，随着径流水流带进了很多泥土，造成沙坑沙和泥土混合。随着沙坑沙中土壤粉粒、黏粒比例不断增加，沙坑排水能力持续下降。球场所有沙坑的底部几乎均可看见泥土，久而久之，沙坑几乎不排水。像这样的沙坑使用年限很短，一般只有3～4年的使用期，最多也不会超过5～7年。

（二）解决办法

　　球场经过慎重考虑决定重建所有沙坑，每年重建6个球洞的所有沙坑（20个左右），3年完成整个18洞沙坑的重建工作。重建沙坑主要考虑沙坑面不要太陡，尽可能避免沙坑建成后需要通过大面积的人工耙沙来确保沙坑面的沙层厚度。同时沙坑底铺设防渗膜，以减少沙坑面的沙向沙坑底滑动，同时防止沙坑沙被沙坑地基土壤污染。

（三）重建步骤

　　1. 移去旧沙　用小型挖掘机将沙坑中的大部分沙移出沙坑。四轮驱动挖掘机移动灵活，在不同大小和形状的沙坑中容易操控（图8-18）。移除的沙用多功能车运走集中堆放，用于球场的其他工程。

　　2. 规划设计沙坑排水　用喷枪画出沙坑的边界，计算出需要的防渗膜数量。同时设计出每个沙坑的排水管布置方式（图8-19）。

图8-18　移去旧沙

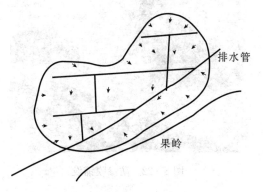

排水管

果岭

图8-19　规划设计沙坑排水

3. 挖排水沟　尽管大多数排水沟用专业挖沟机完成，但是在沙坑较陡的区域，还是有大量排水沟需要人工挖掘（图 8-20）。挖出的大多数土壤用于压实建造沙坑基础，多余的泥土运走。排水沟要有一定的坡度，以利于排水。

4. 夯实沙坑底部　沙坑底部夯实后要求沙坑紧实、光滑，沙坑基础造型要与最终沙坑重建完工后的造型一致（图 8-21）。这样可以确保防渗膜能够平整铺设，同时不会因为不均匀沉降导致防渗膜破裂或者日后耙沙时划破或带出防渗膜。如果沙坑基础中有坚硬的石块或者土块，夯实底部时难以保证其光滑，可以先铺设 10～25 mm 厚的细沙，然后在细沙上铺设防渗膜。

图 8-20　挖掘排水沟

图 8-21　沙坑基础夯实

5. 防渗膜铺设　在有坡度的地方，沿等高线铺设防渗膜效果较为理想。铺设时，防渗膜之间最好有一定的重叠，并且用 15 cm 长的钉子固定防渗膜（图 8-22）。

6. 铺设排水管道　安装排水管前先在管沟中铺放 10 cm 厚的豆石，确保排水管不会与管沟土壤直接接触。排水管连接处要用胶带缠紧，确保安装好排水管后在其上面填豆石其不会被拉断（图 8-23）。注意在地势较高的一面要预留洗泥口，以便日后可以冲洗掉排水管中可能存在的泥土等杂物。

图 8-22　防渗膜铺设

图 8-23　铺设排水管道

7. 沙坑上沙　可利用喷沙机或者传输带将沙送入沙坑。无论利用哪种机械进行沙坑上沙，人工将沙均匀地铺设到沙坑是不能取代的工作（图8-24）。

瑞奇伍德乡村俱乐部沙坑重建完成后，沙坑基本达到战略和景观价值的设计目的（图8-25）。完工后立即用喷灌喷头给沙坑浇水2h，沙坑中没有出现径流和积水。沙坑重建之前如果对沙坑采用同样的方式浇水，沙坑将积水或者变得泥泞。重建后沙坑排水良好，得益于防渗膜的铺设以及排水管道的合理设置。

图8-24 沙坑上沙　　　　　　　图8-25 沙坑重建完成

瑞奇伍德乡村俱乐部沙坑重建后最大地改善了沙坑的击球条件，由于重建后沙坑排水效果好，即使在发生降水或暴雨后，沙坑也能在数小时内排除积水，沙坑完全达到击球要求。

第九章 园林景观植物的种植与管理

高尔夫运动起源于树木稀少的草原滨海地带的苏格兰。因此，以草原为主的开放型球场一直是高尔夫球场的特色。随着高尔夫运动的发展和向世界各地的普及，林学、园林和草坪科学的共同发展成为高尔夫球场设计、建设和管理趋势。高尔夫球场设计也应以当地的自然景色为基础，将草坪、树木和花卉等园林造景要素完美地结合起来，避免由于树木稀少或根本没有树而给球场带来的荒凉气氛，营造一个自然的乡村风光，创造出具有特色的高尔夫球场园林景观，同时也让球手们欣赏到树木及其他植物带来的森林自然气息。

第一节 园林景观树种的观赏特性

1. 树形（树冠）   树形即树木的外形。树木的外形姿态各异，乔灌木常见的树形有圆柱形、塔形、圆锥形、伞形、圆球形、卵形、倒卵形、匍匐形等；特殊的有垂枝形、棕榈形、芭蕉形等。不同姿态的树木给人以不同的视觉感受：或高耸入云，或波涛起伏，或平和悠然，再与地形、建筑、草地和溪石沙滩相配置，则构成景色万千的拟自然景观。

乔木树形的形成与树种的分枝类型有关。

（1）单轴分枝   这类树种的顶芽发达，主干明显而粗壮，侧枝从属于主枝。当主干生长明显优于侧枝时，形成圆柱形、塔形树冠，如水杉、柳杉、圆柏、杨树、栎类等；如果侧枝的延长生长与主干的高生长接近时，则形成圆锥形的树冠，如雪松、云杉、冷杉等。

（2）假二叉分枝   这类树种顶芽败育或受抑制，侧枝具生长优势，主干不明显，形成椭圆形等树形，如丁香、馒头柳、千头椿等。

（3）合轴分枝   这类树种无顶芽，由枝条最顶端的侧芽（假顶芽）代替顶芽继续生长，其主干仍然明显，但多弯曲。该分枝形式可形成多种树形，如榆树、槐树、柳树、板栗等形成的树形。

灌木树形的主要特征是多丛生，无明显主干。常见的树形如黄刺玫的圆球形、连翘的垂枝形、铺地柏的匍匐形和紫藤的攀缘形等。

除上述天然形成的树形外，可根据需要，对枝叶密集和不定芽萌发力强的树种进行修剪整形，将树冠修整成人们所需要的形态，称为人工造型，如将小叶黄杨等修剪成球形。各种绿篱的修剪均属于人工造型。

2. 树干与树枝   乔灌木的树干与树枝也具有观赏特性，成为高尔夫球场园林环境建设中的重要组成部分。树干、树枝的观赏特性主要有颜色、形状和开裂方式等。如梧桐、竹类的树皮呈绿色、纹理细腻，山桃树皮呈古铜色，毛白杨、新疆杨树皮为灰绿色或灰白色，白桦树皮为白色，白皮松、榔榆、豹皮樟、悬铃木等的树皮斑驳脱落成杂色；王棕的树干形如酒瓶；红瑞木、紫叶李等枝条为紫红色等。

3. 树叶　很多植物的叶片具有很强的观赏价值。树木叶片的大小、形状、颜色、质地、着生在枝上的疏密度及组成整个树冠的外形等都显示出不同的景观，给人以不同的视觉感受。

（1）叶片大小及叶形　叶片大者如毛白杨、黄金树、毛泡桐、梧桐、悬铃木等，外观粗犷有力，遇风雨会发出特殊的声响，与松树的松针在风吹动下所发出的"松涛"一样富有情趣。叶片小者如合欢、榔榆、柳等，外观纤巧柔和，可与外观粗犷的叶片配置形成对比变化。此外，苏铁科、棕榈科、芭蕉科、天南星科植物叶片的特殊风格以及柚木、高山榕等植物的巨型叶片都具有很高的观赏价值。

叶形奇特的如银杏的扇形叶，鸡爪槭的5～7裂叶，黄栌的圆扇形叶，七叶树的辐射型掌状复叶，槲树的葫芦形叶，琴叶榕的琴形叶，以及凹叶厚朴的集生枝顶的芭蕉扇形叶等，无论孤植或各树种分别丛植、群植，皆可作观赏衬景。

此外，树木的叶片类型（单叶或复叶）也具有一定的观赏特性。单叶与复叶的树种聚植在一起时，同样具有较高的观赏价值。

（2）叶色　树木的叶色极其丰富多彩，利用叶色的变化配置植物是园林中取得季节美的重要手段，也是高尔夫球场植物造景注重的特征。叶色变化明显而诱人的莫过于秋色。十月是秋色着力渲染各种树叶的时期。秋叶为黄色的有银杏、金钱松、加拿大杨、白蜡、板栗、梧桐、柳树、桦树、七叶树、马褂木等；褐黄色叶的有大果榆；橙黄色叶的有山胡椒、黑杨、栾树；红色叶的有元宝枫、鸡爪槭、枫香、黄栌、柿、乌桕、野漆树、火炬树、山楂、槲树、小檗、爬蔓卫矛、落羽杉等。

有的树木叶终年紫红色，如红叶黄栌、紫叶李、红枫等，在植物界花谢之后略嫌单调的绿色世界中化平淡为神奇。

4. 花　花的绽放，是许多树木生活史中最辉煌的时刻。早春开放的白玉兰硕大洁白，有如白鸽群集枝头；随后开放的日本樱花，同样是先花后叶，花时满树繁英，冰清玉洁，似锦如云；紫荆花以其老茎生花、艳若朝霞博得了"满条红"的别称；金钟花、迎春花、棣棠花则以青枝绿叶配黄花为早春构筑了清新可人的氛围；初夏开放的珙桐、四照花，以其洁白硕大、如鸽似蝶的苞片在风中飞舞而诱人；小小的桂花则带来了秋天的甜香；寒冷的冬季因为有了蜡梅和梅花的凌霜傲雪，才使得人们坚定了等待春天的信念。树木的花，以其色、香、形的多样性，为植物配置提供了广阔的天地。如用同一花期的数种树木配置在一起，可构成繁花似锦、璀璨夺目的景观；用多种观花树种按不同花期配置，或同一观花树种不同花期配置成树丛，则能够获得从春到冬开花连绵不断的效果，实现人们"四季常青""四时花开"的希冀；而用同一观花树种配置成树群，又有壮丽花海的效果。

5. 果实与种子　许多树种果实或种子十分美观，具有很高的观赏价值。除栽培果树以外，最常用于园林布置的观果树种有：具有黄色或橙黄色果实的银杏、木瓜、柿；具有橘红色果实的山楂、海棠、卫矛、金银木、枸骨、枸杞、石楠、火棘等；具有蓝色或紫色果实的葡萄、海州常山、紫珠、小檗等；紫杉属植物鲜红的杯状假种皮，卫矛、野鸦椿蒴果开裂后宿存枝头的红色果皮，无不给寂寥的秋冬之际带来明亮欢快。乌桕种子外被白蜡，固着于中轴上，经冬不落，也就有了"偶看柏树梢头白，疑是江梅小看花"之句。

第二节 园林景观植物的配置

一、园林景观植物在高尔夫球场中的功能

1. 使用功能 高尔夫球场是进行高尔夫运动的场所。由于这种特殊性，高尔夫球场中的树木承担标示、隔离、障碍、遮掩、引导和安全防护等作用。

① 通过种植树木在果岭入口设置转弯区，或设置击球槽，迫使参赛者在比赛或击球路线之间进行选择来增加比赛的挑战性（击球价值）。

② 利用树木在视野内画线来显示和控制比赛的击球线（很少是直线），进而来影响球手的视觉。

③ 利用树木种植显示目标，尤其是当草坪区或果岭不易被发现时，对球手起到指示的作用。

④ 防止球手离开球场范围的任意击球，并在不允许的地方休息。树木可作为一种安全尺度，来权衡球手是否在随意击球或是否击到邻近的区域。

⑤ 可以将球置于一个绿色的背景下，使球容易被发现，或当球手在接近向西的球洞时，防止正午的阳光炫晃球手眼睛，影响测定目标和击球。

⑥ 为比赛中击偏的球提供有关位置的参考依据。

⑦ 可以帮助球手根据树影的深度及比例来估算某些位置距球洞的远近，即起到标尺的作用。

2. 景观功能 观赏植物在高尔夫球场中有着巨大的园林景观功能，它可构成美景，形成拟自然的森林环境。树木本身是活的有机体，在一年的生长中，发生着发芽、长叶、抽枝、开花和结果的物候变化，形成各异的自然情趣。通过园林植物的季相变化，营造出球场丰富的四季景观，为球手提供四季优美、宜人的打球环境；使球场的环境更加自然，为球手打球创造一种亲切自然的氛围。观赏植物种植在高尔夫球场中达到园林上的美学作用主要表现在：

① 通过种植植物，形成乔、灌、草植被的空间层次变化和起伏，改变草坪单调的状况，使球场看起来不再荒凉。

② 隔开容易分散注意力的事物，甚至包括声音和气味以及高度"人工化"的繁忙的世界，给人一种世外桃源的感觉。

③ 各种植物的配置将球场分割为景观纷呈、相对独立的区域，同时使各个球道自然连接为一体，形成一种自然流畅的景观。

④ 通过园林植物的巧妙搭配和树木的修剪、整形，使球场与周围环境紧密衔接，形成层次分明又浑然一体的景观效果，给球手带来精神上的享受。

⑤ 种植观赏植物，可以使球场产生植物的四季变化。在各个季节中，从不同的角度来增添球场的魅力。

3. 环境功能 观赏植物不仅具有美化环境的功能，而且具有许多重要的环境功能。在高尔夫球场种植树木，还能带来直接的生态效益，但在现今高尔夫球场上这种生态效益还没有完全发挥出来。尤其是在我国森林面积较少的情况下，将高尔夫球场的建设与林业建设有机地结合起来，将有力地推动我国高尔夫球场的发展。

① 对于保护和改善环境、防止环境污染有极其重要的作用。观赏植物具有降低温度、调节湿度、吸收太阳辐射、减弱噪声等功能。

② 树木可以防风固沙，控制土壤侵蚀，为城市防风防尘，改善城市气候条件。

③ 减轻太阳对建筑物和球手的直接照射，避免对优质草坪的破坏。

④ 保护野生生物的栖息地，增加城市野生动物的多样性，使城市的绿化达到"绿而美、美而活"的效果。

4. 经济功能　球场种植的树木还具有较高的经济效益。树木可作为薪炭材，用做燃料；许多树种还结出美味的果实；树木还是重要的木材来源，如杨树、栎树、樟树、楠木、松树等，可用来制作家具；树木砍伐后的树梢枝桠等可制成木屑返回林下，用来护根，改善树木生长的小环境；树叶可用做肥料和饲料等。在高草区种植一些高大的有价值的树木，可作为庭荫树，或作为装饰树种，甚至用来做圣诞树等。

二、植物配置的原则

园林植物的配置千变万化，在不同地区、不同场合、不同地点，由于不同的目的和要求，可有多种多样的组合配置方式；同时，由于树木是有生命的有机体，是在不断地生长变化的，所以能产生各种各样的效果。因而树木（植物）的配置是相当复杂的工作，也只有具备广博而全面的知识，才能做好配置工作。植物配置工作虽然涉及面广、变化多样，但亦有基本原则可循。

（一）生态适应性原则

作为具有生命的有机体的树木，它有自己的生长发育特性，同时又与其所处的生境有着密切的生态关系，具有一定的分布和适生范围，所以在进行树种选择和配置时，应以其自身的特性及其生态关系作为基础来考虑，做到适地适树。

1. 植物的分布区和适生区域性　每一植物都有一定的生活习性，要求一定的居住场所。每一植物所占有的一定范围的分布区域，即为该植物的分布区。分布区的大小、类别因树种不同而异。同时，分布区不是固定不变的，而是随着外界条件的变化发生相应的变迁。

植物的分布区是受气候、土壤、地形、生物、地史变迁及人类生产活动等因素的综合影响而形成的，它反映着植物的历史、散布能力及其对各种生态因素的要求和适应能力。

植物的分布主要取决于温度和降水量，受纬度、经度的影响。此外，还受地史变迁及人类生产活动的影响，如银杏、水杉等古老树种在第四纪冰川时由于所处地形、地势优越，在我国得以保存继续生长到现代。

人类生产活动对树种分布区的扩大或缩小影响很大，通过引种驯化有目的地扩大了一些优良树种的栽培区，如水杉1941年仅湖北利川水杉坝一带有野生，目前广布于全国20多个省（自治区、直辖市），并被世界50多个国家引种栽培。但是，每种植物均有自身的适生区域和分布区，超出适生区域将会导致植物生长不良，甚至死亡，这点在植物引种中尤为重要。

2. 植物的生态特性　任何植物的生长发育离不开环境条件。这些环境条件包括光、温度、水分和空气。由于植物长期生长在某种环境条件下，形成了对该种环境条件的要求和适应能力，称为生态学特性。在高尔夫球场园林植物的选择和配置中，要充分考虑植物的这一特性。

（1）光　光是植物生长发育过程中必不可少的环境条件，只有在适宜的光照条件下，植物才能正常生长发育，开花结实。

根据植物对光的需求将植物分为喜光植物、耐阴植物和中性植物三类。

① 喜光植物。阳性植物喜强光，不耐蔽荫，具有较高的光补偿点，在阳光充足的条件下才能正常生长发育，发挥其最大的观赏价值。如果光照不足，则枝条纤细，叶片黄瘦，花小而不艳，香味不浓，开花不良或不能开花。喜光植物包括大部分乔木树种、观花观果类植物和少数观叶植物，如桉树、木棉、银桦、相思树、桦树、杨树、刺槐、茉莉、扶桑、石榴、柑橘、月季、棕榈、榕树、银杏、紫薇、松类、栎类、柏类等。

② 耐阴植物。耐阴植物自然分布于林内或高山阴坡，具有较强的耐阴能力和较低的光补偿点，在适度蔽荫的条件下生长良好。部分植物如果受强光直射，则会使叶片焦黄枯萎，长时间强光直射会造成死亡。耐阴植物主要为一些观叶植物和少数观花植物，如八角金盘、文竹、玉簪、八仙花、小花溲疏、珍珠梅、蚊母树、海桐、珊瑚树、一叶兰、万年青、蕨类等。

③ 中性植物。中性植物在充足的阳光下生长最好，但亦有不同程度的耐阴能力，在高温干旱时及全光照下生长受抑制。在中性植物中包括有偏阳性的与偏阴性的种类。如榆树、朴树、樱花、枫杨等为中性偏阳；槐树、木荷、七叶树、樟树、五角枫、含笑、白兰花等为中性稍耐阴；冷杉、云杉、常春藤、八仙花、山茶、杜鹃、海桐、忍冬、罗汉松、紫楠、青檀等均属中性而耐阴力较强的种类。

树种的喜光性和耐阴性常因生长地区、环境、年龄不同而有所差异。同一树种幼年期较耐阴，生长在干旱条件下的树木则要求更多的光照。

（2）温度　温度是植物生长发育必不可少的因子，也是植物分布区的主导因子。各种植物芽的休眠、萌动、发叶、开花、结果等生长发育过程都要求一定的温度条件，对温度有一定的适应范围，超过极限高温或极限低温，植物就难以生长。不同植物对温度的适应范围不同，谚语说"樟不过长江""杉不过淮河"就是这个道理。各植物因遗传性不同，对温度的适应范围和要求也有很大差异。根据对温度的要求与适应范围可将树种分为以下 4 类：

① 最喜温树种。如橡胶树、椰子、水团花等。

② 喜温树种。如杉木、马尾松、毛竹、油桐、茶、苦楝、樟树等。

③ 耐寒树种。如油松、毛白杨、刺槐、侧柏、榆、枣树、胡桃等。

④ 最耐寒树种。如落叶松、樟子松、白桦、蒙古栎、冷杉属等。

了解树种对温度的要求和适应范围，对高尔夫球场树种的选择和引进有极重要的意义。

（3）水分　水分是决定植物生存、分布与生长发育的重要条件之一。不同植物对水分的需要与适应不同。根据对土壤水分的适应性可将植物分为以下 4 类：

① 旱生植物。通常在土壤水分少、空气干燥的条件下生长的植物，具极强的耐旱能力。这类植物的根系通常极为发达，其叶常退化为膜质鞘状或叶面具发达的角质层、蜡质及绒毛，如梭梭、沙拐枣、木麻黄及相思树等。

② 湿生植物。生长在潮润多湿环境中的植物，在干燥或中生的环境下常死亡或生长不良。这类植物的根系短而浅，在长期淹水条件下，树干基部膨大，具有呼吸根，如水松、落羽杉、水杉、龟背竹、马蹄莲、海芋、垂柳、白蜡等。

③ 中生植物。介于上面两者之间，绝大多数树木都属此类植物。这类植物多生于湿润

的土壤上，如油松、麻栎、杉木、枫杨、月季、扶桑、茉莉、石榴、丁香、桂花、马褂木、悬铃木、枇杷、红叶李、槐树等。

不少树种对水分条件的适应性很强，如旱柳、柽柳、紫穗槐及沙柳，在干旱与低温条件下均能正常生长。另一些树种如杉木、白玉兰等则既不耐干旱又不耐水湿，对水分条件要求较为严格。

④ 水生植物。水生植物的根或茎一般都具有较发达的通气组织，它们适宜在水中生长，如荷花、睡莲、王莲等。

（4）空气　空气中的各种主要成分如氮、氢、氧和二氧化碳存在着一定的比例，其他成分如灰尘、煤烟及微生物等则随时间、地点而发生很大的变化。随着工业的蓬勃发展，由大气污染造成对人类与森林植物的危害日益严重，而烟尘的成分因厂矿的不同而有很大的差异，由于植物对大气污染的抗性不同，植物受害的反应也各有不同。抗性强的植物有臭椿、构树、悬铃木、旱柳等；抗性弱的植物有油松、侧柏、雪松、梅等。

不同植物对有害气体的反应不同，有些植物对有害气体抗性小，而另一些植物具有吸收某些有害气体的能力，即抗性强。

① 抗二氧化硫植物。如银杏、侧柏、日本黑松、构树、皂角、臭椿、沙枣、榆树、旱柳、刺槐、海州常山等。

② 抗氯化氢植物。如合欢、五叶地锦、黄檗、伞花胡颓子、构树、榆树、接骨木、紫荆、槐树、紫藤、紫穗槐、木槿、杠柳等。

③ 抗氟化氢植物。如白皮松、侧柏、杜松、构树、榆树、槐树、刺槐、丝棉木、黄檗、伞花胡颓子、紫荆、紫穗槐、臭椿、泡桐、悬铃木、山楂等。

④ 抗硫化氢植物。如构树、龙柏、悬铃木、榆树、石榴、桂花、罗汉松、桑树、桃树、樱桃、蚊母树、锦熟黄杨、夹竹桃、月季、向日葵、旱金莲、虞美人、唐菖蒲、矢车菊等。

（5）土壤　土壤是高尔夫球场园林植物种植和植物生长的基质。一般要求所用土壤应具备良好的团粒结构，疏松、肥沃，排水保水性能良好，酸碱度适宜并含有较丰富的腐殖质。土壤对植物生长的影响，除土壤母质——基岩种类的影响外，土壤酸碱度是重要的影响因素。根据园林植物对土壤酸碱度的要求，可以分为以下 3 类：

① 酸性土植物。在呈或轻或重的酸性土壤上生长最好的种类。这类植物一般要求土壤 pH 在 6.5 以下，如杜鹃、乌饭树、山茶、油茶、栀子花、吊钟花、秋海棠、朱顶红、茉莉、柑橘、棕榈、印度橡皮树等，种类极多。我国南方的许多植物都能适应酸性土壤。

② 中性土植物。在中性土壤上生长最好的种类。要求土壤 pH 在 5.5～7.5，绝大多数植物属于此类。

③ 碱性土植物。在呈或轻或重的碱性土壤上生长最好的种类。要求土壤 pH 在 7.5 以上，如仙人掌、玫瑰、柽柳、白蜡、紫穗槐等。

含有游离碳酸钙的土壤称为钙质土，有些植物在钙质土上生长良好，称为钙质土植物（喜钙植物），如南天竹、刺柏、杜松、朴树、柏木、侧柏、榆树、柿树、黄连木、清香木、无患子、青檀、臭椿等。

（二）满足功能要求原则

由于高尔夫球场对树种的选择和种植有严格要求，各功能区对树种的要求不同。

1. 发球台　在发球台周围栽种的树木与果岭周围栽种的树木应有不同的特性。在发球台附近栽种的树木应具有较高的枝下高（枝下高是指最低的树干侧枝离地面的高度），可以具有浓密的树冠。但要注意，必须使发球台周围保持足够的空间，以利于空气循环和接受充足的光照，要保证一天中的大部分时间阳光都能照到草坪上，以保持草坪草旺盛的生长力和再生力。应该选择根深的树种以避免树木与草坪草地下部分对水分、营养物质等资源的竞争。经常对发球台的各部分进行清扫以利于球的击出，在发球台的后方，树木可以距发球台近些种植。具有低垂树枝的树种不应该栽在距发球台前方太近的地方，以避免经常修剪。位置适宜的树木和灌木可以为球手提供休息的场所。休息的凳子最好设在发球台旁边的树阴下，坐在这里球手可以完全看清球道的情况。

2. 球道 在球道设计中，紧邻球道边缘或球道中的树木一般具有战略意图，可增加击球策略，同时有标示距离的作用。但是不能种植太多的树木。为了与周围景色相互协调，成功地增加击球策略，栽种的树木通常应具有高大、树形好、寿命长、抗病虫害等特点；较高大的树木可以减少对球手挥杆击球的影响，而且也利于对草坪的修剪操作。如果在球道边缘种植低矮的树木作为150码（137.16 m）的标记，会将周围协调的风景完全破坏。在球道边缘的背侧应选用大型树种，外观和形状保持中等水平，正确确定树木栽种的位置，以避免给球手造成竞赛规则上没有规定的惩罚。

虽然对球道上的落枝、落叶的要求不如对果岭的要求高，但应该尽量少产生落叶。在那些击球技巧性较高的区域，应该选择寿命较长、抗病虫害的树种。同时，应该考虑好树的位置与灌溉喷头之间的关系，以避免由于树杈或树枝遮挡，影响喷头浇水，造成球场有些区域过于干燥。最后在选择球道附近的树种时，还应选择树冠开阔、深根性，且颜色、质地、季相有一定变化的树种，以形成优美、丰富的植物景观。

3. 高草区 高草区对树种没有严格的要求，主要起隔离、美化和安全防护的作用。高草区的植物配置方法较灵活，可运用花卉、地被、灌木和乔木来搭配，设计风格多样。在植物选择上，主要注意高度、树形、树皮、叶形、叶色、花期、花色等特点，即作为障碍物的质量特性来考虑搭配。尤其是对重点的景观区域，要创造繁花似锦、芳香宜人的优美的球场景观和打球环境。所选择的树种还应该能够保证中等程度或大量的阳光穿透到草坪上，至少应该有一定程度的抵抗病虫害的能力。另外，落叶及根深问题也应保持在中等水平。靠近球道区域的树种要符合球道的要求。有荆棘的树种不应种在车辆密集的区域。

4. 果岭 对果岭周边的树木要求十分严格。所选树种不能影响果岭草坪草的生长，要求具有根系深、落叶少、抗病虫害能力强、树形好、不影响果岭草坪光照等特点。对树木高度没有一定的要求，但在进行比赛的区域最好选择枝下较高的树种。树木成熟后其树冠最外层的枝叶距果岭的边缘至少应10m以上。在北半球，高大繁茂的树木一般不种植在果岭的南面。如果必须栽在南边，在树木及果岭之间应留有足够的距离，以使阳光在一天中的大部分时间都能照到果岭上。

每个树种都具有一个或更多突出的特色。在果岭周围栽种的树木不能影响果岭草坪的生长。因此，选择树种的特征包括树根较深、阴影较小、杂乱的树枝较少、树枝较粗、抗病虫害。但是，满足这些条件的树种比较少，尤其在我国北方地区。因此，应尽可能地选择优点多的树种，例如，某种树种可能具有根深、枝粗、枝少、寿命长等特点，但是产生的树阴较大，那么可以将这种树栽在其阴影影响不到果岭草坪的地方，至少是在下午的时候，其阴影不能影响草坪。而且，可采用现代设备来对树冠实施修剪，或定期进行根部修剪，以减少树木与草坪草地下部分对水分、营养物质等资源的竞争。当然，这些过程都会加大经济上的支出。

5. 会馆区 高尔夫球场会馆区是综合性娱乐、餐饮和管理的中枢，是联系高尔夫球场与外界的桥梁和纽带，在球场总体布局上统一、协调着其他部分，承担着球场的娱乐和社会活动。因此，会馆区是球场园林景观中最能体现球场风格和水平的部分。高尔夫球场会馆的建筑形式多样，将商业建筑和民居风格融为一体。其外部的园林景观设计也很丰富，各具特色，园林植物的配置和选择可与园林小品相结合，充分体现各个球场的风格和水平。

6. 边界区和防护林 球场边界是球场展示给外界的直观的景观。植物的栽植尽可能地体现自然特征，种植紧凑，以乔木、灌木为主，注意观花和叶色的搭配，丰富季相的变化，展现给外界优美的球场边界景观。也可种植林带和片林，不但可以增加球场的森林环境，而且种植的林带和片林可起到防护林的效果，抵御风沙、台风等对球场的袭击。种植要采用混交林的方式，栽种不同种类的树木。其目的是在使人们从各式各样颜色、结构、香味和形状的树木中得到美的享受的同时，还可以降低突然暴发的病虫害对某一类树木造成的严重危害。荷兰榆树病曾席卷许多高尔夫球场，使其中的美国榆树遭受危害，而使整个球场变得一片荒凉就是单一树种产生危害的教训。

在同一种类的树木中，可选择最适宜的品种。主要选择树形、高度、开花状况、果实特征、树叶颜色、结构和形状、对病虫害的耐受力及生命力等表现较好的品种。例如，枫香的叶色可从夏天的绿色变至秋天的红色；普通的刺槐有托叶刺和豆荚，而无刺刺槐和红花刺槐可避免这种缺点。

三、树木配置的形式和管理

（一）规则式配置

1. 对植 常用在建筑物门前，大门入口处，用两株树形整齐美观的树种，左右相对的配置。

2. 列植 树木呈行列式种植。有单列、双列、多列等方式。其株距与行距可以相同亦可以不同。多用于行道树、植篱、防护林带、整形式园林、果园、造林地。这种方式有利于通风透光，便于机械化管理。

3. 三角形种植 有等边三角形或等腰三角形等方式。实际上在大片种植后则形成变体的行列式。等边三角形方式有利于树冠和根系对空间的充分利用。

（二）自然式配置

1. 孤植（独植、单植） 为突出显示树木的个体美，常采用单株种植。西方庭园中称为标本树，在中国习称独赏树（孤赏树、孤植树）。对某些种类则呈单丛种植，如龙竹。通常均为体形高大雄伟或姿态奇异的树种，或花、果观赏效果显著的树种。

独植的目的是为了充分表现树种的个体美，所以种植的地点不能孤立地只考虑到树种本身而必须考虑其与环境间的对比及烘托关系。一般应选择开阔空旷的地点，如大片草坪上、道路交叉点、道路转折点、缓坡等处。

用作独植的树种有雪松、白皮松、油松、圆柏、黄山松、侧柏、冷杉、云杉、银杏、南洋杉、悬铃木、七叶树、臭椿、枫香、槐树、柠檬桉、金钱松、凤凰木、南洋楹、樟树、广玉兰、白玉兰、榕树、海棠、樱花、梅、山楂、白兰、木棉、栎类等。

　　许多球场越来越注重孤植树。应用的孤植树主要是那些具有突出特征，诸如花朵漂亮、颜色可随季节变化、特殊的形状、组织特异等。栽种孤植树通常是为了突出其特点，然而过多地栽种孤植树可能会造成杂乱的后果，而失去统一的园林景观效果。在从球场的一个区域过渡到另一个区域的地方，可以间或栽种孤植树或小片丛植，而使其自然地融入到整个球场的景色中去，以改变球道周围人工化的、呆板的环境。

　　2. 丛植　由二三株至一二十株同种类的树种较紧密地种植在一起，其树冠线彼此密接而形成一个整体的外观轮廓线称为丛植。丛植有较强的整体感，少量株数的丛植亦有独赏树的艺术效果。丛植的目的主要是发挥集体的作用，它对环境有较强的抗逆性，在艺术上强调整体美。

　　3. 聚植（集植或组植）　由二三株至一二十株不同种类的树种组配成一个景观单元的配置方式称为聚植，亦可用几个丛植组成聚植。聚植能充分发挥树木的集体美，它既能表现出不同种类的个性特征，又能使这些个性特征很好地协调组合在一起而形成集体美，在景观上是具有丰富表现力的一种配置方式。一个好的聚植，要求园林工作者综合考虑每个种的观赏特性、生态习性、种间关系、与周围环境的关系以及栽培养护管理等多方面。

　　4. 群植　由二三十株以上至数百株的乔、灌木成群配置时称为群植，这个群体称为树群。树群可由单一树种组成，亦可由数个树种组成。树群由于株数较多，占地较大，在园林中可作背景、伴景用，在自然风景区中亦可作主景，两组树群相邻时又可起到透景、框景的作用。树群不但有形成景观的艺术效果，还有改善环境的效果。在群植时应注意树群的林冠线轮廓以及色相、季相效果，更应注意树木间种类间的生态习性关系，使其能保持较长时期的相对稳定性。

　　5. 片植　片植是较大面积、多株数成片林状的种植。这是将森林学、造林学的概念和技术措施按照园林的要求引入于自然风景区和城市绿化建设中的配置方式。工矿场区的防护带、城市外围的绿化带及自然风景区中的风景林等，均常采用此种配置方式。在配置时除防护带应以防护功能为主外，一般要特别注意群体的生态关系以及养护上的要求。片植通常有纯林、混交林等结构。在自然风景游览区中进行片植时应以造风景林为主，应注意林冠线的变化、疏林与密林的变化、林内灌木的选择与搭配、群体内及群体与环境间的关系，以及按照园林休憩游览的要求留有一定大小的林间空地。片植是高尔夫球场边界区树种种植的主要方式。

　　6. 散点植　以单株在一定面积上进行有韵律、有节奏的散点种植，有时也可以双株或三株的丛植作为一个点来进行疏密有致的扩展。对每个点不是如独赏树的予以强调，而是着重点与点间有呼应的动态联系。散点植的配置方式既能表现个体的特性又处于无形的联系之中，正好似许多音色优美的音符组成一个动人的旋律一样能令人心旷神怡。

　　（三）露地观赏植物的栽培管理

　　露地栽培观赏植物，首先必须选好土地，然后对土地精耕细作，并做好浇水、排水设施，喜阴观赏植物还必须有遮阴条件，耐寒力较差的观赏植物应选避风向阳的地段栽培，或在冬季设法防寒，各种观赏植物才能生长良好，开花繁茂。

　　1. 选地　露地栽培观赏植物选择土地总的要求是：

　　① 排水良好、疏松肥沃的沙质壤土。

　　② 华北地区要选用土质碱性轻（pH 不超过 7.5）的地块。

③ 地下水位适宜。如地下水位较高，应采用高畦或四周挖排水沟，以防雨季涝灾。

④ 水源方便，水质良好。

⑤ 地形开阔、平坦、避风、向阳。

2. 整地　露地栽培观赏植物，定植前必须对土地进行整理，主要内容有：

（1）深耕细作　翻耕土地一般与施基肥结合进行。将基肥均匀地撒在土地表面，然后深翻 25～30 cm，将肥料翻入土壤下层，同时要捡除砖石瓦块和杂草树根。最后耙平，不要有过大的倾斜度，以防浇水不均匀和雨季冲刷。

（2）做畦　花圃栽培花卉，平整土地后要做畦。方法是先在两排畦间做宽 60 cm、高出地面 20 cm 的浇水垄沟，然后根据需要的宽度做畦，两畦间做高出地面 20 cm 的畦埂，畦面耙平后，即可定植花卉。较低洼的地段应做高畦，畦面高出地面 25 cm，两畦间留 50～60 cm 距离，以备雨季排放积水。做花坛时，先根据设计图样划出花坛周围轮廓，然后沿边线做高出地面 20 cm 的边埂，便于浇水，最后耙平土地，即可定植花卉。倘设计为中央凸起的弧面花坛，要求耙平土地时向四周逐渐低落，避免凹凸不平给定植后浇水和其他管理工作带来不便。

遇到土地高度不同需要整为两台时，中间的坡度倾斜应不大于 45°，并在坡面上铺种地被植物，以防雨季冲刷产生水土流失。在高尔夫球场会馆区的建筑物周围种植观赏植物，整地时要求上面低于建筑物的地平面，以保持建筑物四周不沾泥土和流水。新建筑周围栽培观赏植物，必须在整地时清除砖石灰渣，必要时还应导入客土，更换好的土壤，以利观赏植物生长。

3. 移植和定植　不同观赏植物的移植、定植，时间和方法都不同。

（1）落叶乔灌木花卉　移植和定植时间均在早春发芽前或秋末落叶后进行。可以不带土裸根挖苗，但应尽量少伤根，起苗后对根系和上部枝干进行必要的修剪，以利萌发新根和新枝。

在定植或移植地点，挖深、径适合的栽植坑，坑底垫厚 10 cm 的堆肥，然后放入苗木填土踏实，务使根颈与地表相平。最后在根际四周修适当高度土圈，浇透水 2～3 次，待表土略干，耙松表土，以利保墒。

（2）常绿针叶树　早春萌发新梢前和我国南方梅雨季节均可移植或定植。一般要求带土坨，土坨大小可根据苗木大小决定，一般不大于 30 cm 的土坨可用草包包好扎紧，再大的土坨，可先裹草席，然后用草绳紧密缠严捆牢。移植大树的土坨需直径 1m 以上，也可挖正方形土坨并用木板在四周钉牢，以防搬运时散坨。定植、栽植以及栽后浇水等均同落叶乔灌木。常绿树移植或定植后，最好在树冠上部搭设席棚遮阴，并经常向树冠和附近地面洒水，以保持较高的空气湿度，减少叶面蒸腾，以利成活。

（3）草本花卉　一二年生草本花卉于秋季或早春在温室或温床内播种育苗，为春夏季花坛用，当幼苗长出 4～5 片真叶时，应先移植至冷床内，株行距以起苗时少伤根为原则。多年生宿根草本花卉的定植，可在早春发芽前或秋末地上部分枯萎停止生长时进行。将老根挖出，结合分株繁殖，将根切分数块按适当的株行距定植。球根花卉在定植前，可于早春先挖出，并结合分株繁殖，在温床内催芽，待新芽长出 10 cm 左右时定植田间。所有草本花卉移植或定植后，均应连续浇 2～3 次透水，以保证成活。

4. 田间管理　露地栽培观赏植物的田间管理较为简单，主要应做好以下几项工作：

（1）浇水 花卉进行正常的生长发育，需要足够的水分，因此必须使土壤经常保持湿润。在干旱季节应 7～10 d 浇 1 次透水。

（2）中耕除草 结合每次浇水和降水，当表土略干时，应及时中耕，以保持墒情，提高土温，并使土壤疏松透气，以利观赏植物根系的呼吸。结合中耕要拔除杂草，以免与观赏植物争夺养分，影响花卉生长。

（3）追肥 为了促进观赏植物的生长，夏季生长发育旺盛季节，每隔 10～15 d 应追肥 1 次。

（4）修剪整形 应对观赏植物的病弱枝条和生长高低不齐的枝条及时进行修剪整形。蔓生花卉应及时设立支架，并加以绑缚。

（5）病虫害防除 遇有病虫危害，应及时喷洒农药防治，严重受害植株应拔除烧掉，以防蔓延成灾。

5. 庇荫 栽培喜荫蔽怕强光的花卉，最好栽植在建筑物的背后或高大的树荫下，或在其向阳面栽植株型较大的花卉，或搭设苇帘遮阴。

6. 防寒 栽培不耐寒的观赏植物，入冬落叶或植株枯萎后，应及时进行防寒，以保证观赏植物安全越冬。防寒的首要工作是先浇足冻水，然后根据观赏植物的不同情况，再进行下一步的防寒措施。

（1）盖粪压土 对于多年生宿根草本花卉，应在清除地上枯枝乱叶后，于根际上盖厚 10 cm 的马粪或堆肥，上面压土拍实。

（2）包草埋土 对于小灌木类花卉，应于清除枯枝乱叶后，用草绳先将植株蓬散的枝条捆拢，然后围包厚 6～8 cm 的稻草并捆扎紧，最后在稻草近地面周围埋高约 30 cm 的土堆拍实。

（3）设风障 数量较多而又栽植繁密的小株花卉，可在北面设高 1.8～2 m 的风障防寒。

（4）架围圈 栽培株高 2 m 以上耐寒力较弱的观赏植物，可在东、北、西三面设柱，柱外围席圈，以御西北寒风，如再包上塑料薄膜，则更能提高防寒能力。

（5）覆盖双层塑料薄膜 在寒冷的北方地区，冬季在室外温床内进行花卉播种育苗，除夜间覆盖草帘防寒外，还可以覆盖双层塑料薄膜，但两层塑料薄膜中间需相隔 10 cm，以提高保温效果。白天中午前后气温略高时，可将上层塑料薄膜掀开，避免过多地影响花卉幼苗采光。

（6）搭设防霜棚 在长江流域各地区，对露地一些不耐霜冻的常绿观赏植物，霜前可在观赏植物顶部用席或塑料薄膜搭设防霜棚，以御寒霜侵袭。

（7）搭框架填树叶 对露地一些不耐霜冻的常绿观赏植物，霜前用木杆或竹竿在观赏植物四周搭较植株略高的框架，填入落叶，借以防霜。

第三节 园林景观树种的选择

1. 根系特性 植物的根系根据发育特点，可分为直根系和须根系两大类。不同的根系类型在生长发育和形成的根系表面积上有一定的差别。根系表面积大、需要肥料多的树木不宜种在果岭、发球台及其他由于根的竞争作用而影响草坪生长的区域。地表大量的树根会引起修剪困难，并可能破坏柏油路或水泥路以及车道。还必须考虑到排水管道及类似的地下设施的位置，因为树根可能会使它们遭到破坏。许多树木具有较大的根系表面积，尤其是柳树、榕树、桦树、麻栎、栓皮栎、杨树、木棉及桉树等。

2. 树种习性　根据树种秋季是否落叶，将树种分为落叶树种和常绿树种两类。落叶型植物每年秋天都要落叶，应该立即清除落下的树叶，以免破坏草坪草的生长，或对比赛造成影响。诸如华北五角枫、枫香、栎类、鹅掌楸、白玉兰、杨树和柳树等均能产生落叶层。大量落叶的产生会加剧球场管理的强度和难度。

3. 树种结实特性和果实类型　树种生长到一定阶段便进入开花结实阶段。树木所生产的果实为球场的维护工作带来一定的困难。树木的果实种类较多，在果实当中，坚果类、浆果类果实以及体积较大的果实都会对球场草坪的维护有影响。松树和云杉等也产生坚硬的球果。产生坚硬果实的树种包括枫香、木麻黄、黄金树、板栗、银杏、油松、马尾松、云南松等。这些树木经常落下果实，如果果实留在地上的话，有可能妨碍剪草机的工作。因此，在树种选择时，要根据所种植的目的和位置而定。靠近球道和果岭的区域，应避免种植结坚果类的树种，或选择雄株（雌雄异株的树种）或是果实较小的树种。

4. 树形和树冠　树形和树冠类型的选择十分重要，要根据树木栽种的不同目的来决定。例如，冠形较窄、树干笔直的树木可用来起屏障作用。如果以树型作为树木选择的标准，就必须给它们留以足够的空间，使其不受限制地生长。一棵树若与其他树木或建筑物相距太近的话，会不利于其冠形的最终形成，所以应将其所占空间加宽、扩大。

5. 树冠的密度　树冠的密度（树荫状况）是通过树冠产生的树荫影响树冠下草坪草的生长和维护。树冠的特点依树而异。浓密的树冠透光性差，对草坪的影响大于开阔稀疏的树冠。南方地区许多常绿树种具有比较浓密的树冠。当树木要栽种在果岭、发球台或其他类似的对草坪质量要求较高的区域时，更应该仔细考虑树冠的密度。诸如杨树、水青冈、榕树、栎类等树木栽种时不应距维护要求较高的草坪太近。

6. 树种的抗病虫害能力　树木在遭受病虫危害时，不但树木看起来非常不雅观，而且维护起来也需要不断投入大量的人力、物力和财力。因此在高尔夫球场树种种植时，要尽量选择具有一定抗病虫害能力的树种。这些树种包括樟树、楠木、栾树、杜仲、木麻黄、梓树、紫荆、松树、银杏、柏树和枣树等。

7. 树种的抗风、雪和冰雹等能力　在我国北方地区，冬季时常下雪刮风，而南方夏季多台风，在高尔夫球场建设中树种的抗风和抗雪压能力是树种选择必须考虑的因素。树枝较嫩、木质纤脆、根系较浅以及易遭病虫危害的树种容易遭受冰、雪、风的破坏。严重的暴风雨可以将这些树木完全摧毁，大的风雪也可能将树枝、树叶等吹落压断。这不仅会影响球场景观，而且清理起来十分不方便，同时带来不必要的经济损失。常见的易遭暴风雪破坏的树种包括刺槐、枫树、槐树、桦树、榆树、臭椿、杨树和柳树等。

8. 树种的生长高度　树种的高度是指某个树种可能达到的最高高度。以遮阴、作为屏障或是作为球道和高草区上增加击球技巧的障碍物为目的而种植的树木，选择较高的树种效果较好。如果树木栽植在高过头顶的障碍物下，或是阻碍了人们观赏风景的视野，抑或是妨碍球离开发球台时，高大树种就不可取了。在会馆区周围栽种的树木，其成熟后的高度要与建筑物相互协调，例如大的树木及灌木的栽种要与大的建筑物相协调，但要比小的建筑物高。

9. 树种的寿命　不同的树种寿命差异很大。有些树种如栎树、樟树、槐树、榆树、松树、柏树、柳杉、银杏等寿命达 100 年以上，而有些树种如杨树、柳树等只能成活 20 多年或更短的时间。如果一株或一片树木是用来作为风景区永久性的结构，就必须选择成活时间较长的树种。例如杨树（钻天杨）生长比较迅速，但是寿命较短，这种类型的树种可在培养其他树种的过程中预先栽种，以满足暂时的要求。在其他树种不太繁茂的区域，也可栽些这类树种。在任何情况下，在高尔夫球场管理中，都应适时计划补种一些小树以代替那些衰老、死亡的树木。

第四节　常见园林乔灌木及其种植与管理

本节主要以适合高尔夫球场种植的乔灌木为主要对象，集中介绍了 54 种我国南北方常用的树种。因涉及花灌木的书籍较多，许多常见的花灌木、地被植物未包括在其中，而列入附表 1、附表 2 的名录中。在实际应用时可有目的地查阅有关参考书。

1. 苏铁 *Cycas revoluta* Thunb.

苏铁科 Cycadaceae

识别要点：常绿乔木，具主干无分枝。大型羽状裂叶集生干顶。球花单性顶生，雌雄异株。雄球花圆柱形，雌球花球形。种子成熟为红色。花期 6～7 月。

地理分布：原产我国台湾、福建、广东、广西、云南、四川。现世界各地广为栽培观赏。我国黄河流域以北地区多盆栽。

生态习性：喜光树种，稍耐荫蔽。喜温湿气候，适宜生长在肥沃湿润的微酸性沙质土壤，耐干旱。在温度低于 0℃时易受冻害。为长寿树种，寿命可达 200 年以上。对二氧化氮的吸收能力较强。无明显主根，抗风能力差。

观赏特性：苏铁其树形古朴端庄，叶羽状开裂坚挺常绿，球花奇特，用于绿化能体现热带风光。园林中多用于花坛独植或在草地一隅丛植。可用于高尔夫球场俱乐部及周边园林景观绿化。

栽培管理：播种、分蘖等方式繁殖。种植时间宜在 5 月。施肥宜施有机肥，忌用化肥。化肥会导致苏铁叶片的羽状裂片间隙增大，降低观赏价值。冬天最低温度较低的地区，露地种植苏铁入冬前应采取防寒措施。对生长不良的老叶片，在新叶展开成熟后须及时去掉，以保持树干整洁。

2. 银杏 *Ginkgo biloba* Linn.

银杏科 Ginkgoaceae

识别要点：落叶乔木，高可达 40m。树皮灰褐色，深纵裂。枝有长短枝之分。叶扇形，在长枝上散生，在短枝上簇生，先端常 2 裂，秋季金黄色。球花单生，雌雄异株。种子呈核果状，椭圆形，外种皮肉质，橘黄色有臭味。花期 4～5 月，果熟期 9～10 月。

地理分布：原产我国，浙江西天目山有野生林木，现各地广泛栽种。为我国特产，是现存种子植物中最古老的孑遗植物，有"活化石"之称。为国家重点保护植物。朝鲜、日本、欧美各国均有栽培。

生态习性：强阳性树，忌荫蔽，对土壤要求不严，但喜适当湿润而又排水良好的深厚沙质壤土，以中性或微酸性土最宜。较耐旱，在低湿地生长不良。耐寒性强，能在－32.9℃低温地区种植成活，亦能适应高温多雨气候。抗风、抗雪压。为深根性树种，寿命极长，可达千年以上。生长较慢，在水肥条件较好和精心管理条件下生长快，20 年能开花结籽，结实期极长。对臭氧的抗性极强，对二氧化硫、氮化氢的抗性和吸收能力强，对氯气、氨气的抗性强，吸附烟尘的能力较强。

栽培管理：主要用种子繁殖，也有采用分蘖、扦插和嫁接等方法繁殖。移植易成活，一般为裸根移植，以早春萌动前进行为宜。目前，多以大树（大苗）进行移植。

园林用途：树姿雄伟、壮丽，枝叶稠密、荫浓。叶形奇特，春叶嫩绿，秋叶金黄，为我国传统的名贵树种。在沈阳以南地区适作庭荫树、行道树、小片林和孤植树。在高尔夫球场绿化中，应选用雄株，以免种子污染草场和清除种子带来的麻烦。银杏是秋色叶树，成片种植或与其他秋色种树如枫树、池杉、水杉等配置，极能体现醒目、壮观的秋色景观。

3. 白杆 *Picea meyeri* Rehd. et Wils.

松科 Pinaceae

识别要点：常绿乔木，高约 30m；树冠窄圆锥形；树皮灰色，呈不规则薄鳞片状剥落，小枝淡黄褐色，基部有宿存芽鳞，反卷或开展；叶四棱状条形，端钝，四面有白色气孔线。雌雄同株，球果圆柱形下垂，宿存。花期 4 月，果熟期 9～10 月。

地理分布：原产我国河北、山西及内蒙古等地，华北城市多见栽培。为我国特有树种，是国产云杉中分布最广的树种。

生态习性：阴性树种。极耐阴，耐寒，喜温润气候，喜生于微酸性及中性土壤中。浅根性，根系有一定的可塑性。不抗风。初期生长缓慢，20 年后生长较快。

栽培管理：播种繁殖。白杆不易移植，须移植时，苗木应带土坨并按技术要求进行操作，及时浇水，叶面喷水。白杆下部枝条易枯梢，应注意修剪。

园林用途：白杆树形端正，枝叶稠密，下部枝条长期存在，因而树形具有很强的观赏性，最宜孤植。生长缓慢，植于花坛中心或 3～5 株丛植于建筑物前，能显现出雄伟、庄严的气氛。

用于高尔夫球场种植的还有红皮云杉（*Picea koraiensis* Nakai，东北、华北）、云杉（*Picea asperata* Mast.，西北）、青海云杉（*Picea crassifolia* Kom.，西北）、青杆（*Picea wilsonii* Mast.，华北、东北）等云杉属树种。欧洲的许多高尔夫球场就建在由云杉和冷杉组成的云冷杉林中。

4. 金钱松 *Pseudolarix kaempferi*（Lindl.）Gord.

松科 Pinaceae

识别要点：落叶乔木，高达 40m；树冠圆锥形，树皮赤褐色；枝有长短之分；叶条形，柔软。叶在长枝上呈螺旋状散生，在短枝上辐射状簇生。入秋叶呈金黄色；雌雄同株；雄球花数个簇生于短枝顶部，雌球花单生于短枝顶部。球果直立，成熟时种鳞脱落。花期 4～5月，果熟期 10～11 月。

地理分布：金钱松为单种属树种，是我国特有的珍贵树种，国家二级保护植物。分布于江苏、安徽、浙江、江西、湖南、四川、湖北等地。

生态习性：亚热带树种。喜光，幼时稍耐荫蔽；有一定的耐寒性，能耐 −20℃ 低温；喜温暖湿润的气候及深厚肥沃、排水良好的中性或酸性沙壤土，不喜石灰质土、盐碱土；不耐干旱及长期积水；深根性，枝条坚韧，抗风及抗火灾能力强。为菌根树种。

栽培管理：多用播种繁殖，亦可用扦插繁殖。移植宜在秋季落叶后至春季芽萌动前进行，移植时需带宿土或土坨，以达到接种菌根的目的，有利于金钱松的生长。金钱松能自然成形，无需多修剪。雨季需排水，干旱要及时浇水。

园林用途： 树干通直，姿态优美，新春叶色浅黄，入秋为金黄，观赏效果极佳。金钱松为珍贵的观赏树种，与南洋杉、雪松、日本金松、巨杉合称为世界五大公园树种。金钱松与色叶树、常绿树配置混交，入秋色彩多样，形成斑斓世界，别有情趣。金钱松也可作行道树或孤植。

5. 雪松 *Cedrus deodara* (Roxb.) G. Don

松科 Pinaceae

识别要点： 乔木，原产地高达 75m，胸径达 4.3m。枝下高很低。树皮深灰色，裂成不规则鳞状块片。树冠塔形，大枝不规则轮生，平展；小枝微下垂，具长短枝。叶针形，在短枝上簇生，长枝上散生。雌雄同株，雌雄球花分别单生于不同大枝的短枝顶端。花期 10～11 月，翌年 10 月球果成熟。

地理分布： 原产喜马拉雅山区西部及喀喇昆仑山区，海拔 1 200～3 300 m 地带。我国西藏西南部海拔 1 200～3 000 m 地带有天然林。1920 年引种，广植为行道树和庭园树。

生态习性： 喜光植物，幼时稍耐荫蔽。喜深厚、排水良好的中性、微酸性土壤。抗寒能力强，能耐－25℃低温。不耐水涝，较耐干旱瘠薄。浅根性，主根不发达，侧根一般分布在40～60 cm 土层中，易风倒，在台风季节应注意防范。对二氧化硫、氯气的抗性弱；对氟化氢很敏感，因而在污染源附近不宜种植。另外，雪松的杀菌能力强，对粉尘烟气的吸滞能力较强，并有减弱噪声和隔音作用。

栽培管理： 播种和扦插繁殖，以硬枝扦插为宜。11 月到翌年 3～4 月进行带土坨移植，须避开冰冻天。栽种需选干燥而排水良好的地方。在地下水位较高之地应堆土种植，树穴要稍大，土坨一般要高出地面 1/4，土壤要夯实，浇透水并覆土，根的四周要堆成馒头形，加桩固定，防止风吹摇动而影响成活。管理时应注意对顶梢及树冠下部大枝和小枝加以保护。顶梢生长较快，质地较软，常呈弯曲状，易受风吹折而破坏树形，应及时用细竹竿缚之引导；下部的大枝和小枝使之自然拱贴地面，以形成美观而自然的姿态。在北方冬天要注意防寒。

园林用途： 雪松树体高大，姿态优美而壮丽，与南洋杉、日本金松合称为世界著名三大园林观赏树木，与金钱松、日本金松、南洋杉、巨杉合称为世界五大公园树种。最适孤植于草坪中央、建筑前、庭园中心或主要大建筑物旁及园门的入口等处，列植于园路两旁或绿带中，也是优良的行道树。雪松树冠浓密，呈塔形，在高尔夫球场中广泛应用于比赛场地以外的绿地美化。

6. 白皮松 *Pinus bungeana* Zucc. ex Endl.

松科 Pinaceae

识别要点： 常绿乔木，高达 30 m，有明显的主干或从树干近基部分成数干，圆形或卵形树冠。树皮灰绿色或粉白色，呈不规则鳞片状剥落。针叶 3 针一束，叶鞘脱落。球果种鳞先端肥厚，鳞脐背生，有刺突，种子有短翅。花期 4～5 月，翌年 10 月球果成熟。

地理分布： 白皮松为我国特有树种，分布于山西、河南、陕西、甘肃、四川北部和湖北西部，现各地均有栽培。

生态习性： 喜光，幼时稍耐阴；对土壤要求不严，在深厚、肥沃的钙质土壤和黄土中均能良好生长。适干冷气候，耐寒性强；不耐涝，耐干旱和瘠薄，能在浅土层中生长。深根性，抗风强。杀菌力强。对二氧化硫的抗性和吸滞烟尘的能力较强。寿命长。侧主枝生长势较强，在孤植时会形成主干低矮、整齐紧凑的宽圆锥形树冠，在密植时会形成高大主干和圆形或卵形树冠。

栽培管理： 北方播种繁殖，长江以南多嫁接繁殖。移植以春季 3 月为宜，也可秋季移植；因白皮松主根长侧根少，故移植时要带土坨，保护根系。

园林用途： 白皮松树冠青翠、树皮白褐相间，醒目奇特，树形多姿，为著名的观赏树种，在我国的宫廷、寺庙以及名园中常配置。现常用与假山岩洞相配，形成苍松奇峰异洞相映成趣的景观；在土丘上群植，葱绿苍翠，十分壮观。可孤植、群植或列植。

松属在我国分布广，各地均有独特的松树用于高尔夫球场绿化。其中广泛应用的松属树种还有油松（*Pinus tabulaeformis* Carr.，华北、西北）、马尾松（*Pinus massoniana* Lamb.，长江流域以南各地）、云南松（*Pinus yunnanensis* Franch.，西南）、赤松（*Pinus densiflora* Sieb. et Zucc.，山东半岛、辽东半岛）、日本黑松（*Pinus thunbergii* Parl.，山东沿海、辽东半岛、华东）、湿地松（*Pinus elliotii* Engelm.，长江流域广大地区）、华山松（*Pinus armandii* Franch.，西北、西南和华北）。

7. 柳杉 *Cryptomeria fortunei* Hooibrenk ex Otto et Dietr.

杉科 Taxodiaceae

识别要点： 常绿乔木，高达 40 m；树皮红棕色，裂成长条片；叶钻形；球果近球形，深褐色，苞鳞尖头与种鳞先端裂齿均较短。花期 4 月，果熟期 10～11 月。

地理分布： 柳杉是我国特有树种，产于长江以南地区；浙江天目山、福建南平、江西庐山、云南昆明有数百年生的大树。

生态习性： 喜光，略耐阴；有一定的耐寒性，喜温暖、湿润气候，适生于深厚肥沃及排水良好的酸性土壤；在寒凉、土壤贫瘠处生长不良。耐水性较差，在积水处根易腐烂。不耐炎热和干旱。柳杉为浅根系树种，抗暴风能力不强。生长快，寿命长，枝条柔软，能抗雪压。抗臭氧、氨气、二氧化硫、氮化氢等的能力强，隔音和减弱噪声的能力强，并能分泌杀菌素杀灭细菌。

栽培管理： 以播种为主，也可扦插。移植宜在初冬或春季 3 月进行，移植时应注意保持根部湿润，大苗需带土坨移栽。

园林用途： 柳杉树冠为圆锥形，体高大挺拔，枝叶秀丽，大枝斜展，小枝细长下垂，刚中有柔，适宜孤植、对植，也可丛植、群植。可用于高尔夫球场种植，也是营造改善环境、净化空气保健林的优良树种。

可用于高尔夫球场园林绿化的同属树种还有日本柳杉［*Cryptomeria japonica*（L. f.）D. Don］。

8. 水杉 *Metasequoia glyptostroboides* Hu et Cheng

杉科 Taxodiaceae

识别要点： 落叶大乔木，高达 39 m。树皮成长条形剥落，内皮红褐色；树干基部常膨大；树冠成尖塔形；大枝不规则轮生，小枝对生。叶对生，线形，扁平。雌雄同株。3 月上中旬开花，11 月种子成熟。

地理分布： 原产我国四川、湖北、湖南三省毗邻地区，为孑遗植物和活化石，国家重点保护植物之一，目前已为世界上 50 多个国家和地区引种，我国辽宁南部以南地区普遍栽培。

生态习性：强阳性速生树种，不耐荫蔽；喜温暖湿润气候，抗寒性较强，能抗−35℃严寒；喜深厚肥沃的酸性土；耐涝，不耐干旱和瘠薄。对二氧化硫、氯化氢的抗性较强，并有隔音和减弱噪声的能力。

栽培管理：多用扦插繁殖。移植适宜期为落叶后及春季芽萌动前30～40d，一般不带土坨，需多带须根，并在泥浆中浸一下，到达目的地即日可种植，如来不及种植，需要假植或盖稻草。

园林用途：树姿优美，秋叶色泽秀丽，是著名的庭园观赏树，适于堤岸、湖滨、洼地、涧旁、池畔等近水处列植、群植，在草坪中也可群植。与常绿针阔叶树相混交，秋叶色彩更显鲜明。树形高耸挺拔，是理想的背景树，亦为高尔夫球场水潭边缘的理想树种。

9. 侧柏 *Platycladus orientalis* Franco

柏科 Cupressaceae

识别要点：常绿乔木，高达20m；小枝扁平；鳞叶，交互对生。雌雄同株，球果成熟时木质开裂，种鳞覆瓦状排列，种子无翅。花期3～4月，果熟期10～11月。

地理分布：我国特有树种，产于内蒙古、辽宁和吉林南部，全国普遍栽培。

生态习性：喜光；干冷和温湿气候均能适应；耐干旱及寒冷，在年降水量300～1 600 mm、年平均温度8～16℃条件下正常生长，能耐−25℃的绝对低温。对土壤要求不严，能在干燥、瘠薄之地生长，对土壤酸碱度适应范围广；抗盐碱力较强，但以土层深厚、肥沃、排水良好的石灰性土壤上生长较好；怕涝，地下水位过高或排水不良的低洼地，易烂根死亡。浅根性树种，侧根发达，萌蘖性强，耐修剪，抗风力弱，迎风面生长不良会形成顶梢干枯，生长速度中等偏慢，寿命长。对二氧化硫的抗性和吸收能力强，对氯气、氯化氢、臭氧的抗性强，能抗多种有害气体并有吸滞粉尘和灭菌的作用。

栽培管理：用种子繁殖。春、秋两季移植，带土坨移植易成活；在雨季移植可裸根，但要注意保护根系。

园林用途：幼时树冠尖塔形，老树呈广圆形，枝干苍劲，气势雄伟，自古多用于庭园、寺庙和陵墓等处，园林中常用于孤植或片植，能获取较高的艺术效果。侧柏萌蘖性强、耐修剪，适宜作绿篱，夏季碧翠可爱。

10. 柏木 *Cupressus funebris* Endl.

柏科 Cupressaceae

识别要点：常绿乔木，高达35m。小枝细长下垂，生鳞叶的小枝扁平。鳞叶交互对生，先端锐尖。雌雄同株，球果卵圆形，种鳞啮合状排列，2年成熟。种子两侧具窄翅。花期3～5月，球果翌年5～6月成熟。

地理分布：我国特有树种，分布很广，是亚热带代表性的针叶树种之一，尤以长江流域的亚热带地区分布、栽培最多，生长良好。

生态习性：阳性树种。要求温暖湿润的气候条件；对土壤适应性广，尤以钙质土生长良好。耐干旱、瘠薄，也耐水湿，抗寒能力较强。主根浅细，侧根发达，贯穿能力强，因而适应能力强，具有一定的抗风能力；生长快，寿命长。抗有害气体的能力强。

栽培管理：同侧柏。

园林用途：柏木树冠浓密，枝叶下垂，适宜散植；若丛植，则形成柏木森林的景观；若以柏木为背景树，前面配置观叶树种，则会形成俏丽葱绿的景观。

11. 圆柏 *Sabina chinensis*（L.）Ant.

柏科 Cupressaceae

识别要点： 常绿乔木，高达 20m。叶为刺叶及鳞叶，幼树和萌条叶几乎全为刺叶；刺叶 3 枚交互轮生，鳞叶先端钝尖，交互对生。雌雄异株，稀同株。球果近球形，浆果状，2 年成熟，不开裂，被白粉。花期 4～5 月，果熟期翌年 11 月。

地理分布： 原产我国，广泛分布于华北、华东、华中及西南各地。为城市绿化常见树种。

生态习性： 阳性树种，耐阴性较强；耐寒，耐热，耐瘠薄；对土壤要求不严，对土壤干旱及潮湿均有一定的抗性，但以中性深厚而排水良好处生长最佳。深根性，侧根也发达，抗风力强。寿命极长，萌芽力强，耐修剪。对二氧化硫、氯气的抗性和吸收能力强，对臭氧、氟化氢的抗性较强，对汞蒸气的吸收能力较强，并具有滞粉尘、减弱噪声和杀灭细菌的功能。

栽培管理： 圆柏以播种为主，其变种、变型及品种以扦插或嫁接繁殖为主。移植易成活，苗木移植时应带土坨，以保护根系，提高成活率。

园林用途： 幼树枝条斜上伸展，树冠尖塔形或圆锥形；老树树冠广圆形。因树形优美，特别是老树干枝扭曲、奇姿古态，故为我国自古在园林中喜用的树种之一。园林中孤植、列植、丛植或群植均宜；因其耐修剪，可作为绿篱。圆柏的各种变种、变型和品种皆是我国园林中常用的观赏材料，常植于悬崖、池畔、石隙、草坪、墙隅等处，皆可取得良好的景观效果。圆柏是高尔夫球场理想的绿化树种。

12. 铺地柏 *Sabina procumbens* Iwata et Kusaka

柏科 Cupressaceae

识别要点： 常绿匍匐灌木，高 75 cm，冠幅 2m。无直立主干，枝条沿地面扩展，枝梢向上伸展。叶全为刺叶，三叶轮生。球果球形，熟时黑色被白粉。

地理分布： 原产日本。我国长江流域各城市有引种栽培。

生态习性： 阳性树种，耐干旱瘠薄，不耐低湿，喜石灰性肥沃排水良好的土壤，适应性强。

栽培管理： 扦插繁殖。

园林用途： 铺地柏为园林中抗性极强的木本地被植物。匍形树姿，是布置岩石园的好材料，也可配置于草坪角隅及坡地。

13. 毛白杨 *Populus tomentosa* Carr.

杨柳科 Salicaceae

识别要点： 落叶乔木，高达 30 m。单叶互生，三角状卵形，缘具缺刻或锯齿，背面密被灰白色毛，后渐脱落，叶柄扁平，先端常具腺体；花单性，雌雄异株，葇荑花序下垂，先于叶或与叶同时开放。花期 3 月，果熟期 4 月。

地理分布： 我国特产，是黄河中下游地区的乡土树种，种植南达长江下游。

生态习性： 强阳性树种，不耐荫蔽，喜温凉气候及深厚而排水良好的土壤，对土质要求不严，较耐寒冷，忌高温多雨。深根性，根萌蘖性强，生长快，寿命较长。抗烟尘和污染能力强。枝条脆，易风折。

栽培管理： 用埋条、嫁接、留根、分蘖等方法繁殖。移植一般在秋季落叶后至春季芽萌动前进行，苗木裸根蘸泥浆即可移植，栽植时要夯实，浇足水分，成活率较高。

园林用途： 毛白杨树冠卵圆形至卵形，树皮青白色，树干耸直，叶片较大、墨绿色，给人以雄伟之感，在园林绿化中，适宜作行道树和庭荫树，在广场、干道两侧列植，有威严豪壮的气势；孤植于旷地及草坪上，则能显现出其特有的威武风姿；因抗烟尘和污染，又是四旁绿化、工厂绿化的好树种。在高尔夫球场周边群植成大面积人工林，形成森林景观，烘托球场的森林环境。

杨树在我国北方为常见的绿化树种。其中包括黑杨派的欧美杨系列、白杨派和青杨派一些杨树。北京地区高尔夫球场边界区的绿化带或防风林多为杨树。

14. 旱柳 *Salix matsudana* Koidz.

杨柳科 Salicaceae

识别要点： 落叶乔木，高达 20 m。树皮深灰至暗灰黑色，纵裂，枝条直立或斜展，黄绿色。叶披针形或条状披针形，先端长渐尖，上表面无毛，下表面带白色，具细腺齿。雌雄异株，葇荑花序和叶同时展开，蒴果 2 裂，种子有毛。花期 4 月，果熟期 4～5 月。

地理分布： 分布甚广，遍布我国东北、华北、西北及长江流域各地，而以黄河流域为其分布中心。

生态习性： 阳性树种，不耐荫蔽，耐寒性强，绝对低温 -39℃下无冻害；喜水湿，亦耐干旱；对土壤要求不严，但以肥沃、疏松、潮湿土壤最为适宜。根系发达，主根深，侧根、须根分布较广，枝干韧性强，因而固土抗风力强，不易风折，萌芽力强，生长迅速，一般寿命仅 50～70 年，生长在条件良好之地可达 200 年。对乙炔、二氧化碳、乙醛、乙醇、醋酸、粉尘等有害物质抗性较强。

栽培管理： 繁殖方法有播种、扦插、压条和分蘖等，但扦插易成活、成苗快，一般常用扦插；也可用 2～3 年生的大枝进行扦插，成活率也高。

旱柳移植极易成活，移植以秋季落叶后至春季芽萌动前进行，不需带土坨；栽植后要充分浇水并立支柱。

对 20～30 年生顶梢干枯的旱柳，可进行平头重剪更新，平头后萌生新芽，及时疏除过密枝芽，以便形成美丽的冠形。

园林用途： 旱柳树冠丰满，枝叶茂密，发芽早，落叶迟，深受人们喜爱。品种多种，在园林中常作为行道树和庭荫树，可植于湖岸边、低湿地及草坪等处，可对植于建筑物两侧，也可孤植于草坪或缓坡上，清风吹过，柳枝摇曳，婀娜多姿；春季柳絮多且飘浮的时间长而导致柳絮污染，以选择雄株栽种为宜。因抗污染性强、根系发达、耐湿，常作为工厂绿化、四旁绿化及防护林等的树种。

在园林中常用的还有垂柳（*Salix babylonica* Linn.）。

15. 枫杨 *Pterocarya stenoptera* DC.

胡桃科 Juglandaceae

识别要点： 落叶乔木，高达 30m；小枝髓心片状，裸芽密被锈褐色毛；羽状复叶互生，叶轴有窄翅，叶缘具细锯齿；花单性，雌雄同株，雄花序葇荑花序，雌花序穗状花序；果序下垂，坚果两边具长翅。花期 4 月，果熟期 8 月。

地理分布： 广布于我国东北南部、华北、华中、华南和西南各地。

生态习性： 阳性树种，稍耐荫蔽，喜温暖湿润气候，耐水湿。要求中性及酸性沙壤土，也耐轻度盐碱。较耐寒。深根性，主根明显，侧根发达，具一定的耐旱能力，但长期干旱会使树干弯曲易衰老，萌芽力强，生长较快。生长期会不间断地落叶。对二氧化硫、氯气敏感，但对氯化氢、臭氧、苯、苯酚、乙醚等抗性强，也耐烟尘。

栽培管理：以播种繁殖为主。秋季落叶后至春季芽萌动前进行移植。枫杨发枝力很强，需适当修剪才能形成通直高大树形，主要剪去与中央领导枝相竞争的徒长枝，使中央领导枝处于绝对优势的地位，才能使树形端正、理想。

园林用途：枫杨树冠宽广、枝叶茂密、遮阳效果好，是优良的庭荫树和行道树。又因适应性强、根系发达，是优良的固堤护岸的树种。但因其叶片在生长期不断地脱落、果实成熟脱落等给球场管理带来困难，不宜种在距草坪近的地方。

16. 栓皮栎 *Quercus variabilis* **Bl.**

壳斗科 Fagaceae

识别要点：落叶乔木，高达 25m。树皮具发达的木栓层。叶长椭圆状披针形至矩圆状披针形，缘有芒状锯齿，叶背面密被灰白色星状绒毛。壳斗杯状，苞片钻形，反曲有毛。坚果卵球形或椭圆形。花期 5 月，果熟期 9～10 月。

地理分布：广布于我国东北南部、华北、西北、华南及西南各地。日本、朝鲜也有分布。

生态习性：喜光，幼苗略耐阴；耐寒，−20℃低温条件对其生长无不良影响；耐干旱瘠薄，对土壤适应性强，在微酸性、中性及石灰性土壤中皆能正常生长，以深厚、肥沃、适当湿润而排水良好的壤土和沙壤土最适宜，不耐积水。深根性，主根明显，侧根也发达，故抗旱、抗风及抗火能力强。萌芽力强，寿命长，树龄 100 年左右的枝叶仍很茂盛。

栽培管理：繁殖以播种为主，分蘖法也可以。落叶后至春季芽萌动前移植，移植时尽量多留根系，对太长的主根适当修剪。而移栽较大规格的苗木最好带土坨。移栽时需浇透水，成活后一般不必经常浇水。

园林用途：栓皮栎树冠广卵形，树干通直、枝条广展、荫质浓厚、冠形雄伟，叶背灰色眩目、入秋叶转橙褐色，是良好的观赏树种、庭荫树种、防护林和秋色叶树种。孤植、丛植、群植或与其他树种混植皆能取得较好的景观效果。又因树皮不易燃烧，深根性，因而也是防火林、防风林及水源涵养林的优良树种。因秋天落叶量较大，坚果坚硬，在高尔夫球场应用时应选择适合的地方种植。

园林绿化常见壳斗科树种还有：

麻栎（*Quercus acumtissima* Carr.）：分布及栽培管理等同栓皮栎。

槲栎（*Querucus aliena* Blume）：分布及栽培管理等同栓皮栎。

青冈栎 [*Cyclobalanopsis glauca*（Thunb.）Oerst.]：常绿乔木，为长江流域地区常见种。

17. 榔榆 *Ulmus parvifolia* **Jacq.**

榆科 Ulmaceae

识别要点：落叶或半常绿乔木，高达 25m；树皮老时则呈不规则圆片状剥落形成斑驳，较为雅致美观；叶较小，近革质，长椭圆形或卵状椭圆形，叶缘具单锯齿。花簇生于新枝叶腋，翅果椭圆形至卵形。花期 8～9 月，果熟期 10～11 月。

地理分布：在我国中部及南部地区均有栽培。日本、朝鲜也有分布。

生态习性：阳性树种，稍耐阴。耐寒性较强，能耐−20℃短期低温。喜温暖气候和较湿润土壤，也能耐干旱和瘠薄，在酸性、中性和石灰性土壤中皆能生长。生长速度中等，寿命长。对二氧化硫气体抗性中等，且具一定的吸收能力，对粉尘有较强的吸附能力。

栽培管理：播种繁殖。移植在秋季落叶后至春季芽萌动前进行，成活率高，可裸根移植，但大苗需疏剪枝叶。

园林用途：榔榆树冠扁圆头形，树干基部有时成板根状，树干略有弯斜，树皮斑驳雅致，小枝婉垂，叶小具光泽，秋日常出现红叶，其观赏价值远较其他榆树高。园林中常孤植成景，也可丛植。因枝条婉垂如柳丝，适宜种植于池畔、亭榭附近，也可配于山石之间，还是绿化、行道树的好材料。

榆属其他树种还有榆树（*Ulmus pumila* Linn.）：华北、西北、东北和华东广大地区常见树种。

榆科中的榉树（*Zelkova schneideriana* Hand. - Mazz.）、朴树（*Celtis sinensis* Pers.）等也为产区常见的绿化树种。

18. 木麻黄 *Casuarina equisetifolia* Linn.

木麻黄科 Casuarinaceae

识别要点：常绿乔木，高达 40 m。小枝纤细下垂，绿色，具明显的节和节间；叶退化为鳞形，褐色，7 枚轮生于节上；花单性同株；果序木质球果状。花期 5 月，果熟期 7～8 月。

地理分布：原产大洋洲及其邻近地区。我国华南沿海地区有栽培。

生态习性：强阳性，喜炎热气候，耐干旱、瘠薄，抗盐渍，抗沙埋，耐潮湿，而不耐寒。适生于海岸疏松的沙地，在离海岸较远的中性、微碱性或酸性土壤也能良好生长。生长快，寿命 30～50 年。根系具根瘤，深根性，主根较深，侧根发达，水平分布常为树冠的几倍，树冠透风性好，因而具极强的抗风能力，为我国华南沿海地区重要的防护林树种。

栽培管理：常采用植树造林。可裸根移植，一般在春季和秋季进行。需接种根瘤。一般不进行整枝。要及时清除下落的木质果序。

园林用途：木麻黄树冠苍翠，小枝下垂，微风下婀娜多姿，多进行群植为防护林，造就森林景观，或列植路边、水塘边为行道树，也可丛植在草坪一隅。木麻黄是我国南方沿海地区高尔夫球场建设中常用的乔木树种，尤其是在近海海岸建造的高尔夫球场上主要的树种。球道边、高草区、果岭外围均可种植。

19. 日本小檗 *Berberis thunbergii* DC.

小檗科 Berberidaceae

识别要点：落叶灌木，高达 1.5～3 m。多分枝，枝条广展，红褐色，常有不分叉的刺。叶常簇生，倒卵形或匙形，全缘，入秋叶色变红。花小，黄白色，单生或簇生。浆果椭球形，红色。花期 4 月，果熟期 9～10 月。

地理分布：产于日本和我国陕西秦岭各地，现全国广泛栽培。

生态习性：喜阳，耐半阴，喜凉爽、湿润环境。耐旱，耐寒，在肥沃、排水良好的土壤中生长旺盛。萌蘖性强，耐修剪。

栽培管理：用播种和扦插繁殖。移植在春季或秋季进行，苗木可裸根蘸泥浆或带宿土。栽植时浇透水，并进行强度修剪，调节水分平衡，同时也促使多发枝丛、生长旺盛。

园林用途：日本小檗叶细密有刺，入秋叶色转红，果亮红色，其栽培品种紫叶小檗

(cv. Atropurpurea) 整个生长季中叶色紫红，是观叶、观果的刺篱材料。在高尔夫球场中可丛植于球场外的园路转角、岩石园、林缘及池畔，作为绿篱具有较高的防范作用。

20. 白玉兰 *Magnolia denudata* Desr.

木兰科 Magnoliaceae

识别要点：落叶乔木，高达 20m；单叶互生，倒卵形，全缘，端突尖，叶柄具托叶痕；花两性，同被花白色，顶生，花被片 9 片，3 枚一轮；蓇葖果成熟时开裂；种子具橘红色假种皮。花先叶开放，花期 3～4 月，果熟期 8～9 月。

地理分布：原产安徽、浙江、江西、湖北、贵州、湖南和广东北部，沈阳以南各地皆有栽培。

生态习性：阳性树种，可耐侧方荫蔽。适生于酸性或微碱性、肥沃、排水良好的土壤。喜肥，喜空气湿润气候，耐寒性强，可抵御 −20℃ 低温。不耐修剪，寿命长，在浙江武义县郭洞有上百年大树。对氯气、氟化氢、氨气的抗性较强，对二氧化硫的抗性和吸收能力也强。

栽培管理：以嫁接繁殖为主。移植时间各地不同，在 9 月下旬或 10 月上旬或早春花谢而刚展叶时最佳。带土坨移植。白玉兰一般不进行修剪，要修剪时应在花谢展叶时进行。

园林用途：白玉兰树冠宽卵形，枝叶浓密，树姿亭亭玉立，花先叶开放，硕大芳香，花色洁白如玉，是我国早春著名的观赏树种。在园林中多布置在建筑前或点缀在草坪一角，单植、丛植皆可；以常绿树种为背景，白玉兰列植或丛植，则花色更显洁白而醒目，美化效果十分突出。北京著名的长安街从新华门到故宫一侧红墙外的白玉兰与圆柏、连翘和紫丁香的配置，以红墙为背景，充分利用了叶形、树形、花色的自然搭配，为早春长安街的重要景点之一。

木兰属中的绿化美化树种很多，重要的有：

紫玉兰（*Magnolia liliflora* Desr.）：分布于华中、华东和西南。紫玉兰花大色紫，花叶同放，为著名的园林树木。

望春花（*Magnolia biondii* Pamp.）：分布于华北中部和南部、西北南部。花色白里带紫，主干明显，树冠宽卵形，枝叶浓密，为值得发展的绿化树种。

二乔玉兰（*Magnolia soulangeana* Soul. - Bod.）：白玉兰和紫玉兰的杂交种。

荷花玉兰（*Magnolia grandiflora* Linn.）：原产北美。我国黄河中下游以南地区可种植，必要时要进行防寒。常绿树种，花期 6～7 月。花洁白如玉，硕大如展开的荷花，适宜在高尔夫球场孤植或作庭荫树种。

厚朴（*Magnolia officinalis* Rehd. et Wils.）：分布于长江流域地区及陕西、甘肃南部。

21. 鹅掌楸 *Liriodendron chinense* Sarg.

木兰科 Magnoliaceae

识别要点：落叶乔木，高达 40 m。树冠圆锥形；叶开裂，形似马褂，先端截平或微凹，两侧各有一个裂片，叶柄长，入秋叶转黄色。花两性，顶生，花被片外面绿色，内面为黄色。聚合翅果纺锤形，小坚果的先端钝或钝尖。花期 5 月，果熟期 10 月。

地理分布：鹅掌楸属在新生代有十余种，到第四纪冰期大部分绝灭，现在残存的仅有鹅掌楸和北美鹅掌楸两个种，为间断分布，是国家二级保护树种。我国原产于江西庐山，现长江以南的浙江、安徽、湖北、四川、云南等地均有栽培。北京绿化美化有栽培，冬季须防寒。

生态习性： 喜光树种，也能耐荫蔽。喜温暖湿润而又避风的环境，具一定的耐寒性，能耐-15℃低温。喜深厚肥沃、湿润而排水良好的酸性或微酸性土壤（pH4.5～6.5），不耐干旱和水湿。生长迅速，寿命较长，夏季在阳光直射的高温地方会出现日灼危害，叶片呈现早落现象。根系肉质，不耐修剪。对二氧化硫、氯气有较强的抗性，能减弱噪声，隔音性能好。

栽培管理： 播种和扦插繁殖，因自然授粉不良，种子多为瘪粒。鹅掌楸不易移植，所以移植时要注意带土坨，定植点不宜过于干燥，栽种后需加强养护管理。移植以春季芽刚萌动时进行为好。一般不行修剪。若需修剪，可在秋冬时轻度修剪。

园林用途： 鹅掌楸树形高大，叶形奇特，花大而美丽，入秋叶转黄，为著名的秋色叶树种。园林中可列植为行道树，配置为庭荫树，在高尔夫球场可丛植、群植成为色彩斑斓、满树满坡的秋色叶树林，同时又能达到彼此遮阳，避免日灼危害。抗污染性较强，也是四旁绿化、工厂绿化的良好树种。

22. 樟树 *Cinnamomum camphora*（Linn.）Presl.

樟科 Lauraceae

识别要点： 常绿乔木，高20～30 m，最高可达50 m；树冠庞大，呈宽卵形；全树都有浓烈的樟脑气味。单叶互生，叶卵状椭圆形，全缘，边缘呈波状，离基三出脉，在叶背脉腋有腺体；花两性，黄绿色，花被片6，两轮轮生；雄蕊12，轮生，花药瓣裂；核果蓝黑色。花期5月，果熟期10～11月。

地理分布： 樟树为我国特产的经济树种，是中亚热带常绿阔叶林的代表树种。分布于我国长江流域以南各地，栽培区域较广，其中台湾、福建、江西、浙江、广东和广西最多。

生态习性： 喜光。喜温暖湿润气候，尚耐严寒，以湿润肥沃、微酸性黄壤土最为相宜，沿海一带种植时应注意。有一定的抗涝能力，在地下水位较高的条件下，可采用堆土种植。深根性树种，幼苗期主根发达，侧根、须根较少，定植后根系能很快恢复。寿命长，能达千年以上。萌芽力强，耐修剪。对臭氧的抗性极强，对氨气、氯气、二氧化硫、氮化氢的抗性强，吸附粉尘、减弱噪声的能力较强，并有杀菌功能。

栽培管理： 以播种繁殖为主，移植以4月上旬进行为好。挖大苗要疏叶，不必疏枝，也不必截干，保证快速恢复冠形。挖苗时要带土坨，运苗时轻取轻放，防止土坨松散；天气较干旱、气温又高时，如长途运输，土坨上要盖草包，防止水分蒸发。种植穴深度要控制在栽下后根茎部略高出地面，加土分层夯实；浇足水，待水下渗后覆土，培成馒头形，栽后一周内每日要浇足水，温度较高时还要增加全干喷水。

园林用途： 樟树四季常青，树冠广展，枝叶茂密，绿荫蔽日，气势雄伟，是优良的庭荫树、行道树和营造风景林、防风林、保健林的理想树种。孤植草坪旷地，树冠充分舒展，浓荫覆地；丛植、片植作为背景树酷似绿墙，入秋后部分叶片变红亦颇美观。

樟树因叶层浓密，在高尔夫球场种植时需注意其对草坪草的遮挡，以免影响草坪草的生长。作为行道树一般要求胸径8 cm以上的大树，并保留二级分枝。

樟科在我国南方应用的绿化树种较多，其中有天竺桂（*Cinnamomum japonicum* Sieb.）、紫楠［*Phoebe sheareri*（Hemsl.）Gamble］、红楠（*Machilus thunbergii* Sieb. et Zucc.）、月桂（*Laurus nobilis* Linn.）等，均为我国长江流域以南地区常见的园林树种，也

用于高尔夫球场绿化美化中。

23. 太平花 _Philadelphus pekinensis_ Rupr.

虎耳草科 Saxifragaceae

识别要点： 落叶灌木，高达 3 m。树皮薄片状剥落，一年生小枝光滑无毛。单叶对生，卵形或椭圆状卵形，具齿牙状锯齿，三出脉，叶柄紫色。总状花序具花 5～9 朵，四数花，乳白色，有清香气；蒴果顶端开裂。花期 5～6 月，果熟期 9～10 月。

地理分布： 产于我国北部及西部，现各地园林常有栽培。朝鲜也有分布。

生态习性： 喜光，也耐阴，耐寒性强，耐旱和轻碱地，耐瘠薄，但喜生长在肥沃湿润、排水良好的土壤里，忌积水。

栽培管理： 繁殖用播种、扦插、分株和压条。移植在春、秋两季进行，带宿土，栽植于向阳面、排水良好处。为使开花繁盛，春季发芽前施腐熟堆肥，花谢后不留种的应及时将花序剪除，平时应随时修剪剔除枯枝、病枝、过密枝。秋季落叶后多施磷肥，干旱期浇水。

园林用途： 太平花花繁，花白色而有清香，是较优良的观花树种。宜成丛成片栽植于草坪、疏林边缘，与山石、建筑相配也较适合。因具有一定的耐阴性，现见作为下木种植在乔木林下或林缘。

虎耳草科用于园林绿化的树种还有：

山梅花（_Philadelphus incanus_ Koehne）：与太平花区别为小枝、叶片和花萼有毛。其他同太平花。

小花溲疏（_Deutzia parviflora_ Bunge）：耐阴灌木，耐寒性强。花小而繁密，且正值初夏少花季节开花。宜种植在林缘或疏林中。

东陵八仙花（_Hydrangea bretschneideri_ Dippel）：耐阴灌木；萌蘖能力强；耐寒，喜湿润而排水良好的土壤。扦插、压条、分株等繁殖。开花时极为美丽，最宜丛植或配置于草坪、林缘或疏林内。

24. 枫香 _Liquidambar formosana_ Hance

金缕梅科 Hamamelidaceae

识别要点： 落叶大乔木，高达 40 m；树脂、树液及叶片均有橄榄气味。单叶互生，掌状 3 裂，基部心形或截形，叶缘有锯齿，入秋变红色。花单性，雌雄同株，雄花总状花序，雌花头状花序。蒴果集合成球形果序。具宿存花柱及刺状萼片。花期 3～4 月，果熟期 10～11 月。

地理分布： 产于我国长江流域及其以南各地，日本也有分布。

生态习性： 阳性树种，幼时稍耐阴，喜温暖湿润气候及深厚湿润的酸性或中性土壤，耐干旱瘠薄，不耐长期水湿，耐火烧。深根性，主根粗长，抗风力强，萌芽力强，幼年长势慢，壮年后生长快。对二氧化硫、氯气有较强的抗性，对二氧化硫的吸收能力也强。

栽培管理： 以播种繁殖为主，也可扦插和压条。移植时间在秋季落叶后或春季芽萌动前，因主根粗长，移栽大苗需采用预先断根措施，促发须根，带好土坨，否则不易成活。落叶量大，果序坚硬，要及时清理。夏季树冠浓密，注意对草坪的影响。

园林用途： 枫香树干挺直，树冠广卵形或略扁平，入秋叶色红艳，在阳光照射下尤为美丽，为著名的秋色叶树种。园林中宜作庭荫树和行道树，可植于山坡、池畔，可孤植、群植；或与叶色较深的常绿树或其他秋叶变黄色的色叶树如银杏、无患子、水杉、柳杉等混合配置，红绿、红黄相衬，显得格外鲜艳夺目。

25. 杜仲 *Eucommia ulmoides* Oliv.

杜仲科 Eucommiaceae

识别要点： 落叶乔木，高达 20 m；植株体具银色胶丝；树皮灰色。小枝光滑，无顶芽，具髓隔片。叶椭圆状卵形，缘有锯齿，表面网脉下陷呈皱纹状；花单性，雌雄异株，先叶开放或与叶同放，无花被；翅果扁平，呈长椭圆形。花期 4 月，果熟期 9～10 月。

地理分布： 仅一科一属一种，为我国特有树种。栽培历史悠久，原产我国中部和西部，四川、贵州、湖北三省为集中产区。现俄罗斯、日本、北美、欧洲均有栽培。

生态习性： 强阳性树，不耐荫蔽。耐寒性强，在－40℃的条件下也能生长。喜温暖湿润气候，对土壤适应性较广，能在酸性、中性、微碱性及钙质土中生长，但在深厚疏松、肥沃湿润、排水良好、pH 5.0～7.5 的土壤中生长最好。主根可深达 1.35 m，而侧根发达、密集分布在 70～90 cm 土层中，萌芽力极强，忌黏，忌涝，过干、过瘠薄则生长不良。对氟化氢抗性中等，对氯化氢和氯气抗性弱，对二氧化硫较敏感。

栽培管理： 播种、扦插、压条等都可进行，但以播种为主。在秋季落叶后、春季萌芽前或萌芽时进行移植，可带土坨（特别是大苗），这样不仅成活率高，而且能较早恢复树势，有利成长。如果挖、运、种及时，管理措施得当，亦可裸根移植。种植时要施足基肥。

种植后要经常中耕除草，抗旱排涝。杜仲根颈处易生萌蘖枝，应及早剪除，作为行道树时尤应注意，以免影响主干生长。

园林用途： 树冠圆球形，树形整齐，枝繁叶茂，荫质优良，生机勃勃，抗病虫害能力强，适应性强，是园林中较理想的庭荫树、行道树及四旁绿化树种。

26. 石楠 *Photinia serrulata* Lindl.

蔷薇科 Rosaceae

识别要点： 常绿小乔木，高达 6 m；叶革质，长椭圆形，边缘微反卷，互生，顶部渐尖，边缘有密而尖锐的细锯齿，叶面光亮，深绿色，背面黄绿色，幼叶肉红色，有部分老叶亦变红色。伞房花序顶生，花小，密生，白色。梨果球形，紫红色至紫褐色。花期 4～5 月，果熟期 10 月。

地理分布： 分布于我国华东、华中、华南等地，河南、山东、陕西也有栽培。

生态习性： 阳性树种，也耐阴，喜温暖湿润气候，较耐寒，耐干旱，耐瘠薄，适宜土层深厚、土质肥沃的沙质壤土，忌水湿，在排水不良的土壤上往往生长不良。萌芽力强，耐修剪，生长速度不快。对二氧化氮的抗性强，对二氧化硫的抗性和吸收能力较强，对氟化氢、氯气的抗性较强。

栽培管理： 繁殖用播种、扦插皆可。一般用播种繁殖。移植在 2 月下旬至 3 月中旬进行。小苗裸根栽植后必须浇足水；大苗需带土坨，还要适当疏剪枝叶。减少体内水分消耗。石楠树形整洁，平日管理一般不用修剪。

园林用途： 石楠树冠倒卵形或呈伞状，树形严整，枝叶稠密，早春新叶肉红色，深秋部分老叶鲜红色，春、秋冬红果累累状若珊瑚，艳丽夺目，为园林中重要的观赏树种。

因树形严整，适用于规则式设计中，如道路的两侧对植、列植等；也适用于花坛中心孤植；还可丛植于草坪边缘。因其耐阴、耐修剪，将其修剪成球形而作基础种植于大树之下，亦可修剪成高篱。

27. 月季 *Rosa chinensis* Jacq.

蔷薇科 Rosaceae

识别要点： 直立灌木，高达 2 m，小枝绿色，具扁平皮刺，无毛。小叶 3～5 枚，卵状椭圆形，缘有尖锯齿，两面无毛，叶柄、叶轴散生皮刺和短腺毛，托叶边缘有腺毛。花单生或几朵集生成伞房状，重瓣，有紫、红、粉红等色，微芳香，萼片羽状开裂。蔷薇果近球形，黄红色。花期 5～10 月，果熟期 9～11 月。

地理分布： 原产我国湖北、四川、云南、湖南、江苏、广东等地。现国内外普遍栽培观赏。月季于 200 多年前传至欧洲，后与香水月季、突厥蔷薇、法国蔷薇等杂交，育成各种不同花形、花色品种，从而成为近代月季。

生态习性： 适应性强，喜阳光，但过于强烈的光照对花蕾发育不利。喜温暖，对土壤要求不严，但以富含有机质、排水良好的微酸性土最好。有一定的耐寒性。花期长，在生长季节能陆续开花。对氰化氢、二氧化硫的抗性和吸收能力强，对氯气、二氧化氮的抗性强，并对硫化氢、苯、苯酚、乙醚具有吸收能力。

栽培管理： 繁殖多用扦插和嫁接，嫁接砧木以白玉棠、七姐妹等蔷薇品种为主，此外还可采用分株及播种繁殖。平时管理应注意修剪，花谢后将残花剪去，并选留壮芽，不宜留得过高，也不宜留内侧芽。入冬选健壮枝仅保留 2～4 个芽，以上部位剪去，其余弱枝全部从茎基部疏去；新栽植株要重剪，过老的植株应进行更新，修剪后应适当进行施肥。

园林用途： 月季是著名的园林植物，花色繁多，花容娇丽，花期长，是园林绿化布局中的观花好材料。配置在草坪、园路角隅、庭园、假山花坛等处皆适合。

28. 紫叶李 *Prunus erasifera* Ehrhart f. *atropurpurea*（Jacq.）Rehd.

蔷薇科 Rosaceae

识别要点： 落叶小乔木，高达 8m。树冠多直立；枝条、叶片及果实均为暗红色。叶卵形至倒卵形，叶缘具尖细的重锯齿；花单生于叶腋，有时 2～3 朵聚生，水红色。花期 3～4 月，果熟期 6～7 月。

地理分布： 原产亚洲西南部，为樱李的一观赏变型。我国各地园林中常见栽培。

生态习性： 阳性树，在荫蔽条件下叶色不鲜艳。喜温暖湿润气候，尚耐寒。上海能安然度过寒冬腊月。对土壤要求不严，适于中性或微酸性土壤生长。较耐湿。根系较浅，萌枝力较强。

栽培管理： 常用嫁接法进行繁殖。移植宜在晚秋及春季进行，以春季为好，根部需用泥浆浸蘸。适应性强，管理较粗放。

园林用途： 紫叶李叶色常年红紫，尤其春、秋两季叶色更艳，是园林中优良的彩叶树种，可丛植、孤植于草坪角隅和建筑物前，或以浅色叶树为背景树，更能烘托出叶色美的特性。

29. 桃树 *Prunus persica*（Linn.）Batsch.

蔷薇科 Rosaceae

识别要点： 落叶乔木，高达 10m。树皮暗紫红色，有光泽和环状开裂。老枝皮孔明显，小枝背阳面绿色，向阳面红褐色；芽常 3 芽并生，中间为叶芽，两侧为花芽。叶椭圆状披针形，端渐尖，缘有细密锯齿。叶柄顶端具腺体。花单生，花梗极短，先叶开放，花瓣白色、淡红或红色。核果卵球形，内果皮有缺刻状纹饰。花期 3～4 月，果熟期 6～8 月。

桃树的栽培历史悠久，因而变种、品种达 3 000 个以上。根据用途，桃可分为食用桃（大桃）：花粉红色，单瓣，可结果食用；观赏桃：花有白色、粉红色、深红色、红白色相间等，多复瓣、重瓣。其中园林中的观赏桃有如下变型、变种：

(1) 单瓣白桃（f. *alba* Schneid.） 花白色，单瓣。

(2) 千瓣白桃（f. *alba-plena* Schneid.） 又名白碧桃，复瓣或重瓣。

(3) 碧桃（var. *duplex* Rehd.） 重瓣，花粉红色。

(4) 千瓣碧桃（f. *dianthiflora* Dipp.） 复瓣，花淡红色，中间花色较深。

(5) 红碧桃（f. *rubro-plena* Schneid.） 复瓣，花红色，品种较多。

(6) 绛桃（f. *camelliaeflora* Dipp.） 复瓣，花深红色。

(7) 绯桃（f. *magnifica* Schneid.） 重瓣，花鲜红色。

(8) 花碧桃（f. *versicolor* Voss） 重瓣或复瓣，一枝上有粉色或白色花，或一朵白花上有红色条纹，或粉红色和白色相间。

(9) 垂枝桃（f. *pendula* Dipp.） 枝条弯曲下垂。半重瓣，花小，浓红、白、粉红等色。

(10) 紫叶桃（f. *atropurpurea* Schneid.） 嫩叶鲜红色渐呈紫色。单瓣、重瓣，花粉红色。

(11) 寿星桃（f. *densa* Makino） 植株矮生，节间特短，半重瓣或重瓣。花大，白色或红色。

地理分布：原产我国中部及北部，现各地普遍栽培。

生态习性：阳性树，不耐阴，在荫蔽环境下枝弱花少。耐旱，不耐湿，忌涝。受涝 3～5 d，轻则落叶，重则死亡；耐高温，较耐寒；喜排水良好的肥沃沙质壤土，不耐碱和黏土，否则易产生流胶病和黄化病。根系浅，但须根多，移植易成活；寿命短，一般为 20～25 年。对硫化氢的抗性强，对氯气、氯化氢的抗性中等，对氮化氢的抗性弱。

栽培管理：观赏桃繁殖以嫁接为主。移植宜在早春或秋冬落叶后进行，小苗裸根或蘸泥浆，而大苗需带土坨，以保证成活率。

观赏桃的整形修剪以自然开心形为主，掌握强枝轻剪、弱枝重剪的原则，使树形丰满美观。

园林用途：桃花烂漫芳菲、色彩艳丽、妖媚诱人，是园林中重要的观花树种，历来惯用桃与柳相间植于溪边、水边，可获得桃红柳绿、春意盎然的景观。但要注意的是柳树不能遮桃，而桃又必须远离水边或植于干燥排水良好处。庭园一隅可散植或桃、竹混种，在开阔地带可大面积群植以构成桃花源景观；以苍松翠柏为背景植桃，或间种其间，可充分显示出桃花娇艳之美。桃花谢后，尤其是夏季叶色灰绿且易凋落，景观较差。故桃树周围应栽植些枝叶稠密的树种。桃还可作盆景、桩景、切花等用。它又是园林中绿化结合生产的优良树种之一。

30. 榆叶梅 *Prunus triloba* Lindl.

蔷薇科 Rosaceae

识别要点：落叶灌木，高达 3～5m；单叶互生，叶椭圆形至倒卵形，端锐尖或有时浅裂，叶缘具有粗重锯齿，两面多少有毛。花 1～2 朵腋生，粉红色，先叶开放或花叶同放。核果紫红色，被毛，球形。花期 3～4 月，果熟期 7 月。

其中园林中用于观赏的变种有：单瓣榆叶梅（var. *simplex*）：花单瓣密生，粉红色至白色；重瓣榆叶梅（var. *plena* Dipp.）：叶少分裂。花大，重瓣，深粉红色。

地理分布：原产我国北方地区，现全国各地均有引种栽培。

生态习性：阳性树种，不耐荫蔽，耐寒和耐旱力强，喜排水良好、肥沃的沙壤土。对碱性土也适应，忌夏季湿热，不耐涝。根系发达。

栽培管理：嫁接或播种繁殖。春秋两季皆可进行移植，为促使大苗移植多长须根，可在移植前半年从根系两侧进行断根处理，对定植成活有利。平日养护应注意修剪，花谢后将残留的花枝仅留3～5个芽剪去，同时疏剪枯枝、病虫枝、弱枝，花后新芽萌发长至10 cm以上的枝条，也仅留2～3个芽剪去。榆叶梅分枝开展，定植前应注意与道路、草坪的距离，以免日后影响通道和草坪草的生长。

园林用途：榆叶梅枝叶繁茂，花色艳丽，生命力强，是非常好的春季观花基础种植花灌木。在园林中可丛植于草坪上、路边、庭园的角隅、池畔等，如以苍松翠柏为背景或与金钟、连翘丛植，其春花锦簇更具迷人效果，观赏价值更高。

31. 合欢 *Albizia julibrissin* Durazz.

含羞草科 Mimosaceae

识别要点：落叶乔木，高达16 m；树皮褐灰色；二回偶数羽状复叶互生，小叶刀形，中脉明显偏于一侧，叶柄下端1腺体；头状花序，花丝粉红色，细长如绒缨。荚果扁平。花期6～7月，果熟期9～10月。

地理分布：产于我国黄河、长江、珠江流域，西南及西北亦有栽培。朝鲜、日本、越南、泰国、缅甸、印度、伊朗及非洲东部也有分布。

生态习性：阳性树种。耐寒，耐干旱和瘠薄，不耐水湿，对土壤要求不严，在湿润肥沃、排水良好的土壤中生长良好、生长较快，有根瘤菌，具改良土壤之效。浅根性，萌芽力不强，不耐修剪。对二氧化硫、氯气、氟化氢的抗性和吸收能力强，对臭氧、氯化氢的抗性较强。

栽培管理：播种繁殖。移植宜晚，在春季天气转暖、芽刚萌动时进行，成活率较高，大苗需带土坨，并设立交架以防风倒。

园林用途：合欢枝条开展，树冠成伞形，树姿优雅，叶形秀丽又昼开夜合，夏日满树盛开粉红色的绒缨状花，十分美丽，实为园林绿化中优美的观赏树和行道树。宜配置于溪边、池畔、河岸，亦可孤植或丛植数株于草坪，绿荫覆地，景色尤佳。抗污染能力强，也是工厂绿化、四旁绿化的优良树种。因树冠特殊，是高尔夫球场理想的标示树。

合欢属中的南洋楹（*Albizia falcata* Baker ex Merr.）、山合欢［*Albizia kalkora* (Roxb.) Prain］以及含羞草科金合欢属的台湾相思（*Acacia confusa* Merr.）等相思树属的树种也是高尔夫球场理想的美化树种。

32. 紫荆 *Cercis chinensis* Bunge.

苏木科 Caesalpiniaceae

识别要点：落叶灌木至乔木，高达15m，但在栽培情况下成灌木状；单叶互生，近圆形，基部心形，全缘，掌状脉；花冠假蝶形，紫红色，先叶开放，雄蕊10，花丝分离；花5～8朵簇生老茎上荚果扁平。花期4月，果熟期10月。

地理分布：我国华北、西北至华南、西南均有分布。

生态习性：喜光，好生长于向阳、土壤肥沃而排水良好的酸性沙壤土中，有一定的耐寒性，畏水湿，萌蘖性强，耐修剪。对乙炔、氯乙烯、氯气、氯化氢有一定的抗性，对氨气的抗性强，对汞蒸气的吸收能力较强，滞尘力强。

栽培管理：用播种、分株、压条和扦插法繁殖，紫荆为自花授粉植物，受精率、结实率皆高，又能保持母本优良特性，故以播种繁殖为主。移植在秋季落叶后至春季芽萌动前进行。小苗移植较易成活，可裸根蘸泥浆；大苗移植较难成活，应带土坨。紫荆根部韧性强，不易挖掘，需带好锋利刀具，断根时注意不要摇动树根、弄碎土坨，否则会影响成活率。紫荆定植后，萌蘖性强，紫荆可进行粗放管理，可根据不同的整形要求进行适当的修剪。

园林用途：紫荆先花后叶，花期长，达半个月之久。难得的是老枝、树干上常花朵齐发，着色率高，满树紫红，因而为园林中优良的观花树种，常3～5株丛植配置于草坪一隅、园路交叉口、建筑物旁；若配以开黄色花（连翘）、白色花的树种，则色彩缤纷；孤植最能体现出满树紫花的特性；因枝叶繁茂，为遮掩粗陋处的上佳树种。也是高尔夫球场上重要的花木。

苏木科中的紫荆花（*Bauhinia purpurea* Linn.）、凤凰木（*Delonix regia* Raf.）等均可用于高尔夫球场建设。其中凤凰木因其独特的伞形树冠，可作为标示树。

33. 刺槐 *Robinia pseudoacacia* Linn.

蝶形花科 Papilionaceae

识别要点：落叶乔木，高25 m；小枝叶刺。奇数羽状复叶，互生，小叶椭圆形，先端钝圆，微有凹缺。总状花序腋生，花冠蝶形，白色，具清香，2体雄蕊，为（9）＋1。荚果扁平，成熟开裂。花期5月，果熟期11月。

地理分布：原产北美，17世纪引入欧洲。20世纪初从欧洲引入我国青岛，故称洋槐、德国槐。现我国各地均有栽培，尤以华北、西北和东北南部最为常见。

生态习性：强阳性树，不耐阴，甚至幼苗也不耐阴，在年平均气温8～14℃，年降水量500～900 mm的地区生长良好，树干通直；不适宜南方湿热气候，生长不良，树干低矮弯曲。耐瘠薄干旱，因根具有根瘤菌，能增加土壤中的氮素；不耐涝，积水或地下水位过高的地方常引起烂根、枯梢以致死亡。在石灰性土壤上生长较好，酸性土、中性土及轻盐碱土上均能生长。萌芽力和根萌性很强，受损伤后易萌发。为优良保持水土树种，寿命较短。浅根性，侧根发达，但多分布在20～30 cm的表土层中，抗风力弱，易被吹倒和折断。对二氧化硫、二氧化氮、氮化氢、氯气、臭氧等具抗性，并对硫、氯、氟、铅蒸气具有一定的吸收能力，滞粉尘、烟尘能力亦很强。

栽培管理：用播种、扦插、插根、分蘖和嫁接等方法繁殖，但以播种为主。移植在秋季落叶后至春季芽萌动前进行，不需带土坨，裸根蘸泥浆移植。因根系浅，平时管理中注意树冠修剪，以减轻压力，并立支柱，增强抗风能力。老树易出现树冠枯梢，对此应及时更换。

园林用途：刺槐树体高大，树冠近卵形，枝叶茂密，叶色鲜绿。开花时，繁花芳香，绿白相映，非常素雅，可作庭荫树及行道树。因其抗污染性强，宜为四旁绿化、工厂绿化树种，也是优良的蜜源树种；耐修剪，有托叶刺，可作防范性的刺篱。刺槐为浅根性树种，在绿化中要防止风倒。常见种植于高尔夫球场，多群植为防护林。

刺槐属中的毛刺槐（*Robinia hispida* Linn.）与刺槐的区别为小枝具红色刺毛，无托叶刺，花粉红或紫红色。也为产区重要的园林树种。其他与刺槐相同。

34. 国槐 *Sorphora japonica* **Linn.**

蝶形花科 Papilionaceae

识别要点： 落叶乔木，高达 25 m；小枝绿色，皮孔明显；叶互生，奇数羽状复叶，小叶对生，卵状或卵状披针形，先端尖；圆锥花序，花浅黄绿色；荚果念珠状，肉质，成熟后不裂，经冬不落。花期 7～8 月，果熟期 10～12 月。

常见的变种有龙爪槐（var. *pendula* Loud.）：落叶小乔木，树冠伞形，小枝长而下垂。

地理分布： 我国南北各地普遍栽培，尤以黄土高原及华北平原最为常见。为北京市主要的城市绿化树种。

生态习性： 喜阳光，稍耐阴，适生于湿润、深厚、肥沃、排水良好的沙质壤土上，在石灰性土、轻度盐碱土（含盐分 0.15％左右）、中性土及酸性土上均可生长。喜干冷气候，但在高温高湿的华南地区也能生长，在过于干旱、瘠薄、多风之地难于生长。在低洼积水处生长不良，常落叶死亡。深根性，抗风力强，萌芽力强，寿命很长。对二氧化硫、氯气、氯化氢、氟化氢及烟尘的抗性较强。

栽培管理： 以播种繁殖为主，变种用嫁接法繁殖。移植在秋季落叶后至春季芽萌动前进行，移植成活率高，可裸根蘸泥浆；大树移植要疏剪枝叶，易成活；为成型可去掉树冠，仅留 2 m 高的树干移植，种植后用塑料袋等套住截口，并注意浇水，能从截口出萌出枝条。一年后对萌枝条进行修剪，培育树冠。

园林用途： 国槐树冠圆形，广阔而匀称，枝叶稠密，对城市环境适应性强，寿命又长，是良好的庭荫树和行道树；抗污染性强，也是工厂绿化、四旁绿化树种，还是优良的蜜源树种。龙爪槐树姿优美，在园林中可作为装饰性树种，常配置于出入口处、建筑物两侧及草坪边缘。

35. 臭椿 *Ailanthus altissima*（Mill.）**Swingle.**

苦木科 Simaroubaceae

识别要点： 落叶乔木，高达 30m；树皮灰色，光滑。小枝粗壮，无顶芽。叶互生，奇数羽状复叶，小叶卵状披针形，全缘，近基部有 1～3 对腺齿，有臭味；花杂性异株，圆锥花序顶生，花小，黄绿色。翅果扁平，纺锤形，经冬不凋。花期 5～7 月，果熟期 9～10 月。

目前北方园林中常用的品种有千头椿（*Ailanthus altissima* cv. Qiantou-chun）：分枝细密，树冠圆头形，整齐美观。现为我国北方常见的行道树。

地理分布： 原产我国北部和中部，现广泛种植。

生态习性： 强阳性树种。能适应各种恶劣环境条件，对微酸性、中性和石灰性土壤都能适应，能耐中度盐碱土。土壤含盐量 0.6％幼树能正常生长。有较强的耐寒、耐热性，能耐 −53℃绝对低温，也能耐 47.8℃绝对最高气温。深根性，主根明显，深达 1 m 以下；侧根发达，与主根构成庞大根系。耐干旱、瘠薄，抗风，当土壤水分不足时以落叶相适应，遇阴雨又能长出新叶。不耐水湿，长期积水，叶变黄、烂根甚至死亡。萌蘖性强，生长快，少病虫害。对氨气、二氧化硫、氯气、二氧化氮和硝酸雾的抗性较强，能减弱噪声和吸滞粉尘，具有一定的杀菌能力。

栽培管理： 用播种、分蘖、分根法繁殖。但以播种为主。移植在秋季落叶后至春季芽萌动前进行，但以春季为好，特别在臭椿枝条上部壮芽膨大呈球时，移植成活率最高。苗木不需带土坨，栽植时适当深栽。千头椿移植时可截去树冠，待新枝萌出，修剪培育树冠。由于树干脆，易风折，种植时尽量避免冲风口。

园林用途：臭椿树冠扁球形或伞形，树干通直高大，叶大荫浓，春叶绯红。秋果满树，是一种优良的观赏树、庭荫树和行道树。千头椿在北方常用于行道树，或丛植草坪边缘或作为花丛的背景树进行配置。由于适应性强、抗污染性强，也是工厂绿化、四旁绿化的优良树种，还是混交林带中的速生树和先锋树种。

36. 苦楝 *Melia azedarach* Linn.

楝科 Meliaceae

识别要点：落叶乔木，高达 20m。小枝粗壮，皮孔多而明显。叶互生，2～3 回奇数羽状复叶，小叶卵形至椭圆形，先端渐尖，缘有钝锯齿；圆锥状复聚伞花序腋生，花淡紫色，有香味，雄蕊花丝连合成筒状，深紫色。核果近球形，熟时黄色，宿存枝头，经冬不落。花期 4～5 月，果熟期 10～11 月。

地理分布：苦楝在我国分布很广，黄河流域以南至华东及华南等地皆有栽培。

生态习性：强阳性树，不耐荫蔽。喜温暖气候，耐寒力不强，在华北幼树易受冻。对土壤要求不严，在酸性、中性、钙质土以及含盐量 0.46% 以下的盐碱土上都能生长，但在肥沃湿润的土地上生长更好。耐潮、风、水湿，但在积水处则生长不良。稍耐干旱。枝梢生长快，顶芽容易脱落。北方梢端易受冻害。春季主梢下部成熟部位再萌发生长，从而形成分枝多、树干矮的特性。主根不明显，侧根发达，须根较少，因而抗风力强。因须根较少，大树移植成活率低。幼树生长快，寿命短。对二氯化硫、三氧化硫、二氧化氮、苯、苯酚、乙醚、乙醛、乙醇、醋酸、酪酸等的抗性强。对氯气的抗性较差，具有吸滞粉尘和杀灭细菌的功能。

栽培管理：以播种繁殖为主。移植在春季芽萌动时进行，由于须根少，起苗、起树时根部不宜过度修剪。

园林用途：苦楝树冠宽阔而平顶，树形潇洒，枝叶秀丽。花淡紫有淡香，又耐烟尘、抗污染并能杀菌，故适宜作庭荫树、行道树、疗养林的树种，也是高尔夫球场常见绿化树种。

37. 黄栌 *Cotinus coggygria* Scop.

漆树科 Anacardiaceae

识别要点：落叶小乔木或灌木，高达 8m；单叶互生，卵圆形，全缘；花小，杂性，黄绿色，顶生圆锥花序，花后不育花的花梗宿存，具羽毛状细长毛。核果肾形。花期 4～5 月，果熟期 6～7 月。

主要变种有：

(1) 毛黄栌 （var. *pubescens* Engl.） 小枝及叶中脉、侧脉均密生灰色绢状短柔毛。

(2) 紫叶黄栌 （var. *purpureus* Rehd.） 叶全年为紫色。

(3) 垂枝黄栌 （var. *pendula* Dipp.） 树冠伞形，枝条下垂。

(4) 红叶黄栌 （var. *cinerea* Engl.） 叶卵圆形至倒卵形，两面有毛，下面尤密。

地理分布：产于我国华北、西北、西南地区以及西亚、南欧等地。

生态习性：阳性树种，能耐半阴，耐寒，耐旱，也耐瘠薄和碱性土壤，不耐水湿，宜植于土层深厚、肥沃而排水良好的沙质壤土中。生长快，萌蘖性强，根系发达，但须根较少。秋季当昼夜温差大于 10℃ 时，叶色变红。

栽培管理：以播种繁殖为主，也可压条、根插、分株。移植在秋季落叶后至春季芽萌动前进行，大苗需带土坨。因其须很少，移植时对枝应进行强修剪。以保持树势平衡，有利成活。黄栌栽培容易，管理简便粗放，在休眠期间进行整形修剪，剪去枯枝、过密枝，保持适当的稀疏即可。

园林用途： 黄栌为重要的观赏红叶树种，北京香山及长江三峡所构成的红叶景观即为本种及其变种毛黄栌。入秋叶色转红，景色如画，蔚为壮观。花后久留不落的不孕花的花梗呈粉红色羽毛状，在枝头形成似云似雾的梦幻般景观，令人流连忘返，因而在园林中，宜丛植于草坪、缓坡或与常绿树混交种植，均能增添园林景色。

38. 丝棉木 *Euonymus bungeanus* Maxim.

卫矛科 Celastraceae

识别要点： 落叶小乔木，高 6～8 m。小枝细长，绿色；叶对生，卵状至卵状椭圆形，边缘有细锯齿，叶柄细长约为叶片长的 1/3，秋季叶色变红。聚伞花序，腋生，淡绿色，花萼花瓣 4，雄蕊 4，有花盘；蒴果粉红色，4 裂。种子有红色假种皮。花期 5～6 月，果熟期9～10 月。

地理分布： 原产我国北方地区，现栽培遍及全国。

生态习性： 阳性树种，稍耐阴。对气候适应性很强。耐寒，耐干旱，耐湿，耐瘠薄。对土壤要求不严，但以肥沃、湿润的土壤最适宜。根系深而发达，能抗风，根蘖萌发力强，生长较缓慢。对二氧化硫、氟化氢、氯气的抗性和吸收能力皆较强，对粉尘的吸滞能力也强。

栽培管理： 繁殖可用播种、扦插、分株等方法，但种子发芽率高，生产上以播种为主。移植在秋季落叶后至春季芽萌动前进行，苗木可裸根蘸泥浆移植。宜种植在半阴处。平时施肥不宜过多，否则会使红叶的色彩欠鲜明，也会推迟叶色变红的时间。

园林用途： 丝棉木树冠圆形或卵圆形，枝绿叶密，叶片下垂，形态秀丽，秋后叶色绯红，是优良的秋色叶树种；花果密集，秋后果实开裂，露出红色假种皮，悬挂枝头而较长时间不落，因而是优良的秋冬观果树种。可作庭荫树，可孤植、丛植于林缘、路旁、岸边或与其他树种配置，均有良好的效果，也适用作行道树。

卫矛属中重要的绿化树种还有大叶黄杨（*Euonymus japonicus* Thunb.）：常绿灌木，叶革质，有光泽。喜光也耐阴，耐寒性强。具有多种栽培变种，因耐修剪，绿化中常用作绿篱或整形修剪成球状等。

39. 五角枫 *Acer mono* Maxim.

槭树科 Aceraceae

识别要点： 落叶乔木，高达 20m；叶掌状 5 裂，裂片卵状三角形，全缘，叶基心形，入秋叶色变为红色或黄色；翅果扁平或微隆起，果翅展开成钝角。花期 4 月，果熟期 9～10 月。

地理分布： 产于我国东北、华北至长江流域一带。朝鲜、日本、蒙古也有分布。

生态习性： 喜光，稍耐阴，喜温凉湿润气候，耐寒性强，但过于干冷或炎热则生长不良；对土壤要求不严，在酸性、中性及石灰性土壤中均能生长，但以湿润、肥沃、土层深厚的土中生长最好。深根性，生长速度中等，病虫害较少。对二氧化硫、氯化氢的抗性较强，吸附粉尘的能力亦较强。

栽培管理： 以播种繁殖为主。移植在秋季落叶后至春季芽萌动前进行，大苗需带土坨，还需适当修剪。

园林用途： 五角枫树体高大，姿态优美，入秋叶色转红或黄，树叶果实秀丽，为绿化中具有观赏价值的秋色叶树种,可与针叶树和其他色叶树相配置,也可作庭荫树、行道树而应用于城市绿化中。

在华北地区常见的园林绿化树种还有华北五角枫(*Acer truncatum* Bunge):与五角枫的区别为叶 5～7 掌状开裂,叶基截形,果实与果翅等长。其他同五角枫。

40. 七叶树 *Aesculus chinensis* **Bunge.**

七叶树科 Hippocastanaceae

识别要点: 落叶乔木,高达 25 m。小枝粗壮,顶芽肥大如毛笔。掌状复叶对生,小叶通常 7 枚,倒披针形至长椭圆形,边缘有细锯齿;顶生圆锥花序圆柱形,花杂性同株,白色微带红晕,花冠不整齐。蒴果球形,密生疣点,种子深褐色。花期 5 月,果熟期 9～10 月。

地理分布: 原产我国黄河流域和华东地区,现各地园林常见栽培。

生态习性: 喜光,稍耐阴,喜冬暖夏凉的气候和湿润、深厚及排水良好的土壤,在瘠薄和积水地生长不良,在酷暑烈日下树皮易遭日灼危害,较耐寒。深根性。寿命长,生长较慢,萌芽力不强,抗逆性较差。

栽培管理: 以播种为主,也可压条和扦插繁殖。移植宜在春季转暖时进行,移植时要将苗木断根,将伤根剪平。大苗移植可不带土坨,但必须做到随挖、随运、随植、随浇水。穴要挖得深些,多施基肥,栽植时勿伤主干和主枝,免得破坏树形。树皮薄易受日灼危害,种植后要以草绳卷干给予保护;深秋和早春也可在树干上刷白。栽后头两年要经常松土除草,4～5 月在根际处开沟施肥,干旱时要注意灌溉,注意防治天牛的危害。

园林用途: 七叶树树冠圆球形,树形壮观,冠形开阔,叶大形美,荫质优良,成荫效果好,花期时硕大花序似宝塔竖立在树冠上,蔚为奇观,是世界上著名的观赏树种,又是优质的行道树。园林中可配置在建筑物的东北面、林丛之间或沟渠岸边,单株种植最好在其他树种配合下,因为侧方庇荫是其良好生长的环境条件。因喜凉爽、畏干热,在傍山近水处配置最相宜。

41. 栾树 *Koelreuteria paniculata* **Laxm.**

无患子科 Sapindaceae

识别要点: 落叶乔木,高达 15m;奇数羽状复叶,有时部分小叶深裂而成不完全的 2 回羽状复叶,小叶卵形或卵状披针形,边缘具粗锯齿或羽状分裂,嫩叶紫红,秋叶金黄。圆锥花序大,顶生,花淡黄色,中心橘红色,花冠不整齐。蒴果三角状卵形,果皮膜质膨大。种子圆形,黑色。花期 7～9 月,果熟期 10 月。

地理分布: 原产我国北部及中部,北自东北南部,南到长江流域到福建,西至甘肃东南部和四川中部,现南北各地均有栽培。朝鲜、日本也有分布。

生态习性: 阳性树,能耐半阴,耐寒,耐干旱瘠薄,对土壤要求不严,在微酸性与微碱性土壤上都能生长,喜生于石灰质土壤,也耐短期水涝。深根性,萌蘖性强,生长速度中等,幼小时较慢,以后渐快。对二氧化硫抗性强,对氯气、氯化氢抗性较强,对烟尘具有吸附作用。

栽培管理: 繁殖以播种为主。春季芽刚萌动时移植,成活率较高。栽后管理工作较为简便。树冠具有自然整枝性能,且不耐修剪,所以不必常整形,任其自然生长,仅在落叶后将枯枝、病枝及干枯果穗剪除即可。病虫害少。

园林用途: 栾树树冠近球形,树形端正,枝叶茂密而秀丽,嫩叶紫红,夏日黄花满树,秋季叶幕金黄一片,蒴果形如灯笼,为较理想的观赏树种和秋色叶树种,宜作庭荫树和行道树。园林中常栽植于溪边、池畔、园路旁或草坪边缘，与合欢配置能形成夏花黄红相映的美景；若与银杏、槭树类大面积配置，能形成色彩丰富的秋景景观。

南方常见的还有全缘叶栾（*Koelreuteria integrifoliola* Merr.）：区别为小叶全缘。

42. 爬山虎 *Parthenocissus tricuspidata*（Sieb. et Zucc.）Planch.

葡萄科 Vitaceae

识别要点：落叶藤木，茎长达 30m 以上。卷须短而多分枝，枝端有吸盘。单叶，3 浅裂，幼苗或下部枝上的叶较小，常分裂成 3 小叶；聚伞花序，花小；浆果球形，熟时蓝黑色，有白粉。花期 6 月，果熟期 10 月。

地理分布：原产我国、日本、朝鲜。在我国分布甚广，北起吉林，南到广东，均有分布。

生态习性：喜光，也耐阴，耐寒，耐旱，耐热，耐湿。对土壤要求不严，在酸性土及微碱性土中均能生长，但在湿润、肥沃的土中生长最佳。深根系，根系发达；生长快，年生长量可达 2 m 以上。吸盘的吸附能力强，特别是粗糙度较高的固体表面吸附力更强，江南一带可攀附达 18～20 m 高。对氯气的抗性强，对二氧化硫、氯化氢、氟化氢的抗性较强。

栽培管理：用分根、压条及扦插繁殖，扦插和压条极易生根。爬山虎在秋季落叶后或春季芽萌动前进行移植，但以春季移植为好。移植时对枝蔓留数芽后进行重短截，一是有利于栽植操作，二是以后可促发更多枝蔓。定植时应向攀附物倾斜，初期需适当浇水及防护，以避免意外损伤，成活后养护管理简便，仅在落叶后尽量剪去枯死枝蔓，对其余枝或疏或短截，使枝蔓均匀发展。

园林用途：爬山虎叶大稠密，春秋两季叶呈红、橙两色，并具镶嵌性，又可大面积在墙面上攀缘生长，是极其优良的墙面绿化和建筑物美化的垂直绿化装饰植物，尤其适合高层建筑的垂直绿化。墙面经覆盖后，可减少墙面的风化损坏，并能达到隔热、保温、减少噪声的作用。也适用作地被，应用在疏林下、坡面、沟面、假山石等处，目前已被应用于高架桥的立柱上。

五叶地锦［*Parthenocissus quinquefolia*（Linn.）Planch.］：与爬山虎同属，与爬山虎区别为：掌状复叶，小叶 5 枚，花期 6～8 月，果熟期 9～10 月。原产北美，我国引种栽培，现分布地区较广泛。生长速度比爬山虎更快，爬的高度也高。习性和管理见爬山虎。

43. 杜英 *Elaeocarpus decipiens* Hemsl.

杜英科 Elaeocarpaceae

识别要点：常绿乔木，高达 10～20 m。小枝红褐色。叶披针形或矩圆状披针形，缘有浅锯齿，脉腋有时具腺体，秋冬部分叶变红。总状花序腋生，花白色，下垂，花瓣裂为丝状。核果熟时略紫色。花期 6～8 月，果熟期 10～12 月。

地理分布：产于我国浙江、江西、福建、台湾、湖南、广东及贵州，在华东等地有种植。泰国、越南、老挝也有分布。

生态习性：喜光，也较耐阴，耐寒，喜温暖湿润的环境。在排水良好的酸性土中生长良好。根系发达，萌芽力强，较耐修剪，生长速度较快。对二氧化硫的抗性强。

栽培管理：播种、扦插繁殖。移植以初秋和晚春进行为好，小苗带宿土、大苗带土坨，移植时需适当修剪部分枝叶，以保证成活。

园林用途：杜英树冠卵球形，树皮深褐色，平滑，树冠圆整，枝叶稠密而部分叶色深红，红绿相间，颇引人入胜，在园林中常丛植于草坪、路口、林缘等处；也可列植，起遮挡及隔音作用，或作为观花灌木的背景树，具有很好的烘托效果。目前在我国南方以广泛用于高尔夫球场。

44. 南京椴 *Tilia miqueliana* Maxim.

椴树科 Tiliaceae

识别要点：落叶乔木，高15 m；小枝及芽密被星状毛；单叶互生，叶卵圆形或三角状卵形，顶端短渐尖，基部偏斜，正面无毛，背面密被星状毛；花序梗之苞片无柄或近无柄，为窄倒披针形。坚果无纵棱。花期7月，果熟期9～10月。

地理分布：产于我国江苏、浙江、安徽、江西，日本亦有分布。

生态习性：喜光，较耐阴，喜湿润肥沃的沙壤土，有一定的耐寒力。生长慢，寿命长，萌蘖性强。抗烟尘能力较强。

栽培管理：多用播种法繁殖。椴树移植比较困难，因此移植时间应在芽未萌动时进行，移植需带土坨，并要随起随移，及时浇水。根系发达，具一定的萌蘖能力，移植时可适当修根。

园林用途：南京椴树干通直，冠形整齐，枝叶茂密，叶大，荫质优良，夏初开花，花黄白色，芳香，是较理想的行道树和庭荫树种。椴树在欧洲作为行道树和庭荫树早已广泛应用，但目前在我国应用不够普遍，是值得大力推广的树种。

45. 梧桐 *Firmiana simplex*（Linn.）W. F. Wight.

梧桐科 Sterculiaceae

识别要点：落叶乔木，高达16 m；树皮绿色；小枝粗壮，绿色，侧枝近于轮生。叶大，掌状3～5裂，裂片三角状全缘，背面有星状毛；花单性同株，无花瓣，萼片5，淡黄绿色，成顶生圆锥花序。蓇葖果纸质，网脉明显；种子球形，大如豌豆，表面皱缩，着生于果皮边缘。花期6～7月，果熟期9～10月。

地理分布：原产我国，南北各地普遍栽培。日本也有分布。

生态习性：阳性树种，适生于土层深厚肥沃、微酸性土壤，中性土或钙质土也能生长。不耐瘠薄，因积水而易烂根，受涝3～5 d即可致死，不宜在积水洼地或碱性土上栽种。有一定的耐寒性。直根粗壮，为深根性树种，萌芽力弱，不宜修剪。幼苗生长慢，3年后开始转快，寿命可达百年以上。春季展叶较晚，而秋季落叶较早，比一般树种的生长期要缩短2个月左右。由于它落叶早，被认为是临秋的标志，而有"梧桐一叶落，天下尽知秋"的谚语。对二氧化硫、氟化氢、铬酸、氯气、氨气等有害物质的抗性强，对粉尘有吸滞功能，对噪声的减弱能力较强。

栽培管理：常用播种繁殖，扦插、分根也可。秋季落叶后至春季清明节前均可移植，不需带土坨。梧桐成活率高，如将叶子全部摘除，在夏季移植也易成活。管理简单，一般不需特殊修剪。

园林用途：梧桐树干挺直，叶翠枝青，亭亭玉立，早就被我国人民视为吉祥的象征，有"家有梧桐招凤凰"的名句，因而古时的宫廷民宅都爱栽种梧桐。园林中梧桐常被用为庭荫树，与棕榈、芭蕉、竹子等相配，还可孤植于草坪，或对植于庭前，或作为行道树。

46. 山茶花 *Camellia japonica* Linn.

山茶科 Theaceae

识别要点：常绿灌木或小乔木，高达6～15 m；单叶互生，革质，椭圆形或倒卵形，先端渐尖，基部楔形，表面暗绿有光泽，缘有细齿。花单生或 2 朵于叶腋或枝顶，多为红色，花瓣 5～7，亦有重瓣，近无柄，子房无毛。蒴果圆形。花期 2～4 月，果熟期 10～11 月。

山茶花原种为单瓣红花，经过长期栽培后，在花形、花色等方面产生极多的变化，如从红到白，从单瓣到完全重瓣等。目前全世界山茶花品种已达 5 000 种以上，我国有 300 余种。根据山茶花雄蕊的瓣化、花瓣的自然增加、雄蕊的演变、萼片的花瓣化，分为 3 大类 12 个花型。

地理分布：原产我国、日本、朝鲜。我国中部和南方各地区多有栽培。

生态习性：稍耐阴，喜生于半阴处，最好为侧方庇荫，喜温暖湿润气候，在深厚、肥沃、排水良好的酸性土（以 pH5.5～6.5 为宜）上生长最好，不耐碱性土，有一定耐寒性。喜湿忌涝，对海潮风有一定的抗性。对二氧化硫、氟化氢、氯气、硫化氢的抗性强，对氟、氯的吸收能力强。

栽培管理：用播种、扦插、嫁接、压条等方法繁殖。移植以春季 3 月至 4 月中旬为好，也可在秋季进行，不论苗木大小均应带土坨。种植前施足基肥，种植后轻度修剪，并保持土壤湿润。为调整树形、促进树势旺盛，在花后剪去残花、乱枝、徒长枝等。

园林用途：山茶花是我国传统的十大名花之一。叶色翠绿有光泽，四季常青。花大色艳，花期长。开花季节时正值诸多春花处于怒放的前夕，因而更显可贵，是早春观花的好树种。适用于园林绿化中孤植、群植或作为花坛、树坛的主景树。

47. 杜鹃花（映山红）*Rhododendron simsii* **Planch.**

杜鹃花科 Ericaceae

识别要点：落叶或半常绿灌木，高达 2～3 m。分枝多，枝细而直，集生枝顶；枝叶及花梗均密被黄褐色粗毛。叶长椭圆形，全缘；花深红色有紫斑，2～6 朵簇生于枝端。花期 4～6 月，果熟期 10 月。

地理分布：广布于我国长江流域及其以南各地区。

生态习性：喜半阴，忌烈日曝晒。喜温暖湿润气候及酸性土壤，在石灰质土中不能生长。有一定的耐寒性。忌干燥。对二氧化硫、二氧化氮、一氧化氮的抗性强。

栽培管理：用播种、扦插、分株、嫁接等方法繁殖。春秋两季移植。必须带土坨。栽植地宜干燥，以利排水。种植在深根性的乔木下最相宜，有利于庇荫。花谢后应及时剪去残花，减少养分消耗。对老龄枯株应进行修剪复壮，可在春季芽萌动前进行，将枝条在 30 cm 处剪去，每年按此法剪去 1/3 枝条。

园林用途：杜鹃花为我国传统十大名花之一。在绿化中常作基础种植，配置成花坛和花境，也可修剪成花篱。此外，还常用为下木，配置在疏林下，或傍依假山石，在石缝之内构成固景。杜鹃花也可盆栽观赏。

48. 连翘 *Forsythia suspensa*（Thunb**.**）**Vahl.**

木犀科 Oleaceae

识别要点：落叶灌木，高达 3 m。茎直立，枝条髓心中空，通常拱形下弯，有凸起皮孔。单叶或有时为 3 小叶，对生，卵形、宽卵形或椭圆状卵形，叶缘除基部外有整齐的粗锯齿。花腋生，花冠钟形，金黄色。蒴果卵球形，2 裂。花期 3～4 月，果熟期 8～9 月。

地理分布：产于我国北部、中部及东北各地，现各地有栽培。

生态习性：喜光，耐半阴，喜温暖湿润气候，对土壤要求不严，但在钙质土中生长最好，耐寒，耐干旱瘠薄。根系发达，萌蘖性强，病虫害少。对氯气、氯化氢的抗性较强。

栽培管理：用扦插、分株、播种等方法育苗繁殖。移植在秋季落叶后进行，苗木带宿土。每年春季在花谢后进行修剪，剪除枯枝、弱枝、过密枝、老枝等，可促进生长健壮。

园林用途：连翘早春先叶开花，花朵密集，满树金黄色，十分艳丽耀眼，是园林绿化中早春观花的优良观花树种，宜配置于宅旁、亭旁、墙篱下和路边，或作花篱栽植以常绿树为背景与紫红、深红、粉红花色的榆叶梅、绣线菊、紫荆等相间配置，其景观效果更佳。根系发达，可作护堤树栽植。

49. 紫丁香 *Syringa oblata* Lindl.

木犀科 Oleaceae

识别要点：落叶小乔木，高可达 7 m。叶薄革质或厚纸质，卵圆形至肾形，全缘无毛；圆锥花序，花暗紫红色，花萼钟状，有 4 齿，高脚碟状花冠，4 裂，有芳香，蒴果扁形，先端尖，光滑。花期 4～5 月，果熟期 9～10 月。

地理分布：我国秦岭地区为分布中心；北起黑龙江，南到云南，东到辽宁，西至川藏都有种植。

生态习性：阳性树种，喜生长在阳光充足的地方，在半阴处生长细弱，有较强的耐旱性和耐寒性，也耐瘠薄。对土壤要求不严，除强酸性土外，在各类土壤中均能正常生长，但以土壤疏松、排水良好的中性土为佳，忌低洼积水，积水会引起病害或造成全株死亡。不耐高温，萌芽力强。对二氧化硫、氯气、氨气、乙炔、氯化氢、氟化氢等皆有较强的抗性，具有滞粉尘的能力，分泌的丁香酚能杀灭细菌。

栽培管理：可用播种、分株、压条、嫁接、扦插等方法育苗繁殖，北方以播种为主，南方常用嫁接和扦插。移植在春秋两季进行，中、小苗带宿土或蘸泥浆，而大苗需带土坨。管理应注意修剪枯弱病枝、分枝及萌蘖枝，以保证冠形端正，通风透光，调节树势，但不宜过度修剪侧枝。

园林用途：紫丁香树冠阔倒卵形，姿态丰满而秀丽，花序硕大繁茂，花具芳香，享有"花中君子"的美称。因而在园林绿化中是较有盛名的观赏树种之一。通常列植或丛植于路边、草坪边缘及建筑前，在茶室、凉亭周围配置较多。或作为行道树与常绿树中相间配置。由于抗污染性强，并能分泌丁香酚杀菌，故也是小区绿化、四旁绿化及筹建保健林的优良树种。

50. 桂花 *Osmanthus fragrans* Lour.

木犀科 Oleaceae

识别要点：常绿小乔木，高达 12 m。芽叠生。单叶对生，革质，椭圆形至椭圆状披针形，全缘或上半部具疏锯齿。聚伞花序簇生叶腋，花冠合瓣，4 裂，橙黄色至白黄色。核果椭圆形，熟时紫黑色。花期 9～10 月，果熟期翌年 4～5 月。

桂花常见的变种有：

（1）金桂（var. *thunbergii* Mak.） 叶为披针形、卵形或倒卵形，上部有疏齿；花色金黄，香浓。为生产上常用的品种。

（2）银桂（var. *latifolius* Mak.） 叶长椭圆状披针形，花近白色或黄白色，香浓。为生产上常用的品种，经济效益高。

（3）丹桂（var. *aurantiacus* Mak.） 叶长椭圆形，中脉深凹明显；花色橙黄或橙红，花香，观赏价值高。

（4）四季桂（var. *semperflorens*）　叶长椭圆形，革质；每月皆有少量的花，花白色，香淡。园林绿化中常用的品种。

地理分布：原产我国西南、华中等地，现各地普遍栽培，是传统的香花花木。

生态习性：阳性树种，在幼苗期要求有一定的庇荫，成年后要求有充足的光照，否则节间伸长、枝叶稀疏、花量较少。较耐寒，在局部小气候条件良好时，能耐－20℃的低温，并正常开花。喜温暖湿润气候和微酸性土壤，土壤不宜潮湿，尤忌积水，遇涝渍根系会发黑腐烂，叶尖枯黄脱落。喜较高的空气湿度，不耐干旱瘠薄，在干旱瘠薄土壤上生长特别缓慢，叶色黄化，甚至有周期性的枯顶现象，土壤偏碱也会造成生长不良。不耐烟尘，叶片滞尘会造成常年不开花。萌发力强，具有自然形成灌丛的特性，若要培养独干桂花，必须不断去除根基和树干上的萌蘖。对二氧化硫的抗性较强，并对二氧化硫、氯气、汞蒸气有一定的吸收能力，对氟化氢的抗性中等，具有减弱噪声的功能。

栽培管理：桂花的种子不易得到，而且实生苗开花晚、品质常退化，故少采用播种法，常用的是扦插、嫁接、压条和分株等方法。桂花移植常在3月中旬至4月下旬，或秋季花后进行，必要时梅雨季节也可进行，但需带土坨。切忌冬季移植，冬季移植来年会大量落叶，生长不良，而且会推迟1～3年开花。

园林用途：桂花树形端正，四季常青，花香浓郁，是园林绿化中常用的观赏树种和香料树种。配置常用对植，古称"双桂当庭"或"双桂留芳"，是我国传统的配置方法。对植桂花要求独干，并具有较宽的冠幅，方能取得较好的观赏效果。桂花列植在规则式的园林绿地中，群植应用也较多，宜群植在山丘、坡地和开阔平地，形成连片佳景。

51. 梓树 *Catalpa ovata* G. Don.

紫葳科 Bignoniaceae

形态特征：落叶乔木，高15～20 m。叶对生或轮生，广卵形或圆形，叶上端常有3～5小裂，叶背基部脉腋具3～6个紫色腺斑。圆锥花序，花冠合瓣，淡黄色或黄白色，内有紫色斑点和2黄色条纹。蒴果长条形，形如豇豆，经久不落。种子扁平，两端生有丝状毛簇。花期5～6月，果熟期8～9月。

地理分布：原产我国，分布于长江流域至华北、西北地区。

生态习性：喜光，稍耐阴。耐寒，适生于温带地区，在暖热气候下生长不良。深根性，喜深厚肥沃、湿润土壤，不耐干旱和瘠薄。能耐轻盐碱土。对二氧化硫、氯气、氟化氢、醛、酮、醇、醚、苯和安息香吡啉（致癌物质）的抗性较强，对醛、酮、醇、醚、苯和安息香砒啉的吸收能力也较强。

栽培管理：以播种繁殖为主。定植时，因其为深根性，应挖深穴，栽后立支柱，对其冠形适当进行整形修剪。

园林用途：梓树树冠倒卵形或椭圆形，树体端正，冠幅开展，叶大荫浓，春夏黄花满树，秋冬蒴果悬挂，具有一定的观赏价值，是我国北方地区难得的极大型叶片的观赏树种，可作行道树、庭荫树和高尔夫球场的标示树。

在华北和西北地区，可用于高尔夫球场种植的同属树种还有：

黄金树（*Catalpa speciosa* Ward.）：与梓树的区别是叶密被白色绒毛和腺毛，叶背腋间具黄绿色腺斑。蒴果较粗。引自北美。

楸树（*Catalpa bungei* C. A. Mey.）：与梓树的区别是枝叶无毛；叶片卵形，全缘或 3～5 裂。

52. 金银木 *Lonicera maackii*（Rupr.）**Maxim.**

忍冬科 Caprifoliaceae

形态特征：落叶灌木，高达 5 m。小枝中空。单叶对生，卵状椭圆形至卵状披针形，全缘具睫毛，两面疏生柔毛。花成对生于叶腋，苞片线形，小苞片 2 个合生，萼齿紫红色，花冠白色带紫红色，后转黄，有芳香。2 浆果合生，红色。花期 5 月，果熟期 9 月。

地理分布：广布于我国南北各地。朝鲜、日本也有分布。

生态习性：喜光，能耐侧上方庇荫，耐寒性强，耐干旱和水湿，喜湿润、肥沃、深厚及排水良好的土壤，对土壤要求不严。萌蘖力、萌芽力均强。

栽培管理：用播种和扦插繁殖。移植在秋季落叶后及春季芽萌动前进行，苗木需带宿土，成活率高。适应性强，管理粗放，在冬季或早春适当修剪，调整树形。

园林用途：金银木适应性强，长势旺，枝叶丰满，花先白后黄，秋果红艳缀枝梢，是华北最为常见的观赏灌木。可植于建筑物前、庭院角隅，也可丛植，还是疏林的下木。其果实也是鸟的食物来源。

53. 棕榈 *Trachycarpus fortunei*（Hook. f.）**H. Wendl.**

棕榈科 Palmae

形态特征：常绿乔木，高可达 10 m。树干圆柱状，直立不分枝，干径可达 20 cm，具环状叶痕及残存叶柄。单叶，簇生于顶端，扇形掌状深裂达中下部，裂片狭长，先端浅 2 裂，叶柄长，两侧细齿明显，叶鞘为纤维状棕皮。雌雄异株，肉穗花序腋生，雄花小而黄色，粟米状，有显著的苞片。核果肾形，熟时黑褐色。花期 4～5 月，果熟期 10～11 月。

地理分布：原产我国，为我国的特有经济树种。北自秦岭以南、长江中下游地区，直至华南沿海都有栽培。

生态习性：较耐寒，有较强的耐阴能力，幼苗则更为耐阴，在落叶阔叶树下生长较好。喜肥，在瘠薄的土壤上有提早衰老之势。喜排水良好、湿润肥沃的中性、石灰性或微酸性的土壤，耐轻盐碱土，也能耐一定的干旱和水湿，过湿则易烂根。须根系，易风倒，生长缓慢。萌芽能力差，寿命长。抗有毒气体能力强，能抗烟尘、二氧化硫、氟化氢、二氧化氮、氯气、二硫化碳、苯、苯酚等，并对汞蒸气、氟、二氧化硫、氯气等有一定的吸收能力。

栽培管理：用播种繁殖。移植在春秋两季均可进行，但不宜冬季移植。棕榈须根甚多，盘结成泥坨状，只需将根坨掘起，就可移植。为减少水分蒸发，可将叶片剪去一半。棕榈栽种切忌太深，深则引起烂心。为保持棕榈树干整洁光滑，到干茎达 13 cm 以上时，即可剥棕皮，剥棕皮以 3～4 月或 11～12 月为好，每年可剥取 10 多片。剥取棕皮一般只能剥到干茎和下部一样粗细的地方为止。

园林用途：棕榈树干挺直、秀丽，叶大如扇而富有南国情调，是体现热带风光的绿化树种。园林中多采用列植、丛植、群植的配置方式。丛植、群植时应做到高矮参差不齐以形成层次。目前已有将棕榈作行道树的。在高尔夫球场中是理想的标示树。

棕榈科中有许多具有园林绿化价值的树种，习性、管理和园林用途同棕榈。目前，常用的还有王棕（*Roystonea regia* O. F. Cook）、丝葵（*Washingtonia filifera* Wendl.）、蒲葵（*Livistona chinensis* R. Br.）、鱼尾葵（*Caryota ochlandra* Hance）、假槟榔（*Archontophoenix* alexandrae H. Wendl. et Drude.）、散尾葵（*Chrysalidocarpus lutescens* H. Wendl.）等。

54. 毛竹 *Phyllostachys edulis* H. de Lehaie.

禾本科 Gramineae

形态特征： 高大乔木状竹类，地下茎单轴散生型。秆高达 20 m 以上，秆径 10～20 cm。壁厚，新秆密被白粉与毛茸。分枝以下仅箨环微隆起。秆环不明显，使粗壮竹秆各节仅有一环，节间在下部密，特别是基部节间仅 1～6 cm，至上部渐稀，最长节间可达 40 cm。秆箨厚革质，密被糙毛和深褐色斑点和斑块。箨耳小，边缘有长细毛。箨舌宽短，弓形，边缘有长细毛。箨叶长三角形，向外反转。小枝先端有叶 1～3 片或多片。

地理分布： 分布于我国秦岭汉水流域以南各地，是我国栽种面积最大、分布最广的经济竹种，以福建、江西、湖南及浙江栽植面积最大。

生态习性： 喜温暖湿润气候，在土层深厚、肥沃、排水良好的酸性土（pH4.5～7）中生长良好，但在轻盐碱土中也能伸鞭发芽，生长正常，唯笋产量不高。不耐积水，抗旱能力较差，较耐寒，能耐－15℃的低温，耐瘠薄。生长快，出土后平均每日高生长约 50 cm，最快的一昼夜能增长 1.3～1.6 m，长成新竹需 2 个月左右，以后高度、粗度和体积不再有明显的变化。新竹翌年春季换新叶，以后每 2 年换叶一次，为多年生一次开花结实的植物。开花后竹叶脱落，竹秆死亡，为延长营养生长、推迟成熟衰老，要采取有效的栽培措施。

栽培管理： 多用移竹、移鞭、截秆移蔸和播种等法繁殖。移竹、移鞭、截秆移蔸多在秋季 9～11 月雨后进行，要多带竹鞭、宿土，斩梢切口要平，栽时要浅。毛竹成活后要经常松土除草、施肥、护笋，并进行合理采伐，注意防治笋夜蛾、竹螟、介壳虫等危害。

园林用途： 竹秆挺拔高大，叶碧绿常青。宜在园林、风景区大面积栽植，形成特有的景观，或栽植在道路两侧形成竹径；也可作为建筑水池、花木等的绿色背景树，或作隔离空间的材料；还常与松、梅配置组成岁寒三友的景观。笋味鲜美，是我国主要食用笋之一，故也是结合生产的好树种。

附录1 高尔夫球场园林乔木、灌木应用表

1. 庭荫、行道树类（裸子植物）

植物名称	科属	分 布	主要形状	习性特点	繁殖	栽培管理	用 途
南洋杉 *Araucaria cun- ninghamii* Sweet	南洋杉科 南洋杉属	原产大洋洲，我国东南沿海有栽培	常绿高大乔木；幼树宝塔形，老树平顶；雌雄异株；球果卵形	性喜温暖湿润；不耐干燥及寒冷；喜肥沃土壤，较耐风；生长迅速，萌蘖力强	播种、扦插	用种子繁殖时，需先将种皮破伤	最宜独植。主要用于园林观赏
辽东冷杉 *Abies holophylla* Maxim.	松科 冷杉属	辽宁东部、吉林及黑龙江省	常绿高大乔木，叶条形；球果圆柱形，熟时黄褐色或淡褐色	耐阴树种，抗旱能力强，喜土层肥厚的阴坡；浅根性树种	播种	粗放管理	群植、片植或孤植
青杆 *Picea wilsonii* Mast.	松科 云杉属	河北、山西、青海等地	常绿高大乔木；树冠圆锥形；叶较短；球果黄褐色或黄绿色	适应力强，耐寒；喜凉爽湿润气候，不喜积水，生长缓慢	播种	粗放管理	为优美的园林观赏树种
华北落叶松 *Larix principis- rupprechtii* Mayr	松科 落叶松属	我国华北、西北、东北	落叶乔木，树冠圆锥形，树皮暗灰褐色，大枝平展	强阳性树种，极耐寒，对土壤的适应性强	播种	易受松毛虫及落叶松尺蠖为害，不宜与松树混植	适宜较高海拔和华北等高海拔地区配置
日本落叶松 *Larix kaempferi* Carr.	松科 落叶松属	原产日本，我国东北及华北部分地区有栽培	落叶乔木，一年生枝淡黄色或淡红色，有白粉，球果广卵形	适应性强，生长快，抗病力强，是有希望的绿化推广树种	播种	粗放管理	适宜华北、西北高海拔地区配置
华山松 *Pinus armandi* Franch.	松科 松属	黄土高原东部及西南地区	常绿乔木，树冠广圆锥形，树皮光滑，球果圆锥状长卵形	阳性树种，喜温凉湿润气候，耐寒力强；不耐炎热、盐碱和积水，根系较浅	播种	粗放管理	丛植、群植
油松 *Pinus tabulaefor- mis* Carr.	松科 松属	分布横跨三北地区	常绿乔木，树冠塔形或伞形	强阳性树种，耐寒，不耐积水；深根性树种，寿命较长	播种	定植后可进行粗放管理，移植时注意顶芽	可孤植、丛植，也可混交种植
赤松 *Pinus densiflora* Sieb. et Zucc.	松科 松属	产于黑龙江、吉林	常绿乔木，树皮橙红色，不规则薄片剥落	喜阳光，耐寒，喜酸性或排水良好的中性土壤，深根性	播种	粗放管理	可孤植、丛植，也可混交种植

（续）

植物名称	科属	分 布	主要形状	习性特点	繁殖	栽培管理	用 途
湿地松 *Pinus elliottii* Engelm.	松科 松属	原产美国，我国东部沿海及东南沿海有引种	常绿乔木；树皮灰褐色；球果常聚生，圆锥形	强阳性树种；耐高温、耐湿、耐旱和低温，在中性及强酸性土壤中生长良好，抗风	播种、扦插	粗放管理	园林观赏以及绿化的重要树种。可独植或丛植
秃杉 *Taiwania flousiana* Gaussen	杉科 台湾杉属	云南、贵州、湖北	乔木；大枝平展，小枝细长下垂；钻形叶互生，斜上伸展	适温暖至温凉	播种、扦插	粗放管理	孤植、群植或行道树
日本柳杉 *Cryptomeria japonica* D. Don	杉科 柳杉属	原产日本，我国南方有种植	常绿高大乔木；树冠塔圆锥形，大枝斜展或平展，小枝下垂	中等阳性树种，略耐阴和寒冷；喜湿度较大，怕酷夏，不喜积水；浅根性树种	播种、扦插	粗放管理	最适独植、对植，也可以丛植和群植
落羽杉 *Taxodium distichum* Rich.	杉科 落羽杉属	原产美国，长江流域及华南有种植	落叶高大乔木；枝条平展；叶条形，生叶小枝排成羽状两列	强阳性树种，喜温暖湿润的气候；极耐水湿，抗风性较强	播种、扦插	定植后主要应防止中央领导干成为双干	良好的秋色叶树种
香柏 *Thuja occidentalis* Linn.	柏科 崖柏属	原产北美	常绿乔木；树冠圆锥形	阳性树种，有一定的耐阴力，耐寒，不择土壤；生长较慢	播种	粗放管理	园林观赏，制造家具
干香柏 *Cupressus duclouxiana* Hickel	柏科 柏木属	云南及四川	常绿乔木；枝条密集，斜展；生鳞叶小枝四棱形；鳞叶密，微被白粉	适宜温暖气候，最适宜石灰性土壤，其他土壤均能生长	播种	粗放管理	最宜群植成林或列植成道，可孤植
日本扁柏 *Chamaecyparis obtusa* Endl.	柏科 扁柏属	原产日本，我国华东及华中有栽植	常绿乔木；树冠尖塔形；鳞形叶较钝；球果球形	对阳光的要求属中性而略耐阴；喜温凉湿润气候；喜排水良好的土壤；生长速度快	播种	粗放管理	可用于庭院配置，或丛植、片植。园林观赏、用材
杜松 *Juniperus rigida* Sieb. et Zucc.	柏科 杜松属	东北、河北及山西	常绿乔木，树冠圆柱形。叶刺形，坚硬	强阳性树种，可耐阴；喜冷凉气候，较耐寒；主根长而侧根发达，对土壤要求不严	播种、扦插	粗放管理	宜搭配其他树种，园林观赏
罗汉松 *Podocarpus macrophyllus* D. Don	罗汉松科 罗汉松属	华南、华中及西南	常绿乔木；树冠广卵形；枝较短而横斜密生；叶条状披针形；种子具红色假种皮	半阴树种，喜排水良好的湿润土壤，耐潮风；不耐寒，华北只能盆栽；寿命很长	播种、扦插	粗放管理	宜孤植或对植，也可作绿篱或盆景。园林观赏、盆景、用材

（续）

植物名称	科属	分布	主要形状	习性特点	繁殖	栽培管理	用途
竹柏 *Podocarpus nagi* Zoll.	罗汉松科 罗汉松属	浙江、福建、江西等地栽培种	常绿乔木，树冠圆锥形；叶对生。种子黑色，外被白粉	性喜温热湿润的气候，阴性树种；对土壤要求严格	播种、扦插	粗放管理	园林观赏。用于行道树以及四旁绿化

2. 庭荫、行道树类（被子植物）

植物名称	科属	分布	主要形状	习性特点	繁殖	栽培管理	用途
二乔木兰 *Magnolia soulangeana* Soul.-Bod.	木兰科 木兰属	国内外庭院普遍栽种	落叶乔木或小乔木；花大，内面白色，外面淡紫，芳香。花期3～4月	较玉兰、木兰更耐严寒、耐旱，移植较困难	播种、扦插、压条、嫁接	同白玉兰	孤植、片植和群植。行道树和庭荫树。高尔夫球场标示树
广玉兰 *Magnolia grandiflora* Linn.	木兰科 木兰属	原产北美中部，我国长江至珠江流域栽培	常绿乔木，树冠阔圆锥形。叶具锈色绒毛；花极大，白色。花期5～8月	喜阳光，亦有一定的耐寒力，对自然灾害有较强的抵抗力，根系深大，抗风	播种、扦插、压条、嫁接	粗放管理	孤植、片植和群植。行道树和庭荫树。高尔夫球场标示树
白兰花 *Michelia alba* DC.	木兰科 含笑属	原产印度尼西亚，我国华南、西南有栽培	常绿乔木；叶椭圆形；花白色，芳香。花期4～9月	喜阳光充足、温暖多湿气候，怕积水	扦插、压条、嫁接	粗放管理	孤植、列植和群植。行道树和庭荫树。高尔夫球场标示树
乐东拟单性木兰 *Parakmeria lotungensis* Law	木兰科 拟单性木兰属	海南和广东	常绿乔木。叶倒卵状椭圆形，革质。花期5月	较喜光，对土壤要求不严	播种	粗放管理	列植和群植。行道树和庭荫树。高尔夫球场标示树
北美鹅掌楸 *Liriodendron tulipifera* Linn.	木兰科 鹅掌楸属	原产北美，我国青岛、南京、上海、杭州等地栽培	落叶大乔木；树冠圆锥形，小枝褐色或紫褐色；叶马褂形；花浅黄绿色。花期5月	阳性树种，较耐寒；喜湿润、排水良好的土壤；寿命长，抗病虫害能力强；深根系	播种、扦插	不耐移植；一般不进行修剪，如修剪应在晚夏	独植、列植或群植。为著名行道树和庭荫树
蜡梅 *Chimonanthus praecox* Link.	蜡梅科 蜡梅属	黄河流域以南各地栽培	落叶丛生灌木；花被外轮蜡黄色，中轮有紫色条纹，有浓香；果托坛状	喜光略耐阴，较耐寒；耐干旱，忌水湿；生长势强，发枝力强；寿命长	种子、分株、压条或嫁接繁殖	新芽萌发前后移植。应控制徒长枝以促进花芽分化	园林特色树种。孤植、对植、丛植等

（续）

植物名称	科属	分布	主要形状	习性特点	繁殖	栽培管理	用途
楠木 *Phoebe zhennan* S. Lee	樟科 楠属	华东、华南和西南地区	常绿乔木，树干通直；叶椭圆形至长椭圆形。花期4～5月	中性树种，喜温暖湿润气候；较强根萌性；生成速度慢，寿命长	播种	3月带土坨移植。粗放管理	群植和片植。庭院树及风景树。高尔夫球场中边界种植和标示树
紫薇 *Lagerstroemia indica* Linn.	千屈菜科 紫薇属	华东、华南、华中及西南	落叶灌木或小乔木；树冠不整齐，枝干多扭曲；花鲜红色。花期6～9月	喜光，稍耐阴；喜温暖湿润气候，不耐寒；耐旱，怕涝；萌蘖性强，生长慢，寿命长	分蘖、播种、扦插	粗放管理	园林优美观赏树种。对植、孤植或片植
木槿 *Hibiscus syriacus* Linn.	锦葵科 木槿属	原产东亚，我国东北南部到华南有栽培	落叶灌木或小乔木；花单生叶腋，单瓣或重瓣。花期6～9月	喜光；喜温暖湿润气候，稍耐寒；耐干旱瘠薄，不耐积水。萌蘖性强，耐修剪	播种、扦插、压条	粗放管理	花篱，丛植
樱花 *Prunus serrulata* Lindl.	蔷薇科 李属	我国长江流域、东北南部，朝鲜、日本	乔木；花白色或淡红色，很少为黄绿色；核果球形，紫褐色。花期4月	喜光，喜肥沃而排水良好的土壤；有一定的耐寒能力	嫁接	粗放管理	优良的庭荫和观花树种。列植、丛植或群植
梅 *Prunus mume* Sieb. et Zucc.	蔷薇科 李属	西南山区野生，全国均有栽培	落叶乔木；花淡粉或白色，有芳香，冬季或早春开放	喜阳光；喜温暖而略潮湿的气候，有一定的耐寒力；对土壤要求不严，不耐涝	嫁接、扦插、压条、播种	粗放管理	我国著名的早春观花树种。孤植、丛植
山桃 *Prunus davidiana* Lindl.	蔷薇科 梅属	黄河流域及西南各地	落叶小乔木；树皮紫褐色，有光泽；叶披针形；花淡粉红色。花期3～4月	耐寒，耐旱	播种	粗放管理	先花后叶，为北方早春观花树种。丛植或列植于草坪、坡地
白鹃梅 *Exochorda racemosa* Rehd.	蔷薇科 白鹃梅属	江苏、浙江、江西、湖南、湖北等省	灌木；花白色，6～10朵成总状花序；蒴果倒卵形。花期4～5月	喜光，稍耐阴；喜肥沃、深厚土壤；耐旱性强	播种、嫩枝扦插	粗放管理	园林观赏，宜丛植于草地边缘、林缘、路边
海棠花 *Malus spectabilis* Borkh.	蔷薇科 苹果属	华北、华东常见	小乔木；小枝红褐色；花蕾红艳，开放后呈淡粉红色或白色	喜光、耐旱、耐寒，忌水湿	播种、压条、分株、嫁接	及时防治病虫害	园林绿化著名观花树种。丛植、片植于草坪和林缘
华北珍珠梅 *Sorbaria kirilowii* Maxim.	蔷薇科 珍珠梅属	河北、陕西、甘肃、山东、山西、甘肃、内蒙古、河南等	落叶灌木；奇数羽状复叶；花小，白色。花期6～8月	喜光又耐阴，耐寒，性强健，不择土壤。萌蘖性强	播种、扦插及分株繁殖	粗放管理	可列植和丛植

（续）

植物名称	科属	分 布	主要形状	习性特点	繁殖	栽培管理	用 途
凤凰木 *Delonix regia* Raf.	苏木科 凤凰木属	原产热带非洲，我国台湾、福建南部、广东、广西、云南均有栽培	落叶乔木，树冠开展如伞状；偶数羽状复叶；花冠鲜红色。花期5～8月	喜光，不耐寒；耐烟尘性差	播种	粗放管理	园林观赏，庭荫树及行道树
相思树 *Acacia confusa* Merr.	含羞草科 金合欢属	台湾、福建、广东、广西、云南有栽培	常绿乔木；叶退化仅存1狭披针形叶状柄，革质；花黄色。花期4～6月	极喜光，不耐阴；喜暖热气候；耐瘠薄土壤，喜酸性土；耐干旱及短期水淹	播种	粗放管理	园林观赏，行道树，水土保持
白蜡树 *Fraxinus chinensis* Roxb.	木犀科 白蜡树属	东北中南部，南达两广，东南至福建，西至甘肃	落叶乔木；树冠卵圆形，树皮黄褐色；花萼钟状，无花瓣。花期3～5月	喜光，稍耐阴；喜温暖湿润气候，耐寒，耐干旱，喜湿耐涝；萌蘖力强，耐修剪；生长快；寿命长	播种、扦插	粗放管理	观赏、绿化
暴马丁香 *Syringa reticulata* Hara var. *mandshurica* Hara	木犀科 丁香属	东北、华北、西北东部	灌木或小乔木；花序大而疏散；花冠裂片白色	喜光，喜潮湿土壤	播种、扦插	粗放管理	观赏、提取香精
女贞 *Ligustrum lucidum* Ait.	木犀科 女贞属	长江流域及以南各地	常绿乔木；枝开展，花白色；核果蓝黑色	喜光，稍耐阴；喜温暖，不耐寒；喜湿润，不耐干旱，不耐瘠薄；生长快，萌芽力强，耐修剪	播种、扦插	粗放管理	观赏、药用
喜树 *Camptotheca acuminate* Decne.	珙桐科 喜树属	西南、华北及华南等地	落叶乔木，单叶互生；花单性同株，雌花序顶生，雄花序腋生；坚果香蕉形	性喜光，稍耐阴；喜温暖湿润气候，耐水湿，不耐寒和干旱瘠薄；抗病虫能力强	播种	粗放管理	"四旁"绿化，用材、药用
四照花 *Dendrobenthamia japonica* var. *chinensis* Fang	山茱萸科 四照花属	长江流域及河南、陕西、甘肃	落叶灌木或小乔木；叶对生；头状花序，序基有4枚白色花瓣状苞片	性喜光，稍耐阴；喜温暖湿润气候，有一定的耐寒力，不喜积水	分蘖、扦插	粗放管理	可丛植。观赏、绿化
车梁木 *Cornus walteri* Wangerin	山茱萸科 梾木属	华东、华南及华北等地	落叶乔木，叶对生；花白色，核果黑色	性喜阳光，耐寒，耐旱	播种	粗放管理	观赏、用材
蜡瓣花 *Corylopsis sinensis* Hemsl.	金缕梅科 蜡瓣花属	长江流域及以南各地	落叶灌木或小乔木；花黄色，滑则如蜡，芳香。花期3月	喜光，半耐阴；喜温暖湿润气候，性颇强健，有一定的耐寒能力；忌干燥土壤	播种、扦插、压条、分株	粗放管理	园林观赏。宜丛植或作基础种植

（续）

植物名称	科属	分　布	主要形状	习性特点	繁殖	栽培管理	用　途
蚊母树 *Distylium racemosum* Sieb. et Zucc.	金缕梅科蚊母树属	东南沿海，长江流域	常绿乔木；树冠开展呈球形；小枝略呈之字形；花药红色。花期 4 月	喜光，稍耐阴；喜温暖湿润气候，耐寒性不强，对土壤要求不严；萌芽、发枝能力强，耐修剪	播种、扦插	粗放管理	宜丛植、片植。园林观赏，用材
夹竹桃 *Nerium indicum* Mill.	夹竹桃科夹竹桃属	长江以南各地	常绿直立大灌木；枝条下部对生；花序顶生，花冠深红色或粉红色，单瓣 5 枚	喜光，喜温暖湿润气候，不耐寒；耐旱力强；对土壤适应能力强；性强健，萌蘖性强；生命力强	压条	粗放管理	观赏、药用
天目琼花 *Viburnum sargentii* Koehne	忍冬科荚蒾属	分布于东北南部、华北至长江流域	灌木；树皮暗灰色；三出脉；花乳白色，球果红色。花期 5～6 月	喜光又耐阴；耐寒；对土壤要求不严；根系发达	播种	幼苗必须遮阴	观赏、绿化。姿态清香，宜植于林缘、草地
珊瑚树 *Viburnum awabuki* K. Koch	忍冬科荚蒾属	华南、华东、西南等省区	常绿灌木或小乔木；圆锥状花序；花白色，芳香。花期 5～6 月	喜光，稍能耐阴；喜温暖，不耐寒；喜中性土壤；根系发达，萌蘖力强，耐修剪，耐移植	扦插、播种	粗放管理	观赏、绿化。珊瑚树枝繁叶茂，终年碧绿光亮，宜作绿篱等
垂柳 *Salix babylonica* Linn.	杨柳科柳属	长江流域及以南平原地区	乔木，树冠倒广卵形。小枝细长下垂；叶狭长披针形，托叶镰刀形，早落	喜光；较耐寒，特耐水湿；萌芽力强，根系发达；生长迅速；寿命较短	播种、扦插	保持土壤水分	著名的庭荫树和行道树
杨梅 *Myrica rubra* Sieb. et. Zucc.	杨梅科杨梅属	长江以南，以浙江栽培最多	常绿乔木，树冠整齐，近球形；雌雄异株，雄花序紫红色	中性树种，稍耐阴，不耐烈日直射；喜温暖湿润气候及酸性而排水良好土壤；不耐寒；深根性，萌芽力强	播种、压条、嫁接	粗放管理	可孤植、丛植或列植。观赏、食用、药用
赤杨 *Alnus japonica* Sieb. et Zucc.	桦木科赤杨属	东北南部及山东、江苏、安徽等地	落叶乔木；小枝无毛，具树脂点；叶背脉隆起并有腺点	喜光，耐水湿；生长快；萌芽性强	播种、分蘖	粗放管理	绿化、用材
山核桃 *Carya cathayensis* Sarg.	胡桃科山核桃属	我国特产，长江以南、南陵以北的广大山区和丘陵	落叶乔木，树冠开展，呈扁球形；干皮光滑，灰白色；裸芽、幼枝、叶背及果实均密被褐黄色腺鳞	喜光，较耐侧方庇荫；不耐寒；对土壤要求不严，能耐瘠薄；生长缓慢	播种	粗放管理	庭荫和行道树种。用材、经济作物

（续）

植物名称	科属	分 布	主要形状	习性特点	繁殖	栽培管理	用 途
麻栎 Quercus acutissima Carr.	壳斗科栎属	我国广布，北可至东北南部	落叶乔木；叶缘有刺芒状锯齿；壳斗碗状，鳞片木质刺状，反卷	喜光，喜湿润气候，耐寒，耐旱；对土壤要求不严，不耐盐碱土；深根性；萌芽力强；寿命长	播种、萌芽更新	粗放管理	观赏、用材。可孤植、丛植、片植或混交林
毛泡桐 Paulownia tomentosa Steud.	玄参科泡桐属	辽宁南部、河北、河南、山东、江苏、安徽、湖北、江苏，西部地区野生	乔木，树冠宽大圆形，树干耸直；叶表面被长柔毛、腺毛及分枝毛；花冠漏斗状钟形，紫色	强阳性树种，不耐荫蔽；对温度适应范围广；怕积水，较耐旱；不耐盐碱，喜肥；生长迅速；根系发达	播种、埋干、根蘖	粗放管理	绿化，宜做行道树。用材
紫椴 Tilia amurensis Rupr.	椴树科椴树属	东北、河北及山西等地	乔木，小枝无毛；叶缘粗锯齿，齿尖芒状，脉腋有簇毛。花黄白色	喜光，稍耐阴，深根性，喜生于湿润肥沃、土层深厚的山腹	播种、分株、压条	粗放管理	行道、庭荫树种。孤植、对植、丛植、列植、群植和片植
枳椇 Hovenia dulcis Thunb.	鼠李科枳椇属	华北南部至长江流域及以南，西至陕西、四川、云南	落叶乔木；小枝红褐色；叶广卵形至卵状椭圆形；聚伞花序顶生	喜光，有一定的耐寒能力；对土壤要求不严；深根性，萌芽力强；生长快，适应性强	播种、扦插、分蘖	粗放管理	园林观赏，宜做庭院树和四旁绿化。用材、药用
黄金树 Catalpa speciosa Ward.	紫薇科梓树属	原产美国，目前我国各地均有栽培	落叶乔木，树冠开展；花冠白色，内有黄色条纹及紫褐色斑点	强阳性树种，耐寒性较差，喜深厚肥沃、疏松的土壤	播种	粗放管理	可做行道树、庭院树。观赏、绿化
小叶黄杨 Buxus sinica M. Cheng	黄杨科黄杨属	我国中部	常绿灌木或小乔木，枝叶较疏散；花簇生叶腋或枝顶，黄绿色。花期4月	喜半阴，喜温暖湿润气候及肥沃的中性及微酸性土壤，耐寒；生长缓慢，耐修剪，对多种有毒气体有抗性	播种、扦插	粗放管理	可孤植、丛植，或作为绿篱。园林观赏，木材雕刻用
朴树 Celtis sinensis Pers.	榆科朴属	淮河流域、秦岭以南至华南	落叶乔木；树冠扁球形；小枝幼时有毛，后脱落；叶卵状椭圆形，锯齿钝	喜光，稍耐阴，能耐轻盐碱土，深根性，抗风力强。寿命较长	播种	粗放管理	孤植。庭荫树。用材、药用
榆树 Ulmus pumila Linn.	榆科榆属	东北、华北、西北及华东	落叶乔木；树冠圆球形，树皮暗灰色，粗糙；叶羽状脉；花簇生于前一年生枝上	喜光，耐寒，抗旱；不耐水湿，耐干旱瘠薄和盐碱土；生长较快；萌芽力强；根系发达，抗风、保土能力强	播种、分蘖	粗放管理	绿化、用材、药用

（续）

植物名称	科属	分布	主要形状	习性特点	繁殖	栽培管理	用途
榉树 *Zelkova schneideri-ana* Hand.-Mazz.	榆科 榉属	淮河及秦岭以南，长江中下游流域至华南、西南	落叶乔木；树冠倒卵状伞形；树皮深灰色；小枝细，有毛；叶背密生淡灰色毛	喜光，忌积水地，不耐干旱瘠薄；耐烟尘；深根性，抗风力强；寿命较长	播种	粗放管理	可孤植、丛植或列植。观赏、绿化、用材
杜英 *Elaeocarpus sylves-tris* Poir.	杜英科 杜英属	我国南部	常绿乔木，树冠卵球形；绿叶中常存有少量鲜红的老叶；花白色，细裂如丝	稍耐阴，耐寒性不强；适应于酸性土壤；根系发达；萌芽力强，耐修剪	播种	粗放管理	宜丛植。观赏叶、用材、药用
乌桕 *Sapium sebiferum* Roxb.	大戟科 乌桕属	长江流域及珠江流域	落叶乔木；树冠圆球形；小枝纤细；花序穗状，顶生，花小，黄绿色。花期5~7月	喜光，喜温暖湿润气候及深厚土壤；耐寒，耐旱，耐水湿；不耐瘠薄；主根发达，抗风能力强；寿命较长	播种	粗放管理	园林观赏、重要的油料树种
重阳木 *Bischofia polycar-pa* Airy-Shaw	大戟科 重阳木属	秦岭、淮河流域以南至两广北部	落叶乔木；树皮褐色；花小，绿色，总状花序；浆果球形，红褐色。花期4~5月	喜光，稍耐阴，喜温暖气候，不耐寒；对土壤要求不严，能耐水湿；根系发达，抗风力强；生长较快	播种	粗放管理	丛植点缀。园林观赏、绿化、用材
大叶黄杨 *Euonymus jap-onicus* Thunb.	卫矛科 卫矛属	原产日本，我国南北各地均有栽种	常绿灌木或小乔木，小枝绿色，稍四棱；花绿白色，蒴果近球形，粉红色	喜光，也能耐阴，喜温暖湿润气候及肥沃的土壤，耐干旱瘠薄，不耐寒；耐修剪；对多种有毒气体有抗性	播种、扦插	粗放管理	可孤植、丛植，常作为绿篱。绿化、园林观赏
扁桃 *Mangifera silva-tica* Roxb.	漆树科 芒果属	广西、福建、海南、广东和云南	常绿乔木，树冠浓密；叶集生枝顶	喜光	播种	粗放管理	城市行道树和庭荫树
元宝枫 *Acer truncatum* Bunge	槭树科 槭树属	黄河中下游，东北南部及江苏北部、安徽南部	落叶小乔木，树冠伞形或倒卵形；叶掌状5裂；花黄绿色，顶生伞房花序，双翅果	弱阳性，稍耐阴，喜生于阴坡；对土壤要求不严；耐旱，但不耐涝；萌蘖性强，深根性，有抗风雪能力	播种	粗放管理	彩叶树种。园林观赏、用材
鸡爪槭 *Acer palmatum* Thunb.	槭树科 槭树属	长江流域及山东、河南、浙江	落叶小乔木，树冠伞形；叶掌状5~9裂；花紫色，伞房花序顶生，双翅果	弱阳性，稍耐阴，喜温暖湿润气候；耐寒性不强；对土壤要求不严	播种、嫁接	粗放管理	彩叶树种。园林观赏、用材、盆景

（续）

植物名称	科属	分　布	主要形状	习性特点	繁殖	栽培管理	用　途
冬青 *Ilex chinensis* Sims	冬青科冬青属	长江流域及以南	常绿乔木；枝叶密生，树皮灰青色，光滑；雌雄异株，花紫红色或淡紫色；果实深红色	喜光，稍耐阴；喜温暖湿润气候及肥沃酸性土壤，较耐潮湿，不耐寒；萌芽力强，耐修剪；深根性，抗风力强	播种	粗放管理	园林观赏、用材
海桐 *Pittosporum tobira* Ait.	海桐科海桐属	江苏南部、东南沿海	常绿灌木或小乔木，树冠球形；叶革质；顶生伞房花序，花白色或淡绿色，芳香。花期5月	喜光，略耐阴；喜温暖湿润气候及肥沃湿润土壤，不耐寒；对土壤要求不严；萌芽力强，耐修剪，抗海潮风	播种、扦插	粗放管理	可孤植、丛植于草坪边缘和林缘。园林观赏
蒲葵 *Livistona chinensis* R. Br.	棕榈科蒲葵属	广东、广西、福建、台湾	乔木，树冠密实，近圆球形；叶阔肾状扇形，掌状浅裂	喜高温多湿，适应性强，喜光略耐阴；抗风力强；须根盘结丛生，耐移植；寿命长	播种	粗放管理	树形美观，可丛植、列植、孤植。观赏、用材
鱼尾葵 *Caryota ochlandra* Hance	棕榈科鱼尾葵属	广东、广西、云南、福建	乔木，叶二回羽状全裂；叶鞘巨大，长圆筒形	生石灰岩山地及低海拔林中；耐阴，喜湿润酸性土，自播繁衍能力强	播种	粗放管理	可作行道树、庭院树。观赏、绿化、食用
假槟榔 *Archontophoenix alexandrae* H. Wendl. et Drude.	棕榈科假槟榔属	广东、广西、云南、福建及台湾栽培	乔木，茎干具阶梯状环纹，干的基部膨大	树姿优美。耐移栽	播种	粗放管理	可作行道树、庭院树。观赏
方竹 *Chimonobambusa quadrangularis* Makino	禾本科方竹属	我国特产，华东、华南以及秦岭南坡	秆散生，秆表面粗糙，下部节间方形	生于低山坡	播种、埋鞭	粗放管理	观赏、绿化、用材、食用
刚竹 *Phyllostachys viridis* McClure	禾本科刚竹属	黄河流域至长江流域以南	高大乔木状；挺直，绿色，分枝以下秆环不明显	抗性强，耐低温，微耐盐碱	播种、埋鞭	粗放管理	观赏、绿化、用材、食用
紫竹 *Phyllostachys nigra* Munro	禾本科刚竹属	华北、长江流域	乔木状竹类；新秆绿色，老秆则变为棕紫色以至黑色；箨叶绿色至淡紫色	耐寒性较强	播种、埋鞭、分株	粗放管理	观赏、绿化、用材、食用

3. 矮生灌木（地被和观花）类

植物名称	科属	分　布	主要形状	习性特点	繁殖	栽培管理	用　途
叉枝柏 *Sabina vulgaris* Ant.	柏科 柏属	东北	匍匐枝顶向上翘起	喜高燥向阳，稍耐旱，耐寒	扦插、播种	粗放管理	片植草坪、坡地
矮紫杉 *Taxus cuspidate* Sieb. et Zucc.	紫杉科 紫杉属	华中、华北	常绿，植株低矮	喜光，耐阴，喜湿润，耐旱	播种、扦插	粗放管理	园林观赏、绿化。孤植或绿篱。片植林缘、林下
石岩杜鹃 *Rhododendron* sp.	杜鹃花科 杜鹃花属	我国广有分布，垂直分布由丘陵到高山	常绿，植株开张，花叶并茂，花色丰富。花期5～6月	耐半阴，忌西晒，喜中性偏酸土壤	扦插、嫁接、播种	施酸性肥，选少许遮阴地	片植林缘，是理想的观赏矮生地被
八仙花 *Hydrangea macro-phylla* Seringe	八仙花科 八仙花属	华东以南广栽培	丛生性落叶灌木，叶大；花序似半球，花色由绿白至蓝	宜半阴，忌直射，忌积水，不耐寒	扦插、压条、分株	入冬剪去地上部分或花后短截使枝条充实	片植林缘，疏林下、道路两侧
小花溲疏 *Deutzia parviflora* Bunge	虎耳草科 溲疏属	华北及东北	灌木，小枝疏生星状毛；花白色，较小。花期5～6月	喜光，稍耐阴；耐寒		粗放管理	园林观赏。宜植于庭院观赏
山梅花 *Philadelphus inca-nus* Koehne	虎耳草科 山梅花属	陕西、甘肃、四川	灌木，树皮褐色；花白色，无香，萼外有柔毛，花柱无毛。花期6～7月	喜光，较耐寒，耐旱，怕水湿，不择土壤，生长快	播种、分株、扦插	粗放管理	园林观赏，宜作配置树种
南天竹 *Nandina domestica* Thunb.	小檗科 南天竹属	华中、华北、西南	常绿灌木，丛生而分枝少，2～3回羽状复叶，互生。花小而白色，顶生圆锥花序；浆果鲜红色	喜半阴，喜温暖气候及肥沃、湿润、排水良好的土壤，不耐寒，对水分要求不严	播种、扦插、分株	粗放管理	药用、园林观赏
棣棠 *Kerria japonica* DC.	蔷薇科 棣棠属	长江流域以南	落叶丛生灌木	喜半阴，喜温暖湿润气候及肥沃土壤	扦插、分株	2～3年老枝更新修剪	片植、群植于林缘、路边、坡地
笑靥花 *Spiraea prunifolia* Sieb. et Zucc.	蔷薇科 绣线菊属	我国各地	落叶矮生灌木，萌蘖枝多花，白色。花期3～4月	喜光，稍耐阴，稍耐旱，不耐寒	播种、分株	通过更新修剪矮化植株	细腻型观花地被
日本绣线菊 *Spireae japonica* L. f.	蔷薇科 绣线菊属	我国各地	花粉红色，花期5～9月，株高40 cm以下	喜光，稍耐阴，稍耐旱，不耐寒	播种、分株	通过更新修剪矮化植株	细腻型观花地被

（续）

植物名称	科属	分 布	主要形状	习性特点	繁殖	栽培管理	用 途
平枝枸子 *Cotoneaster horizontalis* Decne.	蔷薇科枸子木属	华中、华南、西南及西北	半常绿，大枝水平生长，花期4～5月，球形果鲜红色，秋叶红	喜肥沃、湿润、阳光充足，耐寒，耐高燥	扦插、播种	矮化修剪，枝叶茂盛	秋天观叶、观果地被
匍匐枸子 *Cotoneaster adpressus* Bois	蔷薇科枸子木属	华北为多，其他各地均有	枝条横向匍匐生长，夏花白色，果鲜红色	喜肥沃、湿润、阳光充足，耐旱，耐高燥	播种、扦插	矮化修剪，促进分枝	秋天理想的观叶、观果地被
玫瑰 *Rosa rugosa* Thunb.	蔷薇科蔷薇属	华北、西北、东北	落叶灌木；茎枝密生刚毛与倒刺；花紫色、红色、白色，芳香。花期5～6月	适应性很强，耐寒，耐旱；喜阳光充足、凉爽而通风及排水良好处	分株、扦插为主；也可嫁接及埋条	注意防旱和防涝	园林观赏，宜做花篱、花境、花坛；做香料；入药
卫矛 *Euonymus alatus* Sieb.	卫矛科卫矛属	长江中下游、华北及吉林	落叶灌木；叶对生；花黄绿色，聚伞花序；蒴果棕紫色	喜光，稍耐阴，适应性强，耐干旱、瘠薄和寒冷；萌芽能力强	播种、扦插、分株	粗放管理	可孤植、丛植，常作为绿篱。绿化、园林观赏
八角金盘 *Fatsia japonica* Decne. et Planch.	五加科八角金盘属	华东、华南	常绿，掌状叶，聚伞花序夏秋开花，果黑色	强阴性，喜温暖、湿润，畏强热	扦插、播种	种荫蔽处，地栽	阴性观叶地被
凤尾兰 *Yucca gloriosa* Linn.	百合科丝兰属	我国各地	常绿，茎不分枝，剑形叶，圆锥状花序，花乳白色。花期5～6月或8～11月	喜光，耐寒，耐旱，抗性强，更新力强	播种、扦插、分株	随时剪残叶残花，定期截干更新	片植、丛植于沙滩、坡地、岩石园
丝兰 *Yucca smalliana* Fern.	百合科丝兰属	我国各地	叶较薄软，边缘有白色细丝，乳白色。花6月开放	喜光，耐寒，耐旱，抗性强，更新力强	播种、扦插、分株	随时剪残叶残花，定期截干更新	片植、丛植于沙滩、坡地、岩石园
紫薇 *Lagerstroemia indica* Linn.	千屈菜科紫薇属	我国中南部	花枝繁茂，花色丰富，花期7～10月，枝条柔软	耐修剪，喜光，耐旱，耐寒，喜肥	扦插、播种	矮化主干呈灌木状	片植道路两侧、草坪边缘、阳坡岩石边
金缕梅 *Hamamelis mollis* Oliv.	金缕梅科金缕梅属	华中及浙江、广西	先花后叶，花呈金黄色。花期3～4月	喜温暖气候、肥沃土壤	压条、播种	在梅雨前修剪竹株形	理想的观花地被

（续）

植物名称	科属	分　布	主要形状	习性特点	繁殖	栽培管理	用　　途
栀子花 *Gardenia jasminoides* Ellis	茜草科栀子属	华东、华中、西南及华南	常绿灌木；小枝绿色；萼筒卵形或倒卵形，有棱；花冠高脚碟状或筒状	喜光，耐阴，喜湿润温暖气候，耐热也稍耐寒；喜肥沃、排水好	扦插、压条	注意实时修剪。移植时间 3～4 月。雨季也可移植	绿篱或孤植
六月雪 *Serissa foetida* Comm.	茜草科六月雪属	江苏、广东、台湾等地	半常绿，多分枝，6～7 月盛开白色小花	喜光，耐阴，耐寒，喜肥沃，湿润，排水好	扦插、压条、分株	注意浇水和施肥	片植林缘、路边
迎春 *Jasminum nudiflorum* Lindl.	木犀科迎春属	华中、华北、西北、西南	落叶，多分枝，早春一片黄花	开花早，喜光，耐旱，耐贫瘠，耐盐碱	扦插、压条、分株	粗放管理	早春观花地被
海仙花 *Weigela coraeensis* Thunb.	忍冬科锦带属	我国各地	枝条开展，花叶繁茂，色彩艳丽，花期长，4～6 月，株丛大	喜光，耐阴，耐寒，耐贫瘠，忌水涝	扦插、压条、分株、播种	矮化修剪	丛植路边、坡地、岩石园
锦带花 *Weigela florida* A. DC.	忍冬科锦带属	华北、华东和东北	枝条开展，花叶繁茂，色彩艳丽，花期长，4～6 月，株丛大	喜光，喜肥，喜湿润	分株、扦插、压条	矮化修剪	丛植路边、坡地、草坪、岩石园
猬实 *Kolkwitzia amabilis* Geaebn.	忍冬科猬实属	华中、西北、华北	落叶灌木；花冠钟形，粉红色至紫色	喜充分日照；有一定的耐寒力，也有一定的耐旱力	播种、扦插、分株	粗放管理	观赏
菲白竹 *Sasa fortunei* Fiori	禾本科赤竹属	江南各地	低矮竹类，叶密集，叶色秀美	喜温暖湿润，忌炎热，耐阴	母株移栽	选肥沃疏林沙壤地	片植、丛植于岩石园中
箬竹 *Indocalamus latifolius* McClure	禾本科箬竹属	江南各地	簇生叶大，植株矮	需荫蔽，喜肥沃、疏松、酸性土壤	分株	选背风疏林之地	宜坡地、林下片植
倭竹 *Shibataea chinensis* Nakai	禾本科倭竹属	江南各地	低矮竹类，叶密集，叶大，覆盖面大	耐阴，稍耐寒	分株、分根	选肥沃疏林沙壤地	宜坡地、林下片植
棕竹 *Rhapis humilis* Bl.	棕榈科棕竹属	华南及西南	丛生灌木，叶掌状深裂，横脉疏而不明显	生长强壮，适应性强，耐阴；不耐寒，宜湿润而排水良好的微酸性土壤	播种、分株	粗放管理	观赏、药用

附录2 高尔夫球场主要园林地被植物应用表

1. 木质藤蔓植物

植物名称	科属	分布	主要形状	习性特点	繁殖	栽培管理	用途
常春藤 Hedera nepalensis var. sinensis Rehd.	五加科常春藤属	华中、华南、华东	常绿；枝叶茂盛；花绿白色，8~9月开；浆果球形，红黄色	极耐阴，喜中性偏酸土壤	扦插	施有机肥	成片栽植于林下、疏林地
络石 Trachelospermum jasminoides Lem.	夹竹桃科络石属	华东	常绿；茎长，具乳汁；有气生根；花白色，芳香，5~6月开；秋叶红	喜阴湿、凉爽，不耐寒，耐贫瘠	压条、扦插、山野移栽	野生性强，粗放管理	点缀假山、片植林下
五叶地锦 Parthenocissus quinquefolia Planch.	葡萄科爬山虎属	原产美国，我国广有种植	掌状叶；花小，7~8月开放；卷须长	耐寒，亦极耐暑热	扦插、压条	粗放管理	林下片植、点缀假山
三叶木通 Akebia trifoliata Koidz.	木通科木通属	长江流域	半常绿；春花淡紫色，芳香；夏秋红果	喜温暖、湿润、半阴，不耐寒	扦插、播种、压条	粗放管理	片植林缘、疏林下
常绿油麻藤 Mucuna sempervirens Hemsl.	蝶形花科油麻藤属	西南和东南沿海	常绿；三出叶，枝叶茂盛；花紫黑色，宛如紫色宝石。花期4月	耐阴，喜温暖、湿润，土壤适应性强	播种	粗放管理	观赏地被，植于岩坡、林缘
鸡血藤 Millettia reticulata Benth.	蝶形花科鸡血藤属	华东、华南	常绿；羽状复叶，托叶刺状；花深红紫色，5~6月开	耐贫瘠	播种、野生引种	粗放管理	片植林缘、路旁、沟边、岩石园
多花蔷薇 Rosa multiflora Thunb.	蔷薇科蔷薇属	华北、华东、华中、华南、西南	5月盛花，芳香；枝蔓长，青茎多刺	耐寒，耐旱，喜阳光	播种、扦插、分株	剪去直立枝	片植林缘和疏林地
单叶蔓荆 Vitex trifolia var. simplicifolia Cham.	马鞭草科牡荆属	山东	落叶，每株可覆盖沙滩10 m²；花紫色，7~8月开放	耐盐碱	播种、野生引种	粗放管理	芳香型观花地被，可植草坪一角
金银花 Lonicera japonica Thunb.	忍冬科忍冬属	我国各地	半常绿；花由白色变奶黄色，芳香，花期5~7月	耐寒，叶经冬不落，变红，耐寒，耐半阴	扦插、压条、分株、播种	冬季施基肥，春季施追肥	片植林缘路边、沟边、岩石园

（续）

植物名称	科属	分布	主要形状	习性特点	繁殖	栽培管理	用途
东方草莓 *Fragaria orientalis* Lozinsk.	蔷薇科草莓属	东北	全株密生茸毛；果实圆锥形，红色	喜光，耐阴，耐旱，耐热，耐寒，与杂草竞争力强	分株	施基肥，选抗病品种	片植林缘、疏林下
蛇莓 *Duchesnea indica* Focke	蔷薇科蛇莓属	辽宁以南	多年生；匍枝细长，植被紧贴地面；花黄色；果半球形，鲜红色	耐阴湿，耐贫瘠	分株、播种	野生性强，极其粗放	片植林缘、疏林下
滨旋花 *Convolvulus tragacanthoides* Turcz.	旋花科旋花属	沿海	多年生，地下茎	耐盐碱，生长顽强	扦插、沙埋、播种	粗放管理	系阳性观花、观叶地被
蔓长春花 *Vinca minor* Linn.	夹竹桃科蔓长春花属	原产欧洲、北非，我国江浙引进	多年生，常绿丛生，营养枝平卧地面；花艳，高脚碟形花，3～5月开放	耐寒，喜光，耐阴，生长快，适应性强	压条、播种、分枝	入冬剪枯枝	优良的固土护坡地被
球米草 *Oplismenus undulatifolius* Roem et Schult.	禾本科球米草属	黄河下游以南	多年生；茎细长，匍地而生；叶披针形，平行脉	极耐阴	分株	野生性强，粗放管理	常绿观赏地被
德国鸢尾 *Iris germanica* Linn.	鸢尾科鸢尾属	多数与欧洲原种杂交，我国各地	常绿；花色丰富，花期5～6月；系陆生性	喜阳光充足、排水良好，耐寒，喜肥	花后休眠期分根，亦可播种	保持湿润，施基肥	宜片植阴湿林下
花菖蒲 *Iris ensata* Thunb. var. *hortensis* Makino et Nensoto	鸢尾科鸢尾属	华北野生于湿草甸、沼泽地	根粗壮匍匐似菖蒲；花大，红、黄、白色，5～6月开放	喜肥，忌石灰质	大多分株，亦可播种	需充足水分和肥料	可自成专类地被园
马蔺 *Iris lactea* var. *chinensis* Koidz.	鸢尾科鸢尾属	东北、华北、华东	株矮，根茎粗壮，茎下生有多数坚韧须根，丛生；花蓝色，4～6月开放	耐寒，耐踏，耐贫瘠，喜干燥沙壤土	播种、分株	粗放管理	丛植、片植林缘、疏林
玉簪 *Hosta plantaginea* Aschers.	百合科玉簪属	我国各地	叶心形；花白色小漏斗状，芳香袭人，夜间开放，花期6～7月	极耐阴，较耐寒	分株、播种	北方种植选背风向阳处	理想的护坡地被

（续）

植物名称	科属	分　布	主要形状	习性特点	繁殖	栽培管理	用　途
重瓣玉簪 *Hosta lantaginea* var. *plena* Hort.	百合科玉簪属	我国各地	花白色，重瓣	极耐阴，较耐寒	分株、播种	北方种植选背风向阳处	片植林下、路旁
萱草 *Hemerocallis fulva* Linn.	百合科萱草属	全国各地山野	喇叭状高脚碟形，橘黄色，6～7月开放	喜肥，耐干旱，较耐阴	种子繁殖、种根分蘖	密植，勤施肥，3～4年更新分植	林下芳香型优良地被
大花萱草 *Hemerocallis middendorfii* Trautv. et Mey.	百合科萱草属	原产日本、俄罗斯，我国近年引入	叶片面宽；花黄色，具芳香，花大，具三角形苞片，花期7月	喜肥，耐干旱，较耐阴	种子繁殖、种根分蘖	密植，勤施肥，3～4年更新分植	片植疏林、林缘、堤岸、岩石园、角隅
小萱草 *Hemerocallis minor* Mill.	百合科萱草属	长江流域	花期6～8月，花蕾供食用	喜肥，耐干旱，较耐阴	种子繁殖、种根分蘖	密植，勤施肥，3～4年更新分植	片植疏林、林缘、堤岸、岩石园、角隅
石蒜 *Lycoris radiata* Herb.	石蒜科石蒜属	长江流域至西南	叶宽线形；先花后叶，花形美，花期9～10月	喜阴湿环境，耐寒	分球	施肥	难得的野生观花地被
鹿葱 *Lycoris squamigera* Maxim.	石蒜科石蒜属	华东、华中	花粉红、雪青、水红色，稍具芳香，花期9～10月	喜阴湿环境，耐寒	分球	粗放管理	片植与红花石蒜混栽
黄水仙 *Narcissus pseudonarcissus* Linn.	石蒜科水仙花属	长江流域	宽线形叶；花浅黄色，芳香，花期3～4月	喜阴，耐寒，忌酷暑	分球	施基肥	片植与红花石蒜混栽
红花酢浆草 *Oxalis rubra* St. Hil.	酢浆草科酢浆草属	原产巴西，我国浙江、江西、安徽引进栽培	株矮；叶基生，叶有白晕；花玫瑰红、粉红，花期4～11月	喜向阳、湿润，沃土中花大色艳	分株	粗放管理	点缀岩石园，片植草地，冬绿型观花地被
菊花脑 *Dendranthema nankingense* Hand.	菊科菊属	长江流域	枝条细长，绿叶期长；花小而密，黄花，花期10～12月	耐修剪，忌潮湿，喜光，耐半阴，耐贫瘠	播种、扦插、分株	定期矮化修剪，定期施肥	河岸边、岩石园片植，花叶并茂
除虫菊 *Pyrethrum cinerariifolium* Trev.	菊科匹菊属	长江流域	白花小而密，花期5～6月，株高40 cm	耐修剪，忌潮湿，喜光，耐半阴，耐贫瘠	播种、扦插、分株	定期矮化修剪，定期施肥	林缘及封闭树坛片植
西洋滨菊 *Leucanthemum maximum* DC.	菊科滨菊属	原产欧洲，分布于我国华北	株矮30 cm，花洁白繁茂，花期6～7月	耐寒，喜光，喜肥	播种、扦插、分株	性强健，注意施肥、排水	林缘及封闭树坛片植

（续）

植物名称	科属	分布	主要形状	习性特点	繁殖	栽培管理	用途
美人蕉 *Canna indica* Linn.	美人蕉科美人蕉属	各地园林中均有	叶大，矮种，花色鲜红，也有紫叶蕉，花期 6～10 月	喜阳光充足、温暖，上层深厚，华南全年有花	分根	施基肥，入冬清理枯枝	片植沿海滩地
沿阶草 *Ophiopogon japonicus* Ker. Ga wl.	百合科沿阶草属	四川、江苏、浙江	常绿；须根下有肉质块根；叶基生，狭线形；花小，白色，淡紫花茎低于叶丛	极耐阴，耐湿，耐寒	分株、播种	粗放管理	片植、群植林缘
阔叶麦冬 *Liriope platyphylla* Wang et Tang	百合科麦冬属	四川、江苏、浙江	叶较宽，花茎高出叶丛	耐寒	分株	野生性强	观叶阴生地被
吉祥草 *Reineckia carnea* Kunth	百合科吉祥草属	华南以南	叶广线形；花茎低于叶丛，花紫红色，芳香；果紫红色	耐寒	分株	粗放管理	观叶阴生地被
万年青 *Rohdea japonica* Roth	百合科万年青属	我国各地	常绿；叶基生，宽带形，厚草质；小花绿白色；果橘红色	耐寒，忌炎夏暴雨、暴晒，耐阴	播种、分株	粗放管理	观叶阴生地被
东陵薹草 *Carex tangiana* Ohwi	莎草科薹草属	北方乡土草种	绿叶期长 230 d 以上，生长缓慢，效果好	耐寒，耐旱，耐阴	分株、播种	粗放管理	片植坡地，是优良护坡地被
细叶薹草 *Carex rigescens* V. Krecz.	莎草科薹草属	华北	植株低矮、整齐，叶狭线形，具匍匐根茎	耐盐碱，耐潮湿	自播、分株	粗放管理	片植常绿针叶林下和阔叶疏林地
异叶败酱草 *Patrinia heterophylla* Bunge.	败酱草科败酱草属	华北、华东	花黄色，花期8～9 月	耐旱，耐贫瘠，喜阴坡	播种、扦插	粗放管理	与点地梅混播点缀草地
白三叶 *Trifolium repens* Linn.	蝶形花科三叶草属	北方、华东、西南及河南	长江流域常绿，北方绿叶期 230 d，花白或淡红	耐寒，喜光，稍耐阴	播种、分根	野生性极强	林下，林缘秋花地被
红三叶 *Trifolium pratense* Linn.	蝶形花科三叶草属	华北、华东、西南及河南	花红色	耐寒，喜光，稍耐阴	播种、分根	野生性极强	群植点缀草坪，可片植林缘

（续）

植物名称	科属	分布	主要形状	习性特点	繁殖	栽培管理	用途
草莓车轴草 *Trifolium fragiferum* Linn.	蝶形花科三叶草属	东北、华北及新疆	株矮，茎匍匐伸展，花浅红色	耐盐碱，耐寒	播种、分根	粗放管理	群植点缀草坪，可片植林缘

2. 一二年生观花类

植物名称	科属	分布	主要形状	习性特点	繁殖	栽培管理	用途
二月蓝 *Orychophragmus violaceus* Schulz	十字花科诸葛菜属	各地均有栽培	冬季基生叶草绿覆盖地面；蓝色小花早春3月初开花，一直到5月	耐半阴，开花早，花期长，极耐寒	自播	粗放管理	封闭式树坛冬绿型地被
香雪球 *Lobularia maritima* Desv.	十字花科香雪球属	各地均有栽培	植株低矮，多分枝；小花白色，细腻，花期长	喜光，耐半阴，忌暑热	自播	粗放管理	毛毡式地被
紫茉莉 *Mirabilis jalapa* Linn.	紫茉莉科紫茉莉属	我国常见夏秋花卉	植株开张，分枝多，有层次；花色丰富，花期长，8～11月，香气袭人	稍耐阴	自播	粗放管理	夏秋夜晚芳香型地被
万寿菊 *Tagetes erecta* Linn.	菊科万寿菊属	我国广有栽培	植株较孔雀草高，花大，花色丰富	耐修剪	播种、扦插	控制高生长	理想的密集型环花地被
细叶万寿菊 *Tagetes tenuifolia* Cav.	菊科万寿菊属	我国广有栽培	花小而多，花期晚，花枝稠密	耐修剪	播种、扦插	控制高生长	是理想的密集型环花地被
荷兰菊 *Aster novi-belgii* Linn.	菊科紫菀属	华北	花多而密，花蓝色，花期6～10月，株高50 cm	耐寒，忌炎热，喜肥	播种、扦插、分株	注意矮化	点缀岩石园，片植草地边缘
金鸡菊 *Coreopsis basalis* Blake	菊科金鸡菊属	我国广有栽培	株高30 cm，花期6～10月，花黄色	喜光，性强健	播种	粗放管理	片植草地、路边
雏菊 *Bellis perennis* Linn.	菊科雏菊属	我国早春庭园主要花卉	植株低矮、整齐，花梗直立，花色丰富，花期3～6月	耐寒，喜肥沃、湿润、排水良好	播种	生长季施追肥，秋后施基肥	难得的矮生现花地被
蓝目菊 *Arctotis stoechadifolia* var. *grandis* Less.	菊科蓝目菊属	我国有栽培	叶琴裂，有白毛；外围花白色，中心花蓝紫色，花期4～6月	耐寒，忌炎热，喜光	扦插、播种	粗放管理	林缘、花境

（续）

植物名称	科属	分　布	主要形状	习性特点	繁殖	栽培管理	用　途
金盏菊 *Calendula officinalis* Linn.	菊科 金盏菊属	我国广有栽培	二年生，冬天宽大匙形叶覆盖地面；花梗粗壮，花黄色或橘黄，3～5月开花	耐寒，不耐炎热	播种	粗放管理	片植林缘、花境
福禄考（小天蓝绣球） *Phlox drummondii* Hook.	花葱科 福禄考属	我国广有栽培	常绿，枝叶密集，叶针状簇生，花红、蓝、紫、粉红、白色等，花期3～5月	耐寒，喜光，不耐阴，抗热，耐干旱	分株、扦插	粗放管理	毛毡式观花地被
美女樱 *Verbena hybrida* Voss	马鞭草科 马鞭草属	长江流域以南	植株呈匍匐状分枝，株矮，花色丰富，花期4～12月	不耐寒，冬季长江流域地上部枯萎	扦插、压条	注意浇水	是优良的花地被
长春花 *Catharanthus roseus* G. Don	夹竹桃科 长春花属	我国各地有栽培	株形开张，花冠高脚碟形，旋转，8～10月开放	喜温暖，忌水湿	播种	小苗生长慢，加强肥水管理	花境、地被
三色堇 *Viola tricolor* var. *hortensis* DC.	堇菜科 堇菜属	我国广泛种植	植株低矮、整齐，花形奇特，花色丰富，花期3～5月	耐寒，忌炎热，喜肥	播种、扦插、分株	需充足的水分，怕阳光	片植花境、林缘
风铃草 *Campanula medium* Linn.	桔梗科 风铃草属	西南	叶基生和对生，总状花序，花冠钟形，5～6月开放，花蓝紫、淡红、白色	耐寒，喜阳，忌炎热	分株、播种、扦插	粗放管理	片植路旁、花境
锦葵 *Malva sinensis* Cavan.	锦葵科 锦葵属	我国广有分布	早春植株低矮覆盖地面，叶大，花紫红有浅色纹，5～6月开放	耐寒	播种	粗放管理	丛植树坛，是早春观叶地被
勿忘草 *Myosotis sylvatica* Hoffm.	紫草科 勿忘草属	北方	全株被白色毛，株高 30 cm，轮生聚伞花序长 10 cm，花蓝色	耐寒，喜光，稍耐阴	播种	粗放管理	片植路旁、花境
矮牵牛 *Petunia hybrida* Vilm.	茄科 碧冬茄属	原产南美，我国广泛种植	株高 30～40 cm，花色丰富，喇叭形，花期4～10月	喜光，易倒伏	播种、扦插	适当修剪	片植林缘、草坪边缘
石竹 *Dianthus chinensis* Linn.	石竹科 石竹属	国内普遍栽培	株高 20 cm，株直立，簇生花聚伞花序，花色丰富，4～5月开放	耐寒，不耐炎热	播种、扦插	粗放管理	片植路旁、花境

主 要 参 考 文 献

常智慧，韩烈保，齐春辉，2003. 高尔夫运动发展史略 ［J］. 北京体育大学学报，26（增刊）：56-59.

常智慧，李存焕，2012. 高尔夫球场建造与草坪养护 ［M］. 北京：旅游教育出版社.

陈传强，2002. 草坪机械使用与维护手册 ［M］. 北京：中国农业出版社.

陈有民，1990. 园林树木学 ［M］. 北京：中国林业出版社.

崔建宇，边秀举，2002. 打造精品果岭——谈国际高尔夫球场的土壤、草坪测试 ［J］. 高尔夫，5：132-135.

韩烈保，田地，牟新待，1999. 草坪建植与管理手册 ［M］. 北京：中国林业出版社.

韩烈保，尹少华，2011. 高尔夫球场植物选择与配置 ［M］. 北京：科学出版社.

何云芳，等，2002. 景观绿化植物育苗技术 ［M］. 上海：东华大学出版社.

胡林，边秀举，阳新玲，2002. 草坪科学与管理 ［M］. 北京：中国农业大学出版社.

胡中华，刘师汉，1995. 草坪与地被植物 ［M］. 北京：中国林业出版社.

火树华，1980. 树木学 ［M］. 北京：中国林业出版社.

蒋永明，翁智林，2002. 园林绿化树种手册 ［M］. 上海：上海科学技术出版社.

梁树友，1999. 高尔夫球场建造与草坪管理 ［M］. 北京：中国农业大学出版社.

梁树友，2009. 高尔夫球场规划与设计 ［M］. 北京：中国农业大学出版社.

水利部农村水利司，中国灌溉排水技术开发培训中心，1998. 管道输水工程技术 ［M］. 北京：中国水利水电出版社.

水利部农村水利司，中国灌溉排水技术开发培训中心，1998. 喷灌与微灌设备 ［M］. 北京：中国水利水电出版社.

水利部农村水利司，中国灌溉排水技术开发培训中心，1999. 喷灌工程技术 ［M］. 北京：中国水利水电出版社.

苏德荣，卢军，2011. 高尔夫球场设计学 ［M］. 北京：中国农业出版社.

苏雪痕，1994. 植物造景 ［M］. 北京：中国林业出版社.

孙克群，等，1983. 花卉及观赏树木栽培手册 ［M］. 北京：中国林业出版社.

姚锁坤，2001. 草坪机械 ［M］. 北京：中国农业出版社.

俞国胜，李敏，孙吉雄，1999. 草坪机械 ［M］. 北京：中国林业出版社.

中国树木志编委会，1981. 中国主要树种造林技术 ［M］. 北京：中国林业出版社.

周武忠，1999. 园林植物配置 ［M］. 北京：中国农业出版社.

James B Beard，1999. 高尔夫球场草坪 ［M］. 韩烈保，等，编译. 北京：中国林业出版社.

James B Beard，2002. Turf Management for Golf Courses ［M］. 2nd ed. Chelsea, Michigan, USA：Ann Arbor Press.

John Gordon，1991. The great Golf Courses of Canada McGraw—Hill Ryerson ［M］. Toronto.

Michael J Hurdzan，2004. Golf Greens：History，Design，and Construction ［M］. New York：John Wiley & Sons.

Robert Muir Graves，Geoffrey S. Cornish，1998. Golf Course Design ［M］. New York：John Wiley & Sons.

USGA Green Section Staff，2004. Revising the USGA's recommendations for a method of putting green construction ［J］. USGA Green Section Record，3（42）：26-28.